João Roberto Cogo
José Batista Siqueira Filho

CAPACITORES DE POTÊNCIA E FILTROS DE HARMÔNICOS

Capacitores de Potência e Filtros de Harmônicos
Copyright© Editora Ciência Moderna Ltda., 2018

Todos os direitos para a língua portuguesa reservados pela EDITORA CIÊNCIA MODERNA LTDA.
De acordo com a Lei 9.610, de 19/2/1998, nenhuma parte deste livro poderá ser reproduzida, transmitida e gravada, por qualquer meio eletrônico, mecânico, por fotocópia e outros, sem a prévia autorização, por escrito, da Editora.

Editor: Paulo André P. Marques
Produção Editorial: Dilene Sandes Pessanha
Capa: Daniel Jara
Diagramação: Daniel Jara
Copidesque: Equipe Ciência Moderna

Várias **Marcas Registradas** aparecem no decorrer deste livro. Mais do que simplesmente listar esses nomes e informar quem possui seus direitos de exploração, ou ainda imprimir os logotipos das mesmas, o editor declara estar utilizando tais nomes apenas para fins editoriais, em benefício exclusivo do dono da Marca Registrada, sem intenção de infringir as regras de sua utilização. Qualquer semelhança em nomes próprios e acontecimentos será mera coincidência.

FICHA CATALOGRAFICA

COGO, João Roberto; SIQUEIRA FILHO, José Batista.

Capacitores de Potência e Filtros de Harmônicos

Rio de Janeiro: Editora Ciência Moderna Ltda., 2018.

1. Engenharia Elétrica 2. Eletricidade
I — Título
ISBN: 978-85-399-0927-8

CDD 621.3
537

Editora Ciência Moderna Ltda.
R. Alice Figueiredo, 46 – Riachuelo
Rio de Janeiro, RJ – Brasil   CEP: 20.950-150
Tel: (21) 2201-6662/ Fax: (21) 2201-6896
E-MAIL: LCM@LCM.COM.BR
WWW.LCM.COM.BR

07/18

SOBRE OS AUTORES

Prof. Dr. João Roberto Cogo

Possui curso de especialização em Engenharia de Segurança do Trabalho pela Universidade Federal do Espírito Santo (1998), Doutorado em Engenharia Elétrica (automação) pela Universidade Estadual de Campinas (1987), Mestrado em Engenharia Elétrica (sistemas de potência) pela Universidade Federal de Santa Catarina (1978) e Graduado em Engenharia Elétrica pela Escola Federal de Engenharia de Itajubá (1974). Ministrou cursos de pós-graduação, graduação e especialização para a Escola Federal de Engenharia de Itajubá (EFEI), Instituto Nacional de Telecomunicações (INATEL), Fundação de Pesquisa e Assessoramento a Indústria (FU-PAI), Universidade Federal do Espírito Santo (UFES), Instituto Federal do Espírito Santo (IFES), Empresa Brasileira de Ensino, Pesquisa e Extensão (UNIVIX) entre outras. Tem experiência na área de Engenharia Elétrica atuando em sistemas elétricos industriais e de potência, eletrônica industrial, sistemas e controles eletrônicos, acionamentos controlados e não controlados, bem como nos seguintes temas: análises de sistemas elétricos, proteção, rejeição de cargas, economia de energia elétrica, estabilidade transitória, transitórios eletromagnéticos, análise de risco de sistemas elétricos, etc.

Prof Msc. José Batista Siqueira Filho

José Batista Siqueira Filho é Mestre em Engenharia pela Escola Federal de Engenharia de Itajubá (MG); tem MBA em Gestão Empresarial, pela Fundação Getúlio Vargas; e concluiu especialização em tecnologia da informação na Universidade Estadual do Ceará; Coordenador de engenharia elétrica da Faculdade do Nordeste (Fanor); lecionou na Universidade de Fortaleza (Unifor) e na Faculdade Metropolitana (Fametro), sócio-diretor da TRIEXE, ministra cursos de pós graduação pela Business School Brasil, por 12 anos foi sócio-gerente da SEIP engenharia, Ex-perito da Agência Reguladora de Serviços Públicos Delegados do Estado do Ceará no período 2001/2003; e possui Artigos publicados, vídeo-aulas, opiniões e entrevista em jornais na área de TI, palestrante, entrevistas em rádio e televisão, coordenador do projeto de software para a terceira idade pelo Banco do Nordeste do Brasil, criador do equipamento YES-BREAK, além de mais de trezentos trabalhos de consultoria realizados em diversas empresas na área de engenharia elétrica.

DEDICATÓRIAS

Dedico este livro para Roberto Rennó Cogo, meu filho e grande amigo,

João Roberto Cogo, 12/12/2016.

Este livro também é dedicado aos meus pais, José Batista de Siqueira e Maria do Socorro da Silva Batista.

José Batista de Siqueira Filho, 12/12/2016.

AGRADECIMENTOS

Não é possível nomear todas as pessoas que de uma forma ou de outra contribuíram para auxiliar na conclusão deste livro. Todavia, em especial, quero agradecer indistintamente a todos os colaboradores e sócios da empresa GSI Engenharia e Consultoria Ltda.

João Roberto Cogo 12/12/2016

Agradeço a minha guerreira esposa Roberta Coelho, minha alegria Ana Beatriz e aos meus lindos e queridos irmãos, Quitéria e Alexandre, pela amizade e companheirismo.

José Batista de Siqueira Filho 12/12/2016

PREFÁCIO

Este livro não pretende ser inédito, mas trazer alguma contribuição para os estudantes, técnicos, professores, engenheiros e demais profissionais que atuam em sistemas elétricos, operando ou mesmo projetando bancos de capacitores e filtros de harmônicos.

A base deste texto foi a dissertação de mestrado do coautor Eng. José Batista Filho, desenvolvida sob minha orientação na Escola Federal de Engenharia de Itajubá (EFEI) em 1995.

Basicamente, o livro é dividido em dez capítulos. Parte do conceito básico de capacitância, materiais isolantes e dielétricos mostrando a formação de unidades capacitivas e bancos de capacitores com as normas aplicáveis e uma análise comparativa entre elas. Por outro lado, além de conceituar as denominadas Cargas Elétricas Especiais (CEEs) apresenta, de forma didática, os conceitos aplicáveis, notadamente, as potências ativa e reativa bem como do fator de potência. Naturalmente em função das características destes tipos de cargas fez-se necessário um breve resumo a respeito de componentes harmônicos presentes nos sinais de tensão e corrente.

Considerando que a correção do fator de potência é largamente associada à definição de bancos de capacitores além das conexões utilizadas para a aplicação apresenta-se os detalhes através de um roteiro, para evitar as denominadas multas pelo denominado "Faturamento de Energia Reativa - FER" com as metodologias e as bases teórica e prática aplicáveis quando no sistema elétrico as cargas são praticamente lineares.

Em vez de se utilizar bancos de capacitores para correção do fator de potência, quando no sistema elétrico estão presentes as denominadas Cargas Elétricas Especiais (CEEs) faz-se necessário definir os denominados filtros de harmônicos passivos. Foram dedicados três capítulos a este tema, mostrando desde os conceitos básicos com as partes de fluxo de harmônico e ressonâncias para finalmente no último capítulo desenvolver um critério para se elaborar o projeto básico de filtros de harmônicos. Os filtros de harmônicos foram definidos tanto para se efetuar a correção do fator de potência, como para atenuar as distorções de correntes originadas pelas CEEs.

Apresenta-se ainda resultados de simulações em exemplos práticos utilizando-se o software MicroTran com o objetivo de auxiliar na explicação dos diversos fenômenos existentes desde os transitórios de curta duração, até os de regime permanente, denominados de fluxo de carga harmônico necessários para os objetivos que o livro se destina.

Naturalmente, este trabalho não pretende ser definitivo. Em função de novas técnicas, mesmo experiências obtidas em campo, comentários de leitores e erros percebidos futuramente, outras edições podem ser reapresentadas, melhoradas e ampliadas.

João Roberto Cogo 12/12/2016

SIMBOLOGIA

A	-	Área ou Unidade de Corrente em Ampère.;
C_{EQ}	-	Capacitância a ser observada cujo dielétrico é o material a ser estudado;
C_{EQ}	-	Capacitância cujo dielétrico é o vácuo;
C_{EQ}	-	Capacitância equivalente;
Δ	-	Capacitância individual de cada unidade capacitiva (j=1,2,3,...N);
C	-	Capacitância do capacitor;
C_A, C_B, C_C	-	Capacitância medida entre os terminais de um capacitor (entre fases)
CEE	-	Carga Elétrica Especial;
C_N	-	Capacitância nominal;
$\cos\varphi_1$	-	Fator de deslocamento;
$\Delta\tau$	-	Elevação de temperatura;
α	-	Ângulo de disparo;
φ_1	-	Ângulo de deslocamento do componente fundamental da corrente em relação à componente fundamental de tensão;
φ_{in}	-	Ângulo de fase do harmônico de corrente de ordem n no instante t=0;
φ_n	-	Ângulo de deslocamento do fasor de corrente para um harmônico de ordem n;
φ_N	-	Ângulo de deslocamento nominal;
φ_{u1}	-	Ângulo de deslocamento do fasor de tensão na frequência fundamental;
φ_{un}	-	Ângulo de fase do harmônico de tensão de ordem n no instante t=0;
ϕ	-	Valor instantâneo do fluxo;
φ_{i1}	-	Ângulo de deslocamento do fasor corrente na frequência fundamental;
μ	-	Permeabilidade magnética;
d	-	Espaço que separa os eletrodos constituídos por placas planas de um capacitor;
DA	-	Demanda de potência ativa faturável;
DAI	-	Demanda de potência ativa, verificada por posto apropriado, no intervalo de integralização, de 1 (uma) hora, nos postos tarifários (p), durante o período de faturamento;
DAM	-	Demanda de potência ativa máxima faturável;
dt	-	Variação de tempo;
du	-	Variação da tensão;
E	-	Energia armazenada em um capacitor ou grupo de capacitores;
e	-	Força eletromotriz (fonte de tensão);
e(t)	-	Valor instantâneo da tensão do circuito em função do tempo;
ε	-	Permissividade dielétrica do material;
f	-	Frequência de operação do sistema elétrico;

f_1	-	Frequência nominal do sistema (50 ou 60 [Hz];
F_{di}	-	Fator de distorção da corrente;
FDR	-	Faturamento de demanda de energia;
FER	-	Faturamento de energia reativa;
$f_{MÁX}$	-	Frequência máxima de oscilação da corrente na energização do banco de capacitores;
f_{MM}	-	Valor instantâneo da força magnetomotriz;
f_n	-	Frequência de ressonância para o harmônico de ordem n;
f_N	-	Frequência natural;
FQ	-	Fator de qualidade de um filtro de harmônicos;
FQ_1	-	Fator de qualidade do reator de um filtro de harmônicos na frequência fundamental;
FQs	-	Fator de qualidade do reator de um filtro de harmônicos na frequência de sintonia;
FQ_{HPs}	-	Fator de qualidade do filtro tipo Passa Alta (fora de sintonia) na frequência de sintonia entre o indutor e o capacitor;
f_s	-	Frequência de sintonia de um filtro de harmônicos;
FP	-	Fator de potência;
FP_1	-	Fator de potência atual da instalação;
FP_2	-	Fator de potência desejável para a instalação;
Fpr	-	Fator de potência de referência;
I	-	Valor eficaz da corrente;
i	-	Valor instantâneo da corrente;
I_1	-	Valor eficaz da corrente do circuito na frequência fundamental;
i(t)	-	Valor instantâneo da corrente do circuito em função do tempo;
I_0	-	Corrente a vazio de um motor de indução trifásico ou de um transformador;
I_{AT}	-	Corrente de ajuste da unidade térmica;
I_C	-	Corrente no capacitor ou banco de capacitores;
Icc	-	Corrente de curto-circuito;
I_{CH}	-	Corrente mínima da chave;
I_{Cn}	-	Corrente absorvida pelo banco de capacitores para um harmônico de ordem n;
I_{CO}	-	Corrente mínima do contator;
Id	-	Corrente de carga no lado cc da ponte conversora;
I_{DES}	-	Corrente de descarga do pára-raios;
I_F	-	Fator de multiplicação da corrente nominal do capacitor.
If_a	-	Corrente de falta na fase a.
If_b	-	Corrente de falta na fase b.
I_{FC}	-	Corrente de falta no capacitor;
I_L	-	Demanda máxima de corrente da carga para o PAC;
$I_{MÁX}$	-	Valor máximo da corrente;
I_{MF}	-	Corrente que circula na meia fase do banco;
I_N	-	Corrente nominal;
I_n	-	Valor eficaz do harmônico de corrente de ordem n;
i_q	-	Corrente responsável pelo fluxo magnético.

I_{RMS}	-	Valor eficaz da corrente;
I_{SC}	-	Corrente de curto-circuito do PAC;
I_{Sn}	-	Corrente absorvida pelo o sistema para um harmônico de ordem n;
I_T	-	Corrente de falta entre fase e terra;
K	-	Constante dielétrica do material;
k_τ	-	Constante de proporcionalidade (válida para regime permanente);
L	-	Indutância própria da bobina;
l	-	Comprimento do circuito magnético;
M	-	Número normal de capacitores em paralelo por grupo;
MÁX	-	Função que indentifica o maior valor de demanda de potência ativa;
M_K	-	Relação entre os conjugados máximo e nominal do motor;
N	-	Número de espiras do condutor no circuito;
n	-	Ordem do harmônico (n = 2, 3, 4, 5, ..., nm);
nm	-	Máxima ordem do harmônico simulado/medido (normalmente nm = 51);
N_{CE}	-	Número de unidades capacitivas eliminadas de um único grupo série;
N_{CP}	-	Número de capacitores paralelo em cada grupo série;
N_{GS}	-	Número de grupos série por fase;
N_{MCP}	-	Número mínimo de capacitores em paralelo em cada grupo série por fase;
n_S	-	Harmônico que provocará ressonância no sistema;
p	-	Horário de ponta ou fora de ponta, ou ainda o período de faturamento;
P	-	Potência ativa;
PAC	-	Ponto de Acoplamento Comum (entre o consumidor e a concessionária de energia);
P_e	-	Perdas no condutor;
P_N	-	Potência nominal do banco de capacitores;
Q_0	-	Potência reativa para operação a vazio;
Q_1	-	Potência reativa na frequência fundamental;
Q_E	-	Carga elétrica;
Q_N	-	Potência reativa nominal da unidade;
Q_n	-	Potência reativa devido aos harmônicos;
Q_{NBC}	-	Potência nominal do banco de capacitores;
Q_T	-	Potência reativa total do banco de capacitores;
R	-	Resistência elétrica do circuito;
R_G	-	Resistência do gerador;
R_M	-	Relutância do circuito magnético;
R_{MAG}	-	Relutância do circuito magnético do núcleo;
R_T	-	Resistência de transformador;
R_{TH}	-	Resistência equivalente de Thevenin;
R_{Tmn}	-	Resistência do transformador da CEE do harmônico de ordem n;
R_{R1}	-	Resistência elétrica do reator na frequência fundamental;
R_{Rs}	-	Resistência elétrica do reator na frequência de sintonia;

R_{P1}	-	Resistência elétrica colocada em paralelo com o reator do filtro de harmônicos tipo Passa Alta (fora de sintonia) na frequência fundamental;
R_{Ps}	-	Resistência elétrica colocada em paralelo com o reator do filtro de harmônicos tipo Passa Alta (fora de sintonia) na frequência de sintonia entre o indutor e o capacitor;
S_F	-	Potência aparente na frequência fundamental;
S_n	-	Potência aparente para um harmônico de ordem n;
S_{CC}	-	Potência de curto-circuito em uma barra qualquer de interesse;
S_{CC1}	-	Potência de curto-circuito em uma barra qualquer de interesse na freqüência fundamental;
s_{KN}	-	Escorregamento correspondente ao conjugado máximo do motor;
S_L	-	Potência liberada com a instalação de capacitores;
s_N	-	Escorregamento nominal do motor;
S_{TN}	-	Potência nominal de transformador;
T	-	Período de uma função periódica (note que $\omega t = 2.\pi$);
TC	-	Transformador da ponte conversora;
TCA	-	Tarifa de consumo de potência ativa em conformidade com a legislação vigente;
TDA	-	Tarifa de demanda de potência ativa em conformidade com a legislação vigente;
TE	-	Transformador do sistema;
$T_{MÁX}$	-	Temperatura máxima no dielétrico em pu da nominal;
U	-	Tensão aplicada;
u(t)	-	Valor instantâneo da tensão do circuito;
U_1	-	Valor eficaz da tensão do circuito na frequência fundamental;
Uab, Ubc, Uca	-	Tensão entre fases (fase-fase);
U_{BCN}	-	Tensão nominal do banco de capacitores.
U_C	-	Valor eficaz da diferença de potencial no capacitor;
$U_{C(0)}$	-	Tensão inicial no capacitor;
U_E	-	Tensão de ensaio;
U_F	-	Valor eficaz da tensão na fonte;
U_{FF}	-	Tensão fase-fase do sistema.
U_{FN}	-	Tensão entre fase e neutro do sistema;
U_{GR}	-	Tensão nos grupos em série;
U_I	-	Tensão suportável de impulso do sistema (BIL);
U_L	-	Valor eficaz da diferença de potencial do indutor;
$U_{MÁX}$	-	Valor máximo da tensão do sistema (valor de pico);
U_N	-	Tensão nominal;
U_n	-	Tensão individual para o harmônico de ordem n;
U_{jn}	-	harmônico de tensão de ordem n para uma determinada barra j (j=1,2,3,...,k)
U_{RMS}	-	Valor eficaz da tensão;
U_{UR}	-	Tensão resultante nas unidades remanescentes do mesmo grupo com N_{CE} capacitores excluídos;
VU	-	Valor em pu da vida útil em relação às condições nominais;

ω	-	Frequência angular $(=2\pi f)$;
W_F	-	Perda máxima;
W_R	-	Perda real do capacitor de ensaio;
ξ	-	Relação entre a tensão nominal e a tensão na frequência fundamental do banco de capacitores;
X	-	Número de grupos em série por fase;
X_C	-	Reatância capacitiva em uma determinada frequência f qualquer;
X_{C1}	-	Reatância capacitiva na frequência fundamental;
X_{Cn}	-	Reatância capacitiva para um harmônico de ordem n;
X_{Cs}	-	Reatância capacitiva na frequência de sintonia;
X_{EQn}	-	Reatância equivalente do sistema para um harmônico de ordem n;
X_{EQ1}	-	Reatância equivalente do sistema para a frequência fundamental;
X_{Gn}	-	Reatância do gerador para um harmônico de ordem n;
X_L	-	Reatância indutiva;
X_m	-	Reatância de magnetização;
X_R	-	Reatância total indutiva de cada reator por fase;
X_{R1}	-	Reatância indutiva na frequência fundamental;
X_{Rn}	-	Reatância indutiva para um harmônico de ordem n;
X_{Rs}	-	Reatância indutiva na frequência de sintonia;
X_{S1}	-	Reatância equivalente do sistema na frequência fundamental;
X_{TCn}	-	Reatância indutiva do transformador da CEE para um harmônico de ordem n;
X_{TE}	-	Reatância do transformador para uma frequência f qualquer;
X_{TE1}	-	Reatância do transformador calculada para a frequência fundamental.;
X_{TEn}	-	Reatância indutiva do transformador para um harmônico de ordem n;
X_{TH1}	-	Reatância equivalente de "Thevenin" na freqüência fundamental;
X_{THn}	-	Reatância equivalente de "Thevenin" para um harmônico de ordem n;
X_{TMn}	-	Reatância do transformador da CEE para um harmônico de ordem n;
X_{Tn}	-	Reatância do transformador para um harmônico de ordem n;
$Z\%$	-	Impedância percentual do transformador;
Z_{Eqn}	-	Impedância equivalente para um harmônico de ordem n;
Z_L	-	Impedância do surto;
Z_N	-	Impedância natural do circuito;
Z_{PR}	-	Impedância do pára-raios.
Z_{jn}	-	Inpedância equivalente de ordem n "vista" de uma determinada barra j (j=1,2,3,...,k)
Z_{THn}	-	Impedância equivalente de "Thevenin" para o harmônico de ordem n;
K_n:	-	Coeficiente de acoplamento entre linhas/cabos para a ordem n;
P_n:	-	Fator de ponderação no sistema para a ordem h (E.E.I./B.T.S. Edson Electric Institute/Bell Telephone System)

Sumário

CAPÍTULO I

CAPACITORES - DEFINIÇÕES BÁSICAS 1

1 - INTRODUÇÃO 1
2 - CARACTERÍSTICAS GERAIS 1
    2.1 - DEFINIÇÃO 1
    2.2 - CAPACIDADE OU CAPACITÂNCIA 1
    2.3 - CONSTANTE DIELÉTRICA 2
    2.4 - ENERGIA ARMAZENADA 3
    2.5 - CAPACITORES DE POTÊNCIA 3
    2.6 - CORRENTE NO CAPACITOR 4
    2.7 - CONDIÇÕES ESPECIAIS DE FUNCIONAMENTO 6
    2.8 - LIGAÇÃO DOS CAPACITORES 6
    2.9 - ABSORÇÃO DIELÉTRICA 7
    2.10 - CIRCUITO EQUIVALENTE 7
    2.11 - PERDAS DIELÉTRICAS 8
    2.12 - REATÂNCIA CAPACITIVA 9
    2.13 - POTÊNCIA REATIVA 9
3 - CARACTERÍSTICAS CONSTRUTIVAS 9
    3.1 - CAIXA 9
    3.2 - PLACA DE IDENTIFICAÇÃO 9
    3.3 - TERMINAIS 10
    3.4 - ALÇAS PARA FIXAÇÃO 10
    3.5 - PARTE ATIVA DOS CAPACITORES 10
    3.6 - OLHAIS DE LEVANTAMENTO 11
4 - MATERIAL DIELÉTRICO 12
    4.1 - ASCAREL 12
    4.2 - SÓLIDOS E LÍQUIDOS 13
5 - RESISTOR DE DESCARGA 14
6 - CARACTERÍSTICAS ELÉTRICAS 14
    6.1 - CARACTERÍSTICAS DE LONGA DURAÇÃO 14
    6.2 - CARACTERÍSTICAS DE CURTA DURAÇÃO 25
        6.2.1 - SOBRETENSÕES DE CURTA DURAÇÃO À FREQUÊNCIA INDUSTRIAL 25
        6.2.2 - SOBRETENSÕES TRANSITÓRIAS 26
        6.2.3 - SOBRECORRENTES TRANSITÓRIAS 27
7 - CAPACITORES COM FUSÍVEL EXTERNO 27
8 - CAPACITORES COM FUSÍVEL INTERNO 30
9 - ENSAIOS 36

XX · CAPACITORES DE POTÊNCIA E FILTROS DE HARMÔNICOS

9.1 - ENSAIOS DE ROTINA...36
    9.1.1 - MEDIÇÃO DA CAPACITÂNCIA 36
        9.1.1.1 - TOLERÂNCIA NA CAPACITÂNCIA 37
        9.1.1.2 - POTÊNCIA REATIVA A PARTIR DAS CAPACITÂNCIAS MEDIDAS 37
9.1.2 - MEDIÇÃO DA TANGENTE DO ÂNGULO DE PERDAS 37
    9.1.3 - ENSAIO DE TENSÃO SUPORTÁVEL NOMINAL 38
        9.1.3.1 - ENSAIO DE TENSÃO SUPORTÁVEL NOMINAL ENTRE TERMINAIS 38
        9.1.3.2 - ENSAIO DE TENSÃO SUPORTÁVEL NOMINAL ENTRE TERMINAIS E CAIXA 38
    9.1.4 - ENSAIO DE ESTANQUEIDADE 38
    9.1.5 - ENSAIO DO DISPOSITIVO DE DESCARGA 39
9.2 - ENSAIOS DE TIPO..39
    9.2.1 - ENSAIO DE ESTABILIDADE TÉRMICA 39
    9.2.2 - MEDIÇÃO DO FATOR DE PERDAS À TEMPERATURA ELEVADA.........41
    9.2.3 - ENSAIO DE TENSÃO SUPORTÁVEL NOMINAL ENTRE TERMINAIS E CAIXA 41
    9.2.4 - ENSAIO DE TENSÃO SUPORTÁVEL DE IMPULSO ATMOSFÉRICO ENTRE TERMINAIS E CAIXA 41
    9.2.5 - ENSAIO DE DESCARGA DE CURTO-CIRCUITO 41
    9.2.6 - ENSAIO DE TENSÃO RESIDUAL..42
10 - CONSIDERAÇÕES A RESPEITO DAS NORMAS CITADAS 42

CAPÍTULO II

POTÊNCIA ATIVA, REATIVA, FATOR DE POTÊNCIA E HARMÔNICOS 43

1 - INTRODUÇÃO...43
2 - SISTEMAS PURAMENTE SENOIDAIS 43
    2.1 - POTÊNCIA ATIVA 43
3 - POTÊNCIAS APARENTE e REATIVA E FATOR DE POTÊNCIA 49
4 - HARMÔNICOS EXISTENTES EM UM SINAL DE TENSÃO OU DE CORRENTE 51
    4.1 - CONCEITUAÇÃO BÁSICA 53
    4.2 - SÉRIE TRIGONOMÉTRICA DE FOURIER 54
    4.3 - DECOMPOSIÇÃO DE SINAIS 55
    4.4 - FILTROS DE HARMÔNICOS 60
5 - FATORES DE DISTORÇÃO 61
    5.1 – INTER-HARMÔNICOS 62
6 - SISTEMAS NÃO SENOIDAIS 63
    6.1 - FONTE DE TENSÃO SENOIDAL COM CARGA NÃO LINEAR....................64
    6.2 - FONTE DE TENSÃO NÃO SENOIDAL SUPRINDO CARGA NÃO LINEAR 67
7 - ASPECTOS GERAIS SOBRE O FATOR DE POTÊNCIA...................................69
    7.1- OBJETIVOS DO ALTO FATOR DE POTÊNCIA 71
    7.2 - CORREÇÃO DO FATOR DE POTÊNCIA..72
    7.3 - LOCALIZAÇÃO DOS CAPACITORES 72
        7.3.1 - PRIMÁRIO DO TRANSFORMADOR DE ENTRADA DA INDÚSTRIA 72
        7.3.2 - SECUNDÁRIO DO TRANSFORMADOR DE ENTRADA DA INDÚSTRIA...................73

SUMÁRIO · XXI

7.3.3 - JUNTO À CARGA... 73
8 - REGULAMENTAÇÃO DO FATOR DE POTÊNCIA 74
8.1 - FATOR DE POTÊNCIA DE REFERÊNCIA 74
9 - CUIDADOS NA INSTALAÇÃO DE CAPACITORES DE POTÊNCIA 77
9.1 - INSTALAÇÃO FÍSICA 77
9.2 - INSTALAÇÕES ELÉTRICAS 78
10 - PRINCIPAIS CONSEQUÊNCIAS DA INSTALAÇÃO INCORRETA DE CAPACITORES 78
11 - CRITÉRIOS PARA INSPEÇÃO 79

CAPÍTULO III

ANÁLISE DE CARGAS 81

1 - INTRODUÇÃO 81
2 - CARGAS E FATOR DE POTÊNCIA EM UM SISTEMA ELÉTRICO 81
2.1 - CARGAS NORMAIS 82
2.2 - CARGAS ELÉTRICAS ESPECIAIS (CEE) 84
3 - INTERFERÊNCIA DA ELETRÔNICA DE POTÊNCIA NO FATOR DE POTÊNCIA 85
4 - HARMÔNICOS PRESENTES EM CARGAS ELÉTRICAS ESPECIAIS 90
4.1 - CARGAS COM ALTA INTENSIDADE DE HARMÔNICOS 91
4.1.1 - CONVERSORES ESTÁTICOS DE POTÊNCIA 91
4.1.2 - COMPENSADORES ESTÁTICOS 95
4.1.3 - TRANSFORMADORES 97
4.1.4 - MOTORES DE INDUÇÃO 100
4.1.5 - FORNOS ELÉTRICOS A ARCO 100
4.1.6 - ILUMINAÇÃO FLUORESCENTE 105
4.1.7 - COMPUTADORES 106
4.1.8 - MÁQUINAS DE SOLDA 107
5 - EFEITOS DOS HARMÔNICOS 108
6 - RECOMENDAÇÕES 109
6.1 - RECOMENDAÇÃO DO IEEE Sd 519-1992 109
6.2 - RECOMENDAÇÃO BRASILEIRA 110
6.2.1 - RESPONSABILIDADE 111
6.2.2 - RESPONSABILIDADES DAS PARTES ENVOLVIDAS 111
6.2.3 - LIMITES PRODIST 112
6.2.4 - LIMITES DA REDE BÁSICA 113
6.2.4.1 - LIMITES GLOBAIS 114
6.2.4.2 - LIMITES INDIVIDUAIS 114
6.3 - OUTRAS LEGISLAÇÕES 115

XXII · CAPACITORES DE POTÊNCIA E FILTROS DE HARMÔNICOS

CAPÍTULO IV

CONEXÕES DOS BANCOS DE CAPACITORES 117

1 - INTRODUÇÃO 117
2 - FATORES QUE ENVOLVEM AS CONEXÕES 120
    2.1 - FUSÍVEL 120
    2.2 - CLASSE DE ISOLAMENTO 123
    2.3 - HARMÔNICOS E INTERFERÊNCIA INDUTIVA 123
    2.4 - TENSÕES ANORMAIS 124
    2.5 - PROTEÇÃO CONTRA FRENTE-DE-ONDA 128
    2.6 - CONEXÃO DO SISTEMA (ATERRADO OU NÃO) 128
3 - VANTAGENS E DESVANTAGENS DAS CONEXÕES DOS BANCOS DE CAPACITORES..................129
    3.1 - CONEXÃO TRIÂNGULO (DELTA) 130
    3.2 - CONEXÃO EM ESTRELA COM NEUTRO-ATERRADO 131
    3.3 - CONEXÃO EM ESTRELA-ISOLADA 131
    3.4 - CONEXÃO EM DUPLA-ESTRELA-ISOLADA 132
    3.5 - CONEXÃO DUPLA-ESTRELA-ATERRADA 132
4 - SOBRETENSÕES DEVIDO A PERDAS DE UNIDADES CAPACITIVAS 133
    4.1 - CONEXÃO TRIÂNGULO OU ESTRELA-ATERRADA 134
    4.2 - CONEXÃO EM ESTRELA-ISOLADA 136
    4.3 - CONEXÃO EM DUPLA-ESTRELA-ISOLADA 137
    4.4 - CONEXÃO EM DUPLA-ESTRELA-ATERRADA 138
5 - CONEXÕES EM BAIXA TENSÃO ($\leq$ 1000 [V]) 138
6 - CONEXÃO EM ALTA TENSÃO (>1000[V]) 138

CAPÍTULO V

PROTEÇÃO DOS BANCOS DE CAPACITORES 141

1 - INTRODUÇÃO 141
2 - FUSÍVEIS 141
    2.1 - CORRENTE EM REGIME PERMANENTE NO FUSÍVEL..................................142
    2.2 - TRANSITÓRIO DE CORRENTE 142
    2.3 - CORRENTES DE FALTA 143
    2.4 - COORDENAÇÃO DA CURVA DE OPERAÇÃO DO FUSÍVEL COM A CURVA DE RUPTURA DA CAIXA...148
    2.5 - TENSÃO NAS UNIDADES RESTANTES APÓS FALHA EM UNIDADES CAPACITIVAS.....148
    2.6 - DESCARGA DE ENERGIA DAS UNIDADES CAPACITIVAS EM PARALELO....................149
    2.7 - TIPOS DE FUSÍVEIS 150
        2.7.1 - FUSÍVEIS PARA BAIXA TENSÃO (ATÉ 1000 [V]) 151
        2.7.2 - FUSÍVEIS PARA ALTA TENSÃO (SUPERIOR A 1000 [V]) 151
        2.7.3 - OS FUSÍVEIS DE EXPULSÃO 151
        2.7.4 - FUSÍVEIS INTERNOS 156

SUMÁRIO · XXIII

2.8 - FUSÍVEIS DE GRUPO.. 156
3 - RELÉS 157
3.1 - UTILIZAÇÃO DOS RELÉS 157
3.2 - PROTEÇÃO POR RELÉS DE SOBRECORRENTE 157
3.3 - PROTEÇÃO DOS CAPACITORES POR RÉLE DE DESEQUILÍBRIO................. 158
4 - RELÉS TÉRMICOS 159
5 - PARA-RAIOS PARA PROTEÇÃO DE BANCO DE CAPACITORES............................ 159
5.1 - PARA SISTEMAS MULTIATERRADOS.. 159
5.2 - PARA SISTEMAS ISOLADOS 159
6 - ESQUEMAS DE PROTEÇÃO DOS BANCOS DE CAPACITORES 160
7 - RECOMENDAÇÕES 163

CAPÍTULO VI

CHAVEAMENTO DE BANCOS DE CAPACITORES 167

1 - INTRODUÇÃO.. 167
2 - TRANSITÓRIOS CAUSADOS PELA ENERGIZAÇÃO DE BANCO DE CAPACITORES 167
2.1 - ENERGIZAÇÃO DE BANCOS DE CAPACITORES EM PARALELO 173
3 - TRANSITÓRIOS CAUSADOS PELO DESLIGAMENTO (DESENERGIZAÇÃO) DE BANCOS DE
CAPACITORES.. 177
4 - MÉTODO DA REDUÇÃO DAS CORRENTES DE "INRUSH" 181
5 - ENERGIZAÇÃO DE TRANSFORMADORES PRÓXIMOS A BANCO DE CAPACITORES 184
5.1 - CURVA DE SATURAÇÃO DOS TRANSFORMADORES..................................... 184
5.2 - CORRENTE DE ENERGIZAÇÃO DE UM TRANSFORMADOR ("INRUSH")...... 186
5.3 - SISTEMA EM ANÁLISE 186
6 - FENÔMENO DA AUTOEXCITAÇÃO... 191
6.1 - CORREÇÃO DO FATOR DE POTÊNCIA EM MOTORES DE INDUÇÃO 191
7 - EQUIPAMENTOS DE MANOBRA DE BANCOS DE CAPACITORES.......................... 194
7.1 - BANCOS EM BAIXA TENSÃO (menor que 1000 [V]) 194
7.1.1 - Contator.. 194
7.1.2 - Chave seccionadora 195
7.1.3 - Disjuntor termomagnético 195
7.2 - BANCO DE CAPACITORES EM ALTA TENSÃO 196
7.2.1 - Disjuntores com meio de extinção do arco voltaico a óleo........................ 196
7.2.2 - Disjuntores com meio de extinção do arco voltaico a vácuo 196
7.2.3 - Disjuntores com meio de extinção do arco voltaico a gás SF6
(Hexafluoreto de Enxofre) 197
7.2.4 - Disjuntores com meio de extinção a ar (seco)... 198
7.2.5 - Chaves a gás 198
7.2.6 - Chaves a óleo 198
8 - RECOMENDAÇÃO.. 199

XXIV · CAPACITORES DE POTÊNCIA E FILTROS DE HARMÔNICOS

CAPÍTULO VII

CORREÇÃO DO FATOR DE POTÊNCIA EM INSTALAÇÕES

CONVENCIONAIS 201

1 - INTRODUÇÃO..201
2 - CAUSAS DO BAIXO FATOR DE POTÊNCIA..201
3 - MEDIÇÃO DO FATOR DE POTÊNCIA..202
    3.1 - WATTÍMETRO, AMPERÍMETRO E VOLTÍMETRO...................................202
    3.2 - ANALISADOR DE ENERGIA..202
    3.3 - MEMÓRIA DE MASSA...203
4 - CORREÇÃO DO FATOR DE POTÊNCIA..204
5 - CONCEITUAÇÃO SOBRE A REDUÇÃO DA POTÊNCIA APARENTE DEVIDO A INSTALAÇÃO DE BAN-
COS DE CAPACITORES...204
    5.1 - COMPENSAÇÃO DO FP EM MOTORES DE INDUÇÃO TRIFÁSICOS 211
    5.2 - COMPENSAÇÃO DO FP EM TRANSFORMADORES 214
    5.3 - COMPENSAÇÃO DO FP POR GRUPOS 215
        5.3.1 - GRUPO DE MOTORES DE INDUÇÃO 216
        5.3.2 - GRUPO DE LÂMPADAS 217
    5.4 - LIBERAÇÃO DE CAPACIDADE DO SISTEMA 218
    5.5 - MELHORIA DA TENSÃO 220
    5.6 - REDUÇÃO DAS PERDAS 221
6 - CONTROLADORES DE FATOR DE POTÊNCIA...223
    6.1 - BANCOS AUTOMÁTICOS COM BASE EM MEDIÇÃO 223
    6.2 - BANCOS AUTOMÁTICOS TEMPORIZADOS..225
7 - DETERMINAÇÃO DA POTÊNCIA NECESSÁRIA PARA A CORREÇÃO DO FATOR DE POTÊNCIA ..225
    7.1 - UTILIZANDO MEDIDORES DE ENERGIA...226
    7.2 - UTILIZANDO MEMÓRIA DE MASSA 227
8 - ESCOLHA DA TENSÃO NOMINAL DOS CAPACITORES 234

CAPÍTULO VIII

FILTROS DE HARMÔNICOS - CONCEITOS BÁSICOS 239

1 - INTRODUÇÃO..239
2 - FILTROS DE HARMÔNICOS 240
3 - CLASSIFICAÇÃO DOS FILTROS DE HARMÔNICOS 240
    3.1 - FILTROS DE HARMÔNICOS INSTALADOS EM SÉRIE 240
    3.2 - FILTRO DE HARMÔNICOS EM DERIVAÇÃO PARALELO OU "SHUNT"............................241
        3.2.1 - FILTROS DE HARMÔNICOS PASSIVOS "SHUNT" 242
        3.2.2 - FILTROS DE HARMÔNICOS COM SINTONIA SIMPLES 243
        3.2.3 - FILTROS DE HARMÔNICOS COM SINTONIA DUPLA SIMPLES 243
        3.2.4 - FILTROS DE HARMÔNICOS PASSA ALTA 243

4 - FATOR DE QUALIDADE 243
    4.1 - FILTROS DE HARMÔNICOS DE ALTO FATOR DE QUALIDADE 244
    4.2 - FILTROS DE HARMÔNICOS DE BAIXO FATOR DE QUALIDADE 245
5 - EFEITO DA IMPEDÂNCIA DO SISTEMA 247
6 - RESSONÂNCIA DEVIDO AOS HARMÔNICOS 251
6.1 - RESSONÂNCIA SÉRIE 252
    6.2 - RESSONÂNCIA PARALELA 255
7 - EFEITO DA INSTALAÇÃO DE BANCO DE CAPACITORES 258
    7.1 - COMPORTAMENTO DA IMPEDÂNCIA DO SISTEMA DEVIDO À INSTALAÇÃO DE BANCO DE CAPACITORES 258
    7.2 - COMPORTAMENTO DA IMPEDÂNCIA DO SISTEMA DEVIDO À INSTALAÇÃO DE FILTROS DE HARMÔNICOS 261
8 - FLUXO DE CORRENTE APÓS A INSTALAÇÃO DE FILTROS DE HARMÔNICOS 263
9 - FILTROS ATIVOS 265

CAPÍTULO IX

FLUXO HARMÔNICO E RESSONÂNCIA 267

1 - INTRODUÇÃO 267
2 - ESTUDO DE FLUXO HARMÔNICO 267
3 - ANÁLISE DO SISTEMA ELÉTRICO PARA FLUXO HARMÔNICO E DETERMINAÇÃO DE RESSONÂNCIAS 268
4 - EFEITO DA INSTALAÇÃO DOS BANCOS DE CAPACITORES 271
5 - EFEITO DA INSTALAÇÃO DE FILTROS DE HARMÔNICOS 275
6 - EXEMPLO DE APLICAÇÃO 280
    6.1 - SOLUÇÃO 280
    6.2 - DEFINIÇÃO DO FILTRO DE HARMÔNICOS DE 11ª ORDEM 285
    6.3 - DEFINIÇÃO DO FILTRO DE HARMÔNICOS PADRÃO 287

CAPÍTULO X

PROJETO BÁSICO DE FILTROS DE HARMÔNICOS INCLUINDO A CORREÇÃO DO FATOR DE POTÊNCIA 291

1 - INTRODUÇÃO 291
2 - PROJETO BÁSICO DE FILTROS DE HARMÔNICOS 292
    2.1 - EQUAÇÕES GERAIS 292
3 - REATORES COM TAPs FIXOS 297
4 - FILTROS DE HARMÔNICOS PARA A CORREÇÃO DO FATOR DE POTÊNCIA 298

5 - COMENTÁRIO EM RELAÇÃO À SOLUÇÃO ADOTADA..305
6 - COMENTÁRIOS EM RELAÇÃO À SOLUÇÃO ADOTADA 310
7 - FILTROS PARA ABSORÇÃO DE HARMÔNICOS DE CORRENTE..310
    7.1 - procedimento para a especificação 315
    7.2 - COMENTÁRIO EM RELAÇÃO À SOLUÇÃO ADOTADA..323
8 - DISTORÇÕES DE TENSÃO PROVOCADAS PELO FILTRO DE HARMÔNICOS NA FREQUÊNCIA DE SINTONIA..324
9 - PROCEDIMENTO PARA DETERMINAÇÃO DO FILTRO PARA ABSORÇÃO DOS HARMÔNICOS DE CORRENTE 328
    9.1 - ANÁLISE DA DISTORÇÃO DO SISTEMA 329
    9.2 - ESCOLHA DO FILTRO DE HARMÔNICOS DE CORRENTE...329
    9.3 - PROCEDIMENTO PARA CALCULAR FILTROS DE HARMÔNICOS DE CORRENTE 329

REFERÊNCIA BIBLIOGRÁFICA 333

CAPÍTULO I
CAPACITORES - DEFINIÇÕES BÁSICAS

1 - INTRODUÇÃO

Apresentam-se neste capítulo as características gerais e construtivas que fazem parte dos bancos de capacitores, bem como as normas e recomendações aplicáveis.

2 - CARACTERÍSTICAS GERAIS

2.1 - DEFINIÇÃO

Capacitor é qualquer sistema contendo um conjunto de materiais isolantes (dielétrico) e condutores capaz de armazenar eletricidade. A figura 1.a representa este conjunto em sua forma mais elementar constituído por duas placas metálicas planas paralelas de área A, afastadas entre si de uma distância d.

2.2 - CAPACIDADE OU CAPACITÂNCIA

Ao se conectar as duas placas metálicas aos terminais de uma bateria, em uma delas terá a carga eletrostática + QE e na outra a carga - QE. Desta forma, entre as placas haverá um campo elétrico E uniforme que é função da diferença de potencial aplicada e da distância entre as placas [1]. A quantidade de cargas elétricas que o capacitor pode armazenar em seu campo elétrico define a sua capacidade ou sua capacitância C, dada pela equação (1).

$$C = \frac{Q_E}{U} \tag{1}$$

Onde:
- C: Capacitância do capacitor em Faraday [F];
- U: Tensão aplicada entre as placas em Volt [V];
- Q_E: Carga elétrica em Coulomb [C].

> Nota: 1 [F] é a capacidade de carga elétrica de um capacitor quando uma carga de 1 [C] pode ser armazenada no seu meio dielétrico se submetido à tensão em corrente contínua de 1 [V] em seus terminais.

Conforme mostra a figura 1 admitindo-se que os condutores se constituem de duas placas planas paralelas (ou eletrodos), a sua capacitância pode ser dada pela equação (2):

$$C = \frac{K \cdot \varepsilon_0 \cdot A}{d} \tag{2}$$

Onde:
- C: Capacitância em [F];
- A: Área dos eletrodos, em [m^2];
- d: Espaço distância que separa os eletrodos, em [m];
- K: Constante dielétrica do material (adimensional - vide equação (3));
- ε: Permissividade dielétrica,
- ε_0: Permissividade dielétrica do vácuo ($\varepsilon = 8,85.10^{-12}$, em [F/m]).

A figura 1 associa resumidamente os parâmetros que caracterizam o efeito capacitivo mostrados na equação (2), considerando duas placas condutoras paralelas.

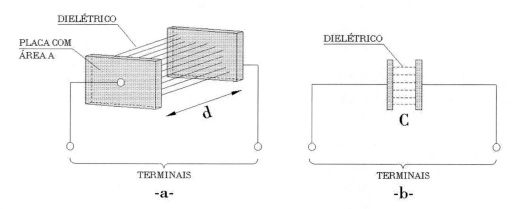

FIGURA 1 - EFEITO CAPACITIVO CONSIDERANDO DUAS PLACAS CONDUTORAS EM PARALELO

a - Placas planas em paralelo com dielétrico;
b - Representação do capacitor.

2.3 - CONSTANTE DIELÉTRICA

A constante dielétrica K (ou coeficiente dielétrico) de um material define o comportamento do meio. Na prática, a constante K é definida pela relação entre as capacitâncias de dois capacitores iguais, tendo um deles como dielétrico o material a ser observado e o outro, o vácuo. A equação (3) apresenta a relação entre tais capacitâncias.

$$K = \frac{C_1}{C_0} \qquad (3)$$

Onde:
- C_0: Capacitância cujo dielétrico é o vácuo [F];
- C_1: Capacitância a ser observada cujo dielétrico é o material a ser estudado [F].

O valor da constante dielétrica (k) também pode ser determinado como sendo a relação entre a permissividade do espaço livre (ε) em relação a permissividade do vácuo (ε_0), ou seja:

$$K = \frac{\varepsilon}{\varepsilon_0} = \varepsilon_r$$

Portanto a constante dielétrica (k) também é chamada de permissividade relativa (ε_r).

Por definição, a constante dielétrica do vácuo é 1 (k = 1), enquanto que a maior parte dos materiais dielétricos sólidos e líquidos tem constantes dielétricas maiores que 2, o que pode ser observado na TABELA 1.

TABELA 1 - CONSTANTES DIELÉTRICAS (k) DE ALGUNS MATERIAIS A 25°C NA FAIXA DE 60 [Hz] A 1 [MHz]	
Vácuo	1,0000
Ar (puro e seco)	1,0006
Etileno propileno (EPR)	2,6
Papel Parafinado	3,5 a 2,9
Água destilada	81,0
Papel encerado	3,1
Vidro	5,0 a 10,0
Óleo de transformadores	2,5
Vaselina	2,16
Fibra	6,5

2.4 - ENERGIA ARMAZENADA

No instante imediatamente posterior ($t = 0^+$) à aplicação de uma fonte de corrente contínua com diferença de potencial (U) nos terminais dos eletrodos de um capacitor, surge uma corrente entre as placas, proporcionando o aparecimento de certa quantidade de energia que fica armazenada. A energia armazenada pode ser dada pela equação (4):

$$E = \frac{1}{2} \cdot C \cdot U^2 \tag{4}$$

Onde:
- U: Tensão aplicada nos terminais do eletrodo do capacitor em [V];
- C: Capacitância do capacitor em [F];
- E: Energia armazenada em Joule (J).

2.5 - CAPACITORES DE POTÊNCIA

Os capacitores de potência são equipamentos com o propósito de, em um circuito elétrico, compensar o fator de potência. São caracterizados por sua potência reativa nominal [kvar], sendo fabricados em unidades monofásicas ou trifásicas, para alta e baixa tensão.

O termo capacitor será empregado genericamente quando não houver dúvidas de que se trata de uma unidade capacitiva ou de um banco de capacitores, conforme a seguir:

- Elemento capacitivo: é parte indivisível de um capacitor de potência sendo formado por placas separadas por um dielétrico;

- Unidade capacitiva ou capacitora: é um conjunto de um ou mais elementos capacitivos montados em uma só caixa (ou invólucro) com terminais acessíveis;

- Bancos de capacitores: se referem a um conjunto de capacitores de potência, a estrutura de suporte e os dispositivos de manobra, controle e proteção, montados de modo a constituir um equipamento completo.

2.6 - CORRENTE NO CAPACITOR

A corrente no capacitor é diretamente proporcional à tensão e inversamente proporcional ao tempo. Para uma determinada variação da tensão du em um período de tempo dt, a corrente i(t) é dada pela equação (5).

$$i(t) = C \cdot \frac{du}{dt} \tag{5}$$

Onde:
- du: Variação da tensão em [V];
- dt: Intervalo de tempo durante o qual a tensão sofreu variação em [s];
- i(t): Corrente através do capacitor.

Conforme a equação (5), considerando-se o capacitor inicialmente sem carga armazenada e aplicando-se uma tensão de valor U ao mesmo, a corrente que irá circular através do circuito aumenta rapidamente no momento de sua energização, já que a tensão irá variar desde um valor zero até o valor máximo da tensão aplicada para um curto intervalo de tempo. A figura 2.a mostra o circuito monofásico em corrente alternada utilizado para simular esta situação e as figuras 3.a e 3.b mostram os resultados da simulação.

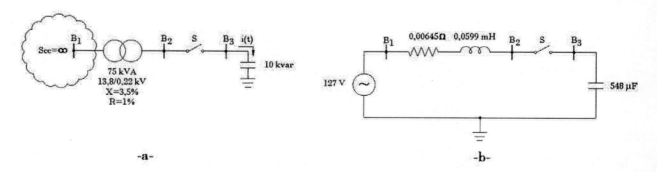

FIGURA 2 - CIRCUITO UTILIZADO PARA SIMULAÇÃO DA CORRENTE DE ENERGIZAÇÃO

a - Diagrama unifilar para energização de um banco de capacitores;
b - Diagrama de impedância para o circuito analisado.

Notas:

1. Para obter os resultados de simulação mostrados nas figuras 3.a e 3.b, foi considerado no sistema da figura 2.b que a fonte de tensão é senoidal dada pela função u(t) = $\sqrt{2}$. 220 sen(ωt). A chave S é fechada no instante t_0 correspondente a 5 [ms], quando o valor da tensão aplicada nos terminais do capacitor é de u(t_0) = 170,8 [V];

2. Como se pode observar na figura 3.a, a corrente aumenta rapidamente atingindo o valor de 518 [A] em 5,8 [ms]. Esta corrente é oscilatória em alta frequência (875,92 [Hz]) e vai amortecendo até que decorrido, no caso, algo da ordem de 0,1 [s] já está praticamente senoidal, atingindo seu valor de regime (valor de pico de 37,25 [A]);

3. A tensão oscilatória nos terminais do capacitor, figura 3.b, aumenta rapidamente para 322,7 [V] atingindo este valor em 5,6 [ms] sendo amortecida e convergindo para o valor de pico da tensão da fonte que é de 179,61 [V];

4. A frequência de oscilação da corrente teórica (f_{osc}) é de 878,45 [Hz], muito próxima do valor obtido em simulação calculado a partir da seguinte expressão:

onde L é a indutância do circuito em [H] e C é a capacitância em [F].

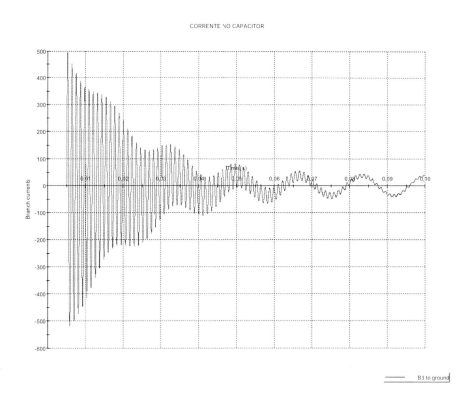

FIGURA 3.a - CORRENTE NO CAPACITOR EM [A], COMO FUNÇÃO DO TEMPO EM [s] PARA A SIMULAÇÃO DO ESQUEMA DA FIGURA 2.b

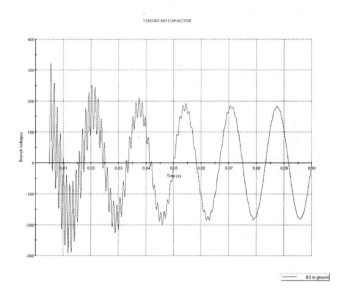

FIGURA 3.b - TENSÃO NOS TERMINAIS DO CAPACITOR EM FUNÇÃO DO TEMPO PARA A SIMULAÇÃO DO ESQUEMA DA FIGURA 2.b

2.7 - CONDIÇÕES ESPECIAIS DE FUNCIONAMENTO

A vida útil das unidades capacitivas quando instaladas nas condições relacionadas a seguir é reduzida em um curto intervalo de tempo.

a. Altitudes superiores a 1000 [m];
b. Temperaturas que excedam os valores especificados em normas cabíveis ou, na ausência destas, pelo fabricante;
c. Atmosfera corrosiva, por exemplo, em áreas industriais, em ambientes excessivamente salinos, etc.;
d. Umidade relativa elevada;
e. Ambientes excessivamente poluídos;
f. Exposição a severas condições atmosféricas;
g. Vibração;
h. Requisitos especiais de isolamento;
i. Limitação de espaço;
j. Dificuldade de manutenção;
k. Distorção anormal da forma de onda ou tensões;
l. Possibilidade de surgimento de mofo.

2.8 - LIGAÇÃO DOS CAPACITORES

Como qualquer elemento de um circuito, os capacitores podem ser ligados em série ou em paralelo. Para a ligação em série, a capacitância equivalente é dada pela equação (6):

$$\frac{1}{C_{EQ}} = \frac{1}{C_1} + \frac{1}{C_2} + \frac{1}{C_3} + ... + \frac{1}{C_j} + ... \frac{1}{C_N} \tag{6}$$

Para a associação em paralelo, a capacitância equivalente é dada pela equação (7):

$$C_{EQ} = C_1 + C_2 + C_3 + ... + C_j + ... C_N \qquad (7)$$

Onde:
- C_{EQ}: Capacitância equivalente, em [F];
- C_j : Capacitância individual de cada unidade capacitiva, (j=1,2,3,...N) em [F].

2.9 - ABSORÇÃO DIELÉTRICA

Absorção dielétrica é a absorção de carga elétrica por um dielétrico submetido a um campo elétrico, por efeitos distintos da polarização normal [2].

Esta carga não se escoa instantaneamente quando um capacitor com um determinado dielétrico é curto--circuitado e só o faz em um determinado tempo de decaimento, que pode atingir alguns minutos. A absorção dielétrica é usualmente expressa em [V/mm]. É importante notar que o comportamento desta grandeza é raramente linear com a separação da distância entre os eletrodos.

2.10 - CIRCUITO EQUIVALENTE

Todos os capacitores na prática não possuem somente capacitância, mas apresentam também indutância e resistência. Um circuito equivalente na determinação das características de um capacitor é mostrado na figura 4. Neste circuito, R_S é a resistência série presente nos cabos de conexão, eletrodos e terminais de contato e R_P é a resistência paralela ("shunt") que representa a perda no material dielétrico. A indutância dos eletrodos e terminais do capacitor é representada por L.

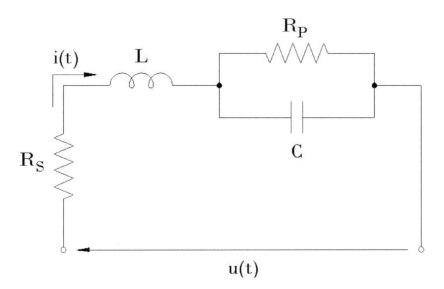

FIGURA 4 - CIRCUITO EQUIVALENTE SIMPLES DE UM CAPACITOR

2.11 - PERDAS DIELÉTRICAS

É conhecido que um capacitor ideal sujeito à tensão alternada à frequência industrial em condições ideais, isto é, sem apresentar distorções, a corrente através do mesmo estará adiantada da tensão de 90 elétricos. Na realidade, este ângulo é ligeiramente menor devido às perdas provocada pela resistência elétrica do material, que compõem o dielétrico, à dispersão superficial, aos efeitos dielétricos e às perdas nos eletrodos e terminais.

A figura 5.a mostra o diagrama fasorial de tensão-corrente para um capacitor ideal e um capacitor real. A diferença entre eles é o ângulo de fase que depende das perdas médias no dielétrico as quais, de um modo geral, são:

- Dielétrico de papel kraft: 2,2 [W/kvar];
- Dielétrico de kraft e filme: 1,0 [W/kvar];
- Dielétrico de filme: 0,6 [W/kvar].

A relação das perdas do capacitor (Pw) e sua potência reativa (Qq) correspondem à denominação de tangente do ângulo de perdas, tg(), como mostra a figura 5.b.

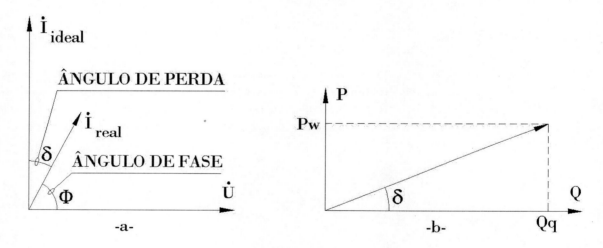

FIGURA 5 - RELAÇÕES ENTRE POTÊNCIAS, TENSÕES E CORRENTES

a - Diagrama fasorial com as correntes ideal e real para um capacitor;
b - Relação (tg(d)) entre as perdas (Pw) e a potência reativa (Qq) do capacitor.

Note na figura 5.a que:

$\delta + \phi = 90^0$

e na figura 5.b observa-se a seguinte relação:

$$tg\delta = \frac{Pw}{Qq}$$

(8.1)

2.12 - REATÂNCIA CAPACITIVA

A reatância capacitiva de um capacitor é dada pela equação (8.2):

$$X_C = \frac{1}{2 \cdot \pi \cdot f \cdot C}$$

(8.2)

Onde:
- X_C: Reatância capacitiva na frequência f em $[\Omega]$;
- f: Frequência da tensão aplicada no capacitor em [Hz];
- C: Capacitância em [F].

2.13 - POTÊNCIA REATIVA

A potência reativa, quando um capacitor é submetido a uma tensão alternada de valor eficaz U, pode ser dada pela equação (9):

$$Q = \frac{1}{1000} 2 \cdot \pi \cdot f \cdot C \cdot U^2$$

(9)

Onde:
- U: Tensão eficaz (RMS) aplicada ao capacitor em [kV];
- Q: Potência do capacitor em [kvar];
- C: Capacitância em [F].

Observa-se na equação (9) que a potência reativa varia de acordo com o quadrado da tensão, logo, quando um capacitor é submetido a uma tensão menor ou maior que a especificada, tem-se, respectivamente, uma diminuição ou aumento de sua potência reativa.

3 - CARACTERÍSTICAS CONSTRUTIVAS

3.1 - CAIXA

A caixa (carcaça) é o invólucro da parte ativa do capacitor. Basicamente, em baixa tensão, são feitas para instalações abrigadas e construídas de chapa de aço galvanizado. A caixa é selada por soldagem, com exceção de um orifício através do qual se processa a secagem e impregnação. Este orifício é também soldado no final da impregnação.

3.2 - PLACA DE IDENTIFICAÇÃO

É a parte do capacitor onde são colocados todos os dados característicos para sua identificação. As informações que devem constar na placa de identificação para capacitores com tensão acima de 1000 [V] são basicamente [4]:

- Nome do fabricante;
- A inscrição "Capacitor de potência em derivação";
- Tipo ou marca;
- Número de série;
- Ano de fabricação;
- Potência nominal em [kvar];
- Tensão nominal em [V] ou [kV];
- Frequência nominal em [Hz];
- Capacitância medida em [μF] ou relação C/C_N, onde C_N é a capacitância nominal;
- Categoria de temperatura;
- A inscrição "contém dispositivo interno de descarga" ou "não contém dispositivo interno de descarga";
- Nível de isolamento;
- A inscrição "contém fusíveis internos", quando aplicável;
- Nome químico ou comercial do impregnante, seguido da palavra "biodegradável" se for o caso;
- Número da norma vigente e o ano da edição;
- Ordem de compra;
- Massa em [kg].

As classes de isolamento devem ser indicadas por dois números separados por uma barra: o primeiro número indica o valor da tensão suportável nominal à frequência nominal em [kV] (valor eficaz) e o segundo indica o valor da tensão de pico (crista) suportável nominal de impulso atmosférico em [kV].

3.3 - TERMINAIS

Os terminais de fase são constituídos por isoladores de polipropileno ou cerâmico com pinos de latão estanhados e o terminal de aterramento da caixa (ou tanque) deve estar disponível podendo ser, por exemplo, de latão estanhado [12].

3.4 - ALÇAS PARA FIXAÇÃO

As alças para fixação são soldadas nas laterais da caixa e utilizadas para fixar a unidade capacitiva na sua estrutura de montagem.

3.5 - PARTE ATIVA DOS CAPACITORES

Os capacitores de potência são constituídos de pequenos capacitores internos: Estes pequenos capacitores internos denominam-se de armadura, bobina ou elemento interno. As bobinas, parte ativa dos capacitores, são constituídas de eletrodos separados entre si por um dielétrico, como mostrado na figura 6.a. Estas bobinas são montadas no interior da caixa metálica (figura 6.b) e ligadas adequadamente em série, paralelo ou série-paralelo, de forma a resultar em uma tensão e potência reativa desejada. Na figura 6.c tem-se a representação do capacitor.

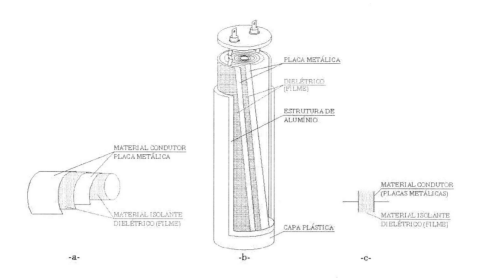

FIGURA 6 - BOBINA DE UMA UNIDADE CAPACITIVA

a - Forma de montagem dos capacitores;
b - Unidade capacitiva mostrando os elementos capacitivos dentro do invólucro;
c - Representação do capacitor.

3.6 - OLHAIS DE LEVANTAMENTO

Os olhais, ou suportes, que são utilizados para movimentar as caixas de capacitores de potência de grande porte fazem parte do mesmo conjunto das alças de fixação. A figura 7 mostra, em corte, uma unidade capacitiva completa.

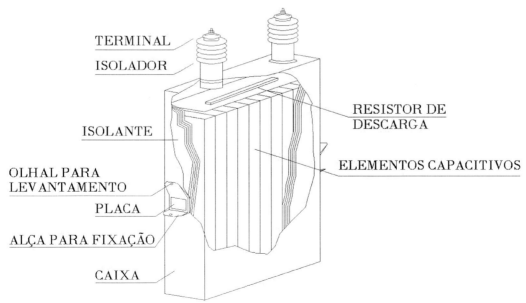

FIGURA 7 - UNIDADE CAPACITIVA [3]

4 - MATERIAL DIELÉTRICO

Serão descritos alguns tipos de fabricação de capacitores com relação ao material utilizado como dielétrico.

4.1 - ASCAREL

Até o final da década de 70 os capacitores nacionais e mesmo os internacionais eram impregnados com PCB (composto de bifenil clorado e benzeno), conhecido genericamente como ascarel.

O termo ascarel pode ser definido genericamente para designar um grupo de hidrocarbonetos clorados sintéticos, resistentes ao fogo, utilizados como isolantes elétricos líquidos. Os hidrocarbonetos clorados têm a propriedade de, em presença de arco elétrico, produzir predominantemente gases de ácidos clorídricos não combustíveis e gases combustíveis em quantidades mínimas [18].

Os materiais isolantes que contêm PCB apresentam-se comercialmente com os seguintes nomes: aroclor, asbestal, ascarel, clorextal, chopen, diaclor, phenoclor, inerteen, etc.

O ascarel, embora sendo um dos melhores isolantes conhecidos, é um produto não biodegradável e prejudicial à saúde, provocando lesões dermatológicas, alterações psíquicas e morfológicas nos dentes, fígado e rins, perda de libido e efeitos teratogênicos e cancerígenos.

O PCB é tóxico biacumulativo, isto é, acumula-se no organismo durante anos e o seu efeito é lento.

A produção do PCB foi iniciada em 1920 nos Estados Unidos e a partir de 1966 foi identificado que este material era prejudicial não só à saúde humana, mas também ao meio ambiente. Os ascaréis não são biodegradáveis e quando lançados no meio ambiente podem atingir o plancton, de onde se transferem para os peixes, pássaros e, finalmente para o ser humano.

A legislação brasileira, através da Portaria Interministerial n° 019 publicada em 29/01/1981, proíbe qualquer equipamento que contenha elementos bifenilas policloradas (PCB).

A eliminação do PCB significa sua destruição ou transformação em outros produtos não prejudiciais ao ser humano e ao meio ambiente. Pode ser feita por incineração ou ainda lançado em local indicado pelas autoridades responsáveis pela conservação do meio ambiente.

De um modo geral, as recomendações (cuidados) básicas para o ascarel são as relacionadas a seguir:

* Cuidados no manuseio de capacitores com ascarel:
- Mantenha na vertical;
- Não tombe;
- Segure somente pelas abas laterais;
- Não bata nas buchas e nem as use para levantar o capacitor.

* Quando vazar:
- Limpe o local atingido com areia, serragem ou panos;
- Guarde os resíduos em sacos plásticos;

- Não jogue no lixo, água, esgoto, etc.;
- Guarde os sacos plásticos em tambores galvanizados;
- Não use solventes (gasolina, thinner, etc.).

* Primeiros socorros:
- Olhos: Lave com água durante 15 minutos;
- Pele: Lave com água e sabão neutro;
- Aspiração: Respire ar fresco;
- Ingestão: Tome um copo de vaselina líquida e procure um médico imediatamente.

É proibido comer, beber ou fumar em presença de equipamentos que contenham ascarel.

Visto que os isolantes ascaréis são prejudiciais ao ser humano, os fabricantes passaram então a produzir outros líquidos impregnantes não contaminantes e biodegradáveis, e até mesmo sólidos.

4.2 - SÓLIDOS E LÍQUIDOS

São considerados capacitores com dielétrico sólido (a seco) aqueles que são projetados e construídos sem líquidos impregnantes. As bobinas dos capacitores são feitas de elemento de baixa espessura (filme) de modo a constituir o dielétrico. O material do dielétrico, neste caso, normalmente empregado é o polipropileno metalizado. Os capacitores feitos com estes dielétricos são encapsulados em uma caixa metálica de alumínio ou granulado inorgânico inerte, sendo este último, segundo os fabricantes, não inflamável, para absorver a energia produzida ou eliminar a possibilidade de fogo em uma eventual sequência de falhas (vide [12]).

Dependendo da classe de tensão, a construção do dielétrico dos capacitores só é possível se houver de alguma forma a inserção de líquidos para compor o dielétrico. Estes materiais são do tipo:

- Poliuretano a base de óleo vegetal: Conforme [16], são fabricados com filme de polipropileno metalizado e imersos em substância poliuretana a base de óleo vegetal;

- Ecóleo 200: Conforme [14], é um líquido sintético com estrutura molecular formada unicamente por carbono e hidrogênio e é um líquido isolante biodegradável;

- Wemcol: Conforme [15], wemcol é um fluido dielétrico não polarizado, biodegradável e não poluente ao meio ambiente. É largamente utilizado internacionalmente. Possui grande resistência às descargas parciais, geradas por altas tensões de fadiga associadas às severas condições de sobretensão AC;

- Indol-I: Conforme [13], indol-I é um líquido biodegradável de excelentes qualidades e alto coeficiente de transmissão de calor. Não corrosivo, de baixa toxidade, composto basicamente de phentl-xylyl-ethane (PXE).

5 - RESISTOR DE DESCARGA

O resistor de descarga é um dispositivo que é colocado internamente aos bancos de capacitores para reduzir progressivamente a tensão contínua que fica armazenada no capacitor após seu desligamento. O valor máximo desta tensão contínua (U_{max}) que fica armazenada no capacitor após seu desligamento é dado por:

$$U_{max} \geq \sqrt{2} \cdot U_N$$

Onde:

* U_N: Tensão nominal do capacitor (valor eficaz) em [V].

Conforme [4], o resistor de descarga tem por objetivo reduzir a tensão U_{max} indicada anteriormente a um valor residual de até 50 [V] ou menos em 1 [min] para capacitores em baixa tensão (até 1000 [V]) e de até 5 [min] em capacitores de alta tensão (acima de 1000 [V]).

Não deve existir nenhum dispositivo de manobra ou proteção entre a unidade capacitiva e o dispositivo de descarga.

O fato de existir um dispositivo de descarga não elimina a necessidade de se curto-circuitar os terminais entre si e o terra, antes de qualquer manutenção.

Os circuitos dos dispositivos de descarga devem ter uma capacidade de condução de corrente suficiente para descarregar o capacitor, a partir de uma tensão da ordem de $2,6*U_N$.

Para bancos de capacitores com mais de uma unidade em série, a tensão através dos terminais do banco não pode ser maior que 50 [V] após 5 [min], devido ao efeito acumulativo da tensão residual de cada unidade. O tempo de descarga dos bancos de capacitores para atingir 50 [V] deve ser fornecido pelo fabricante no seu manual de instrução e na placa de identificação do banco.

Os capacitores ligados diretamente a outros equipamentos elétricos, providos de caminho de descarga, podem ser considerados como adequadamente descarregados, desde que as características do circuito atendam os requisitos mencionados.

6 - CARACTERÍSTICAS ELÉTRICAS

6.1 - CARACTERÍSTICAS DE LONGA DURAÇÃO

As tabelas 2, 3, 4, 5, 6, 7, 8, 9 e 10 a seguir relacionam as diferenças encontradas ao comparar as normas NBR ([4] e [8]), IEC ([5] e [11]), NEMA [10] e ANSI [9] e as recomendações IEEE [6] envolvendo sobre-tensões, sobrecorrentes, limites de potência, temperatura ambiente, tolerâncias de variação da capacitância e limites de harmônicos para banco de capacitores e níveis de impulso (BIL). A norma ABNT 5282-1988 deixou de levar em consideração o ensaio de níveis de impulso (BIL) para tensões menores que 1000 [V]. Este ensaio existia na NBR 5282-1977 para os capacitores de potência com tensão nominal de 0,22 até 13,8 [kV] (vide [8]).

CAPÍTULO I CAPACITORES - DEFINIÇÕES BÁSICAS · 15

TABELA 2 - CARACTERÍSTICAS DE TENSÃO, CORRENTE E POTÊNCIA DE VÁRIAS NORMAS E RECOMENDAÇÕES			
NORMA OU RECOMENDAÇÃO	**CARACTERÍSTICAS COMPARADAS**		
	TENSÃO	**CORRENTE**	**POTÊNCIA**
ANSI/IEEE STD 18-1980 [9]	$1{,}10\ U_N$ Regime permanente (A)	$1{,}80\ I_N$ Regime permanente (B)	$1{,}35\ Q_N$ Regime permanente
IEEE STD 18-2002 [6]	$1{,}10\ U_N$ Regime permanente (A)	$1{,}35\ I_N$ Regime permanente (B)	$1{,}35\ Q_N$ Regime permanente
IEC 871 - 1 - 1987 >660 [V] [5]	$1{,}00\ U_N$ Regime permanente / $1{,}10\ U_N$ 12 horas em 24 horas / $1{,}15\ U_N$ 30 minutos em 24 horas / $1{,}20\ U_N$ 5 minutos (C) / $1{,}30\ U_N$ 1 minuto (C)	$1{,}30\ I_N$ Regime permanente, excluindo transitórios / $1{,}50^{(1)}\ I_N$ Para no máximo $1{,}15^{(1)}\ C_N$ (D)	-
NBR 5282 – 1977 [8]	$1{,}10\ U_N$ Regime permanente (A)	$1{,}80\ I_N$ Regime permanente (B)	$1{,}35\ Q_N$ Regime permanente (K)
NBR 5282 - 1998 >1000 [V] [4]	$1{,}00\ U_N$ Regime permanente / $1{,}10\ U_N$ 12 horas em 24 horas / $1{,}15\ U_N$ 30 minutos em 24 horas / $1{,}20\ U_N$ 5 minutos (C) / $1{,}30\ U_N$ 1 minuto (C)	$1{,}31\ I_N$ Regime permanente, excluindo transitórios / $1{,}44\ I_N$ Para no máximo $1{,}10\ C_N$ (E)	$1{,}44\ Q_N$ Para uma tensão de $1{,}10\ U_N$ para trabalhar 12 horas em 24 horas
NEMA PUB NO CP1 - 1973 [10]	$1{,}10\ U_N$ Regime permanente (A)	$2{,}50\ I_N$ Regime permanente (F,B)	$1{,}35\ Q_N$ Regime permanente

Nota específica para a tabela 2:

1. Os valores referência para a corrente máxima permitida na norma IEC 60871-1 mais atual são $1{,}43\ I_N$ para no máximo $1{,}10\ C_N$ (vide [40]).

TABELA 3- CARACTERÍSTICAS DE TEMPERATURA, TOLERÂNCIA DE CAPACITÂNCIA E LIMITES HARMÔNICOS DE VÁRIAS NORMAS E RECOMENDAÇÕES					
NORMA OU RECOMENDAÇÃO	**CARACTERÍSTICAS COMPARADAS**				
	TEMPERATURA DE OPERAÇÃO EM [°C]			**TOLERÂNCIA CAPACITIVA**	**HARMÔNICOS**
ANSI/IEEE STD 18-1980 [9]	Letra (G)	Média em 24 horas	Normal anual	A capacitância medida não deve fazer exceder a potência nominal de 1,15 Q_N	Incluído nos limites de tensão e corrente
	G_1	46	35		
	G_2	40	25		
	G_3	35	20		
	G_4	35	20		
	Temperatura mínima é de -40°C				
IEEE STD-18-2002 [6]	Letra (G)	Média em 4 horas		A capacitância medida não deve fazer exceder a potência nominal de 1,10 Q_N	-
	G_1	46			
	G_2	46			
	G_3	40			
	G_4	40			
	Temperatura mínima é de -40°C				
IEC 831-1-1988 ≤660 [V] [11]	Cat. (H)	Máx	Média máxima em um período		-5% a +15%[1] unidades capacitivas e bancos até 100 [kvar] (I)	Acordo entre fabricante e comprador
			24 horas	1 ano		
	A	40	30	20		
	B	45	35	25	0% a +10%[1] unidades capacitivas e bancos acima de 100 [kvar] (I)	
	C	50	40	30		
	D	55	45	35		
	Temperaturas mínimas ar ambiente escolher: +5°C, -5°C, -25°C -40°C e -50°C					
IEC 871-1-1987 >660 [V] [5]	Cat. (H)	Máx	Média máxima em um período		-5% a 15%[2] p/ unidade capacitiva ou bancos que contenham uma unidade por fase	Acordo entre fabricante e comprador
			24 horas	1 ano		
	A	40	30	20	-5% a +10%[2] p/ bancos até 3 [Mvar]	
	B	45	35	25	0% a +10%[2] p/ bancos de 3 a 30 [Mvar]	
	C	50	40	30	0 a +5%[2] p/ bancos acima de 30 [Mvar]	
	D	55	45	35		
	Temperaturas mínimas padronizadas +5°C, -5°C, -25°C, -40°C e -50°C					

TABELA 3- CARACTERÍSTICAS DE TEMPERATURA, TOLERÂNCIA DE CAPACITÂNCIA E LIMITES HARMÔNICOS DE VÁRIAS NORMAS E RECOMENDAÇÕES - **CONTINUAÇÃO**						
NORMA OU RECOMENDAÇÃO	**CARACTERÍSTICAS COMPARADAS**					
	TEMPERATURA DE OPERAÇÃO EM [°C]				**TOLERÂNCIA CAPACITIVA**	**HARMÔNICOS**
NBR 5282-1977 [8]	Limite superior da categori a (H)	Temperatura ambiente máxima em média			5% a+10% Para unidades capacitivas (I)	-
		1 hora	24 horas	1 ano		
	40	40	30	20	0% a+10% Para bancos de capacitores (I)	
	45	45	40	30		
	50	50	45	35		
	Temperaturas mínimas padronizadas -40°C, -25°C e -10°C					
NBR 5282-1998 >1000 [V] [4]	Cat. (H)	Máx	Média máxima em um período		Vide item 9.1.1.1	Acordo entre fabricante e comprador
			24 horas	1 ano		
	A	40	30	20		
	B	45	35	25		
	C	50	40	30		
	D	55	45	35		
	Temperaturas mínimas ar ambiente escolher: +5°C, -5°C e -25°C					
NEMA PUB NO CP1-1973 [10]	Letra (G)	Média em 24 horas	Normal anual		A capacitância medida não deve fazer exceder a potência nominal de 1,15 Q_N	Os limites estão incluídos no gráfico da figura (8) (J)
	G_1	46	35			
	G_2	40	25			
	G_3	35	20			
	G_4	35	20			
	Temperatura mínima é de -40°C					

Notas específicas para a tabela 3:

- Os valores referência para as tolerâncias das capacitâncias na norma IEC 60831-1 mais atual são -5% a +10% para unidades capacitivas e bancos de até 100 [kvar] e -5% a +5% para unidades capacitivas e bancos acima de 100 [kvar] (vide [31]);

- Os valores referência para as tolerâncias das capacitâncias na norma IEC 60871-1 mais atual são -5% a +10% para unidades capacitivas e 0% a +10% para bancos (vide [40]).

Tensão máxima do equipamento U_{MAX} [kV] (valor eficaz)	Tensão suportável nominal de impulso atmosférico [kV] (valor de crista)	Tensão suportável nominal [kV] (valor eficaz) à frequência nominal durante 1 minuto	Frente de onda
1,2	30	10	1,2 / 50 [µS]
7,2	40 60	20	
15	95 110	34	
24,2	125 150	34 50	
36,2	150 170 200	50 70	
72,5	350	140	
92,4	380 450	150 185	
145	450 550 650	185 230 275	
242	750 850 950	325 360 395	

TABELA 4 - CLASSES DE ISOLAMENTO PARA TENSÕES DE ATÉ 242 [kV], SEGUNDO ABNT [4]

TABELA 5 - CLASSES DE ISOLAMENTO PARA TENSÕES MÁXIMAS IGUAIS OU SUPERIORES A 362 [kV], SEGUNDO ABNT [4]			
Tensão máxima do equipamento U_{MAX} [kV] (valor eficaz)	Tensão suportável nominal de impulso de manobra [kV] (valor de crista)	Tensão suportável nominal de impulso atmosférico [kV] (valor de crista)	Frente de onda
362	850 950	950 1050 1175	1,2 / 50 [μS]
460	1050	1300 1425	
550	1050 1175 1300	1300 1425 1550 1675	
800	1425 1550	1800 1950 2100	

TABELA 6 - CLASSES DE ISOLAMENTO PARA TENSÕES < 52 [kV], SEGUNDO IEC [5]			
Tensão máxima do equipamento U_{MAX} [kV] (valor eficaz)	Tensão suportável nominal de impulso atmosférico [kV] (valor de crista)	Tensão suportável nominal [kV] (valor eficaz) à frequência nominal durante 1 minuto	Frente de onda
$1,2^{(1)}$	25	6	1,2 até 5 / 50 [µs]
$2,4^{(1)}$	35	8	
3,6	20 40	10	
7,2	40 60	20	
12,0	60 75 $95^{(2)}$	28	
17,5	75 95	38	
24	95 125 $145^{(2)}$	50	
36	145 170	70	

Notas específicas para a tabela 6:

1. Os valores para tensões máximas dos equipamentos de 1,2 e 2,4 [kV] **não** constam na norma IEC 60871-1 mais atual (vide [40]);

2. Os valores referência para a tensão suportável nominal de impulso constam **somente** na norma IEC 60871-1 mais atual (vide [40]).

TABELA 7 - CLASSES DE ISOLAMENTO PARA TENSÕES 52 [kV] $\leq$ U$_{MAX}$ < 300 [kV], SEGUNDO IEC [5]			
Tensão máxima do equipamento U$_{MAX}$ [kV] (valor eficaz)	Tensão suportável nominal de impulso atmosférico [kV] (valor de crista)	Tensão suportável nominal [kV] (valor eficaz) à frequência nominal durante 1 minuto	Frente de onda
52	250	95	1,2 até 5 / 50 [μs]
72,5	325	140	
100[1]	380	150	
	450	185	
123	450	185	
	550	230	
145	450	185	
	550	230	
	650	275	
170	550	230	
	650	275	
	750	325	
245	650	275	
	750	325	
	850	360	
	950	395	
	1050	460	

Nota específica para a tabela 7:

1. O valor para a tensão máxima do equipamento de 100 [kV] consta **somente** na norma IEC 60871-1 mais atual (vide [40]).

TABELA 8 - CLASSES DE ISOLAMENTO PARA TENSÕES $\geq$ 300 [kV], SEGUNDO IEC [5]			
Tensão máxima do equipamento U_{MAX} [kV] (valor eficaz)	Tensão suportável nominal de impulso atmosférico [kV] (valor de crista)	Tensão suportável nominal [kV] (valor eficaz) à frequência nominal durante 1 minuto	Frente de onda
300	750 850	850 950 1050	1,2 até 5 / 50 [µs]
362	850 950	950 1050 1175	
420	850[2] 950 1050	1050 1175 1300 1425	
525 (550[1])	950[2] 1050 1175	1175 1300 1425 1550	
765 (800[1])	1300 1425 1550	1425 1550 1675[2] 1800 1950 2100 2400[3]	

Notas específicas para a tabela 8:

1. Os valores para tensões máximas dos equipamentos de 525 e 765 [kV] foram substituídos por 550 e 800 [kV], respectivamente, conforme norma IEC 60871-1 mais atual (vide [40]);

2. Os valores referência para a tensão suportável nominal de impulso constam **somente** na norma IEC 60871-1 mais atual (vide [40]);

3.   O valor referência para a tensão suportável nominal de impulso **não** consta na norma IEC 60871-1 mais atual (vide [40]).

TABELA 9 - CLASSES DE IMPULSO, SEGUNDO O IEEE [6]		
Classe de tensão em valor eficaz do capacitor em [V]	Nível de impulso tensão de pico em [kV]	Frente de onda
216-1199	30*	
1200-5000	75*	
5001-15000	95	1,2 / 50 [µs]
15001-20000	125	
20001-25000	150	

TABELA 10 - CLASSES DE IMPULSO SEGUNDO NEMA [10]			
Classe de tensão em valor eficaz do capacitor em [V]	Classe de isolação em [kV]	Teste de impulso valor de pico em [kV]	Frente de onda
216-1199	1,2	30*	
1200-5000	8,7	75	1,2 / 50 [µs]
5001-15000	15,0	95	
13200-15000	18,0	125	

Nas tabelas 2 a 10 têm-se:

- U_N: Tensão nominal;
- I_N: Corrente nominal;
- C_N: Capacitância nominal;
- Q_N: Potência nominal do capacitor;

* Não aplicados a capacitores de uso interno.

a. Incluindo harmônicos e excluindo transitórios;

b. Incluindo o componente fundamental e os harmônicos de corrente;

c. É assumido que as sobretensões com valores superiores a 1,15 U_N, não podem ocorrer mais que 200 vezes na vida útil do capacitor;

d. Conforme [5], o valor da capacitância não pode exceder a 1,15 C_N e a corrente máxima permissível neste caso é de 1,5 I_N. Já segundo [40], o valor da capacitância não pode exceder a 1,10 C_N e a corrente máxima permissível neste caso é de 1,43 I_N. Estes fatores de sobrecorrente levam em consideração os efeitos das sobretensões e harmônicos para tensão de operação de até 1,10 U_N (vide [5] e [40]);

e. O valor da capacitância não pode exceder a 1,10 C_N, a corrente máxima permissível neste caso é de 1,44 I_N. Conforme [4], nestes fatores de sobrecorrente são levados em consideração os efeitos das sobretensões e harmônicos de acordo com a tabela 2;

f. Para capacitores abaixo de 2400 [V] o limite de corrente pode ser menor que o especificado pelo fabricante;

g. Significado das letras:
- G_1: Capacitor isolado;
- G_2: Fileira monofásica de capacitores;
- G_3: Várias linhas e colunas de capacitores;
- G_4: Equipamentos metal-encapsulados ou abrigados.

h. As letras A, B, C e D, na coluna categoria (Cat.) significam os limites máximos de temperatura das categorias dos capacitores;

i. A capacitância medida não pode exceder os limites de potência nominal relatados em condições de tensão e frequências nominais;

j. Os limites de harmônicos estabelecidos servem apenas para o componente fundamental e um componente harmônico. Os valores de potência, tensão e corrente não devem ser excedidos com os valores da norma NEMA da tabela 2 [10]. De acordo com [10] as equações (10), (11) e (12) estabelecem os limites de corrente suportada pelo capacitor quando se considera um componente fundamental e um harmônico, ou seja, admite-se que através do capacitor circulam apenas dois componentes da corrente, o fundamental e um harmônico qualquer. Graficamente as equações (10), (11) e (12) podem ser representadas de modo resumido na figura 8 com um componente fundamental e apenas um harmônico indicado (n = 3, 5, 7, 9, 11 e 13).

$$S_1 + S_n = 1,35Q_n \tag{10}$$

$$U_{RMS} = \sqrt{U_1^2 + U_n^2} \leq 1,1U_N \tag{11}$$

$$I_{RMS} = \sqrt{I_1^2 + I_n^2} \leq 2,5I_N \tag{12}$$

Onde:

- S_1: Potência aparente na frequência fundamental;
- U_1: Tensão na frequência fundamental;
- I_1: Corrente na frequência fundamental;
- S_n: Potência aparente para um harmônico de ordem n;
- Q_N: Potência nominal do capacitor;
- U_n: Tensão para um harmônico de ordem n;
- I_n: Corrente para um harmônico de ordem n.

k. A potência reativa indicada é proveniente da operação com tensão acima da nominal limitada a 1,10 U_N, bem como devido aos harmônicos de tensão que se somam diretamente à potência reativa na frequência fundamental e variação da capacitância devido à tolerância de fabricação.

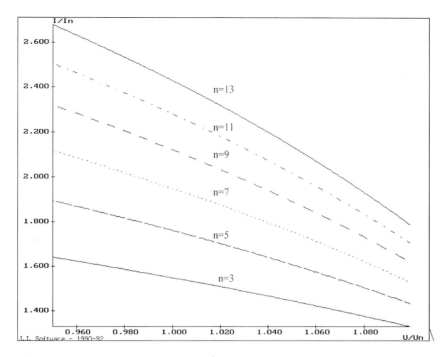

FIGURA 8 - LIMITES DOS HARMÔNICOS NO BANCO DE CAPACITORES

6.2 - CARACTERÍSTICAS DE CURTA DURAÇÃO

Serão mostradas características de tensão e corrente de algumas normas e recomendações no que diz respeito aos limites de sobretensão e sobrecorrente ocorridos em um curto período de tempo.

6.2.1 - SOBRETENSÕES DE CURTA DURAÇÃO À FREQUÊNCIA INDUSTRIAL

Antigamente, de acordo com [8] e [9], um capacitor deveria ser capaz de suportar durante a sua vida normal um total combinado de 300 aplicações de sobretensão de terminal a terminal, na frequência industrial, sem superposição de transitórios, de amplitude e durações relacionadas na tabela 11. Por outro lado, em [10] menciona que durante a vida útil do capacitor deve-se esperar um total de 200 a 300 aplicações.

Considerando [11] a amplitude da sobretensão de curta duração (acima de $1,15*U_N$) que o capacitor deve suportar sem a redução da vida útil deve ser de até 200 aplicações.

Destaca-se que a norma vigente (em 2016) de capacitores (vide [4]) **não** apresenta uma tabela descrevendo a suportabilidade da tensão em função do tempo.

TABELA 11 - SOBRETENSÃO DE CURTA DURAÇÃO À FREQUÊNCIA INDUSTRIAL		
Norma ou recomendação	Duração	Tensão máxima permissível (fator a ser multiplicado pela tensão nominal)
NBR 5282-1977 [8]; NEMA NO CP1-1973 [10] ANSI/IEEE STD 18-1980 [9]	0,5 CICLO	3,00
	1 CICLO	2,70
	6 CICLO S[1]	2,20[1]
	15 CICLOS	2,00
	60 CICLOS	1,75
	15 SEGUNDOS	1,40
	1 MINUTO	1,30
	5 MINUTOS[2]	1,20[2]
	30 MINUTOS	1,15

Notas:

(1) - Citados apenas em [8] e [9];
(2) - Citados apenas em [8] e [10].

6.2.2 - SOBRETENSÕES TRANSITÓRIAS

Os capacitores devem ser capazes de suportar as sobretensões transitórias ([8], [9] e [10]) relacionadas na tabela 12.

TABELA 12 - SOBRETENSÃO TRANSITÓRIA		
Norma ou recomendação	Número provável de transitórios por ano	Valor de crista permissível da tensão transitória (fator a ser multiplicado pela tensão nominal)
NBR 5282-1977 [8]	4	5,0
NEMA NO CP1-1973 [10]	40	4,0
	400	3,4
ANSI/IEEE STD 18-1980 [9]	4000	2,9

De acordo com as normas NBR 5282-1998, IEC 871-1-1988 e 83111988 aplicadas à tabela 12, a tensão de crista não deve exceder a $2\sqrt{2}$ da tensão aplicada (valor eficaz) com duração máxima de meio ciclo.

6.2.3 - SOBRECORRENTES TRANSITÓRIAS

Os capacitores devem ser capazes de suportar picos de corrente de descarga ([8], [9] e [10]) relacionados na tabela 13.

TABELA 13 - SOBRECORRENTE TRANSITÓRIA		
Norma ou recomendação	Número provável de transitórios por ano	Valor de crista permissível da corrente transitória (fator a ser multiplicado pela corrente nominal)
NBR 5282-1977 [8]	4	1500
NEMA NO CP1-1973 [10]	40	1150
	400	800
ANSI/IEEE STD 18-1980 [9]	4000	400

Admitindo-se que os capacitores possam ser operados 1000 vezes por ano nestas condições, a crista de sobrecorrente transitória associada pode alcançar 100 vezes o valor da corrente nominal (I_N).

Observação: No caso em que os capacitores sejam operados mais frequentemente, os valores de amplitude e a duração das sobretensões e sobrecorrentes transitórias que devem ser limitadas podem ser maiores que as relacionadas na tabela 13. Estas limitações e/ou reduções devem ser objeto de comum acordo entre fabricante e comprador.

7 - CAPACITORES COM FUSÍVEL EXTERNO

Os fusíveis externos protegem as unidades capacitivas de falhas internas e falha de isolação. Quando operam, desativam a unidade capacitiva do circuito. A figura 9.a mostra um capacitor protegido por fusível externo. Os fusíveis externos podem ser: fusíveis de expulsão, fusíveis limitadores de corrente ou uma combinação dos dois efeitos. Serão comentados estes tipos de fusíveis nos próximos capítulos.

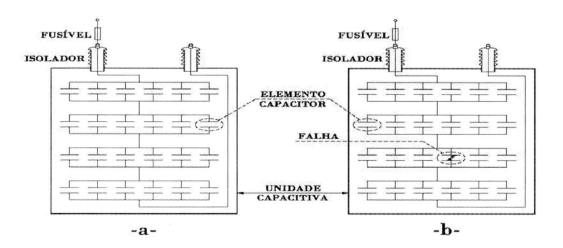

FIGURA 9 - UNIDADE CAPACITIVA

a - Protegida por fusível externo;
b - Falha de um elemento interno de um capacitor com fusível externo.

Os capacitores com fusível externo são constituídos de pequenas unidades capacitivas (bobinas) em série-paralelo. Esta conexão série-paralelo depende da tensão e potência desejadas da unidade capacitiva.

A figura 9.b mostra uma falha (curto-circuito) em um elemento interno (bobina) de uma unidade capacitiva que provoca sobrecorrente e sobretensão nos elementos internos restantes (ainda não danificados pela falha) do elemento capacitivo. A corrente de falha de um elemento defeituoso não é capaz de operar o fusível externo, outras unidades internas deverão falhar para que o mesmo opere. Como os elementos internos restantes estão submetidos a condições anormais, estes ficam sujeitos à sobretensão e, portanto, deverão ocorrer novas falhas. Com isto, as intensidades da sobrecorrente e sobretensão por elemento interno irão aumentar progressivamente até que ocorra a operação do fusível. Observa-se então que uma falha em apenas um elemento interno pode acarretar danos irreversíveis na unidade capacitiva, retirando-a de operação.

Tomando por base o diagrama mostrado na figura 10 onde a unidade capacitiva é formada por nove elementos capacitivos, é simulada uma falha, através das chaves S1 e S2, nas unidades capacitivas que entram em curto-circuito. Inicialmente, a chave S1 simula um dos capacitores colocados entre as posições B1 e B2 (instante 20 [ms]) entrando em curto-circuito. Posteriormente, a falha é simulada com o fechamento da chave S2 onde um dos elementos capacitivos entre as posições B2 e B3 entra em falha (instante 40 [ms]). Os resultados desta simulação para os elementos capacitivos que não entrarem em falha (B3 e terra) podem ser vistos na figura 11 que mostra o comportamento da tensão nos elementos internos não defeituosos, quando ocorrem falhas em outros elementos internos de grupos paralelos diferentes. Por outro lado, a figura 12 mostra o comportamento da corrente vinda da fonte indicada na figura 10 como iF(t).

Notar nas figuras 11 e 12 que à medida que os elementos capacitivos vão entrando em falha, a tensão e a corrente nos capacitores sem defeito começam a crescer, progressivamente, aumentando a tensão nos terminais das unidades capacitivas restantes até que o fusível externo seja rompido.

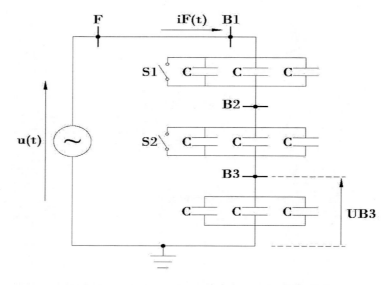

FIGURA 10 - ESQUEMA UTILIZADO NAS SIMULAÇÕES

Na figura 10 tem-se: C = 1 [μF] e u(t) = $\sqrt{2}$ .220 sen(ωt). A tensão UB3 nos terminais do capacitor é mostrada na figura 11 como sendo B3-ground. A corrente iF(t) está mostrada na figura 12, como sendo também B3-ground.

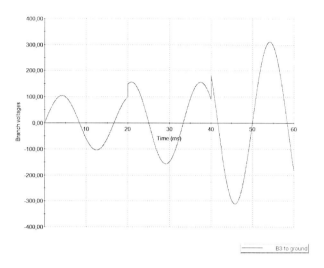

FIGURA 11 - COMPORTAMENTO DA TENSÃO EM UM ELEMENTO NÃO DEFEITUOSO POR FALHAS EM OUTROS ELEMENTOS INTERNOS

Notar que a medida que ocorrem falhas nos elementos capacitivos, a tensão nos elementos restantes que não estão sob defeito aumentam, progressivamente, reduzindo a vida útil dos mesmos, conforme mostram os resultados de simulação na figura 11, envolvendo os três elementos que não ficaram sob falta, e que podem ser verificados nos seguintes valores máximos da tensão na barra B3 (colocada para simular os elementos que não ficaram sob falta):

- UB3 = 103,7 [V] nos instantes t = 4,167 e 12,500 [ms], ou seja, antes das falhas;
- UB3 = 155,6 [V], após o fechamento da chave S1 nos instantes t = 20,833; 29,167 e 37,500 [ms];
- UB3 = 311,1 [V], após o fechamento da chave S2 nos instantes t = 45,833 e 54,166 [ms].

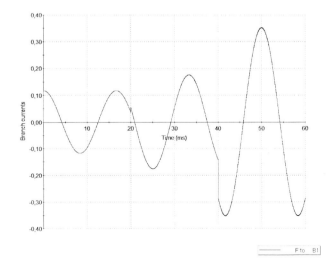

FIGURA 12 - COMPORTAMENTO DA CORRENTE EM UM ELEMENTO NÃO DEFEITUOSO POR FALHAS EM OUTROS ELEMENTOS INTERNOS

Na figura 12 tem-se:

- F to B1: Corresponde a corrente iF(t) na FIGURA 10;
- Nos instantes anteriores às falhas, t = 0,000, 8,330 e 16,660 [ms], simulados pelos fechamentos das chaves S1 e S2 a corrente máxima foi de iF_{pico} = 0,117 [A];
- Após o fechamento da chave S1 no instante t = 20 [ms] a corrente máxima foi de iF_{pico} = 0,176 [A] nos instantes t = 25,000 e 33,310 [ms];
- Após o fechamento da chave S2 no instante t = 40 [ms] a corrente máxima foi de iF_{pico} = 0,353 [A] nos instantes t = 41,660, 49,990 e 58,340 [ms].

8 - CAPACITORES COM FUSÍVEL INTERNO

Como visto no item anterior, se ocorrer uma falha em um elemento capacitivo interno nas unidades capacitivas protegidas por fusíveis externos, em uma boa parte dos casos toda a unidade capacitiva pode ser danificada e, portanto, a utilização de grandes unidades capacitivas com fusível externo não é uma boa prática. Devido a isso os fabricantes procuraram outras formas de proteger as unidades capacitivas sem perder a continuidade de serviço e toda a unidade capacitiva. Na busca desta solução apareceram as unidades capacitivas com fusíveis internos.

Os primeiros capacitores com fusíveis internos que foram fabricados, se comparados com os atuais, continham poucos elementos internos e a potência não excedia 50 [kvar]. Nas últimas décadas, entretanto, ocorreu um grande avanço na tecnologia dos dielétricos, possibilitando que unidades capacitivas possuíssem inúmeros elementos internos (bobinas) e potências mais elevadas. Por exemplo, em 0,69 ou em 8,80 [kV] é normal fabricar unidades capacitivas com fusíveis internos de 400 [kvar]. Já em 13,2 [kV] pode-se encontrar unidades capacitivas de 1 [Mvar] com fusível interno. Naturalmente, o aumento da potência reativa em uma única unidade capacitiva tem por objetivo diminuir os custos envolvidos (relação kvar/U$ por unidade capacitiva).

Os capacitores com fusível interno, como mostra a figura 13.a, têm como principal objetivo isolar o elemento defeituoso, mantendo a unidade capacitiva em operação com pouca perda de potência reativa. A figura 13.b ilustra a situação com um elemento capacitivo em falha.

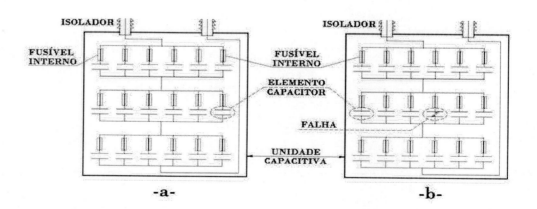

FIGURA 13- CAPACITOR COM FUSÍVEL INTERNO

a - Unidade sem falha;
b - Funcionamento do capacitor com fusível interno sob falha.

A figura 14.a mostra a situação quando um elemento da unidade capacitiva entra em falha. Observa-se que a corrente que vai propiciar a abertura do fusível FI2 do elemento em falha iC2(t), tem no caso apresentado três componentes. Um componente originado na fonte de energia iF(t) e dois componentes vindos dos capacitores adjacentes ao elemento em falha, ou seja, iC1(t) e iC3(t). A figura 14.b mostra o circuito equivalente utilizado na simulação.

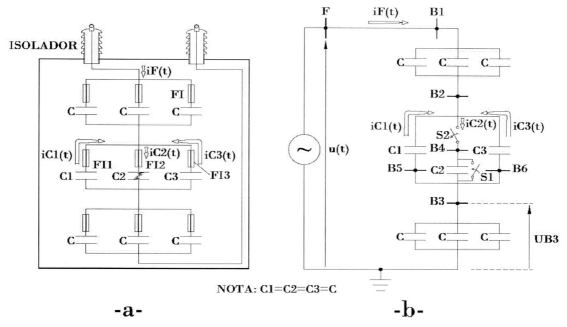

FIGURA 14 - FALHA EM UM ELEMENTO CAPACITIVO

a - Descarga dos elementos internos paralelos no elemento defeituoso;
b - Circuito equivalente para simular a falha indicada.

A operação dos fusíveis internos pode ocorrer em diversas situações, porém os casos que merecem atenção são dois:

Primeiro caso: O capacitor **falha no momento da passagem da tensão por zero**, ou seja, não existe energia armazenada nos capacitores e o fusível do elemento interno conta somente com a corrente de falha (corrente injetada pelo sistema) para a sua operação no instante da falha.

Segundo caso: Quando a **falha ocorre na passagem da tensão em seu valor máximo (pico)**, não existe a corrente de falha (corrente contribuída pelo sistema) para operar o fusível interno, mas existe energia armazenada nos outros elementos em paralelo de um mesmo grupo. Esta energia será descarregada sobre o elemento que falhou, fazendo assim operar o fusível interno do elemento interno defeituoso.

Para se determinar as formas de onda da tensão e da corrente em função do tempo para o caso de elementos capacitivos com fusíveis internos utiliza-se o circuito equivalente mostrado na figura 14.b, onde se considera duas chaves:

- **Chave S1:** simula a falha na unidade capacitiva sob defeito;
- **Chave S2:** simula a abertura do fusível interno FI2 do elemento sob defeito.

Os dados utilizados para simulação são os mesmos mostrados no item 7, ou seja, considera-se que na figura 14.b tem-se: C = 1 [μF] e u(t) = $\sqrt{2}$. 220 sen(ωt).

Na figura 14.b considera-se que a fonte de tensão ideal está diretamente conectada ao banco de capacitores. Admitiu-se na simulação que a chave S1 que simula o curto-circuito é fechada no instante 16,666 [ms], ou seja, quando a tensão passa por zero. A chave S2, que simula a operação do fusível abre quando a corrente passa pelo seu próximo zero natural. Logo a contribuição principal da corrente para abertura do fusível se dá praticamente pela fonte. O valor de pico da corrente, quando o fusível interno abre, foi de 0,10 [A]. O valor de pico inicial da corrente é de 0,069 [A] e o seu valor de regime com seu fusível aberto é de 0,058 [A]. Neste caso, pode-se observar que a corrente de pico praticamente não é afetada pela descarga das unidades capacitivas em paralelo do mesmo grupo sob falha, visto que a tensão nos terminais destes capacitores segue a da fonte (com zero [V]). As formas de ondas das correntes, neste caso, são mostradas nas figuras 15.a e 15.b e as da tensão na figura 15.c.

Para se obter os resultados de simulação mostrados nas figuras 16.a e 16.b considerou-se que a chave S1 que simula o curto-circuito é fechada no instante 24,999 [ms], ou seja, quando a tensão passa por seu valor máximo. A chave S2, que simula a operação do fusível abre quando a corrente passa pelo seu próximo zero natural. Logo, a contribuição principal da corrente para abertura do fusível é praticamente um impulso (atinge algo da ordem de 0,034 [A]), e se dá praticamente pelos capacitores adjacentes ao elemento em falta. O valor de pico da corrente vinda da fonte, iF(t), praticamente não é afetado quando o fusível interno abre passando, portanto, do valor inicial de 0,068 [A] para o valor de regime com o fusível aberto que é de 0,058 [A]. Neste caso, pode-se observar que a corrente da fonte para o capacitor em falha é afetada muito mais pela descarga das unidades capacitivas em paralelo do mesmo grupo sob falha, visto que a tensão nos terminais destes capacitores segue a da fonte que no momento da falta é de 179,6 [V], ou seja, o valor de pico de tensão da fonte.

O circuito equivalente apresentado na figura 14.b para determinar a forma de onda da corrente, diferentemente da figura 10, mostra que quando ocorre a falha em um elemento capacitivo de um banco de capacitores com fusíveis internos, o elemento defeituoso é isolado e, portanto, o aumento de tensão dos elementos sem defeito é transitório, como mostram os resultados de simulação nas figuras 15.c e 16.b. Observar que neste instante da falha existe corrente suficiente para operar o fusível, sendo que esta corrente não é suprida apenas pelo sistema externo, mas principalmente pelos elementos capacitivos internos que se encontram em paralelo ao elemento defeituoso.

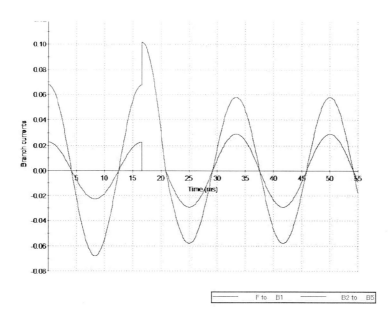

FIGURA 15.a - FORMA DE ONDA DA **CORRENTE** COM A UNIDADE CAPACITIVA COM FUSÍVEL INTERNO EM FALHA QUANDO A TENSÃO PASSA POR SEU VALOR NULO (0 [V])

Na figura 15.a tem-se:

- F to B1: Corresponde a corrente iF(t) na FIGURA 14.b;
- B2 to B5: Corresponde a corrente iC1(t) na FIGURA 14.b;
- Instante t = 0 as correntes iF_{pico} = 0,069 [A] e $iC1_{pico}$ = $iC2_{pico}$ = $iC3_{pico}$ = 0,023 [A];
- Instante t = 16,666 [ms] as correntes iF_{pico} = $iC2_{pico}$ = 0,102 [A] e $iC1_{pico}$ = $iC3_{pico}$ = 0,000 [A];
- Instante t = 24,999 [ms] as correntes iF_{pico} = 0,058 [A] e $iC1_{pico}$ = $iC3_{pico}$ = 0,0290 [A]. Notar que 2*0,029 = 0,058 [A].

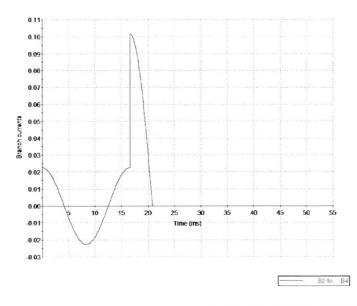

FIGURA 15.b - FORMA DE ONDA DA **CORRENTE** NO ELEMENTO CAPACITIVO QUE ENTROU EM FALHA QUANDO A TENSÃO PASSA POR SEU VALOR NULO (0 [V])

Na figura 15.b tem-se:

- B2 to B4: Corresponde a corrente iC2(t) na FIGURA 14.b;
- Instante t = 16,666 [ms] a corrente iC2(t) aumenta em função do curto-circuito no elemento capacitivo simulado pelo fechamento da chave S1. Observar que em torno de 20,833 [ms] a corrente é eliminada pela ação do fusível;

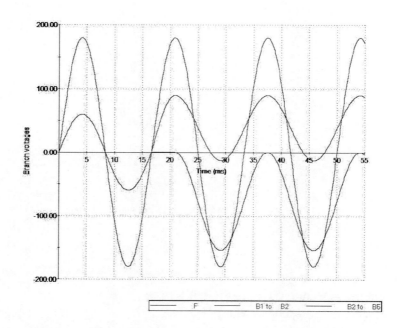

FIGURA 15.c - FORMAS DE ONDA DA **TENSÃO** COM A UNIDADE CAPACITIVA COM FUSÍVEL INTERNO EM FALHA QUANDO A TENSÃO PASSA POR SEU VALOR NULO (0 [V])

Na figura 15.c tem-se os seguintes valores das tensões:

- Valor máximo na fonte (u(t)): 179,61 [V] (não muda; fonte ideal de tensão);

- Valor máximo entre as barras B1 e B2 antes da falta: 59,87 [V] em t = 4,167 [ms]. Este valor, antes da falha do capacitor, é o mesmo entre as barras B2 e B5;

- Valor máximo entre as barras B1 e B2 após a falta: 89,81 [V] em t = 20,833 [ms];

- Valor máximo entre as barras B2 e B5: -153,9 [V] que ocorre nos instantes 29,169 e 45,833 [ms];

- A tensão na barra B3 em relação a terra (UB3) não é apresentada na figura 15.c pois corresponde ao mesmo comportamento verificado entre as barras B1 e B2.

Notar a assimetria da tensão logo após a abertura do fusível que deve ser compensada de modo que a soma das tensões nos terminais dos capacitores em série perfaçam a tensão da fonte.

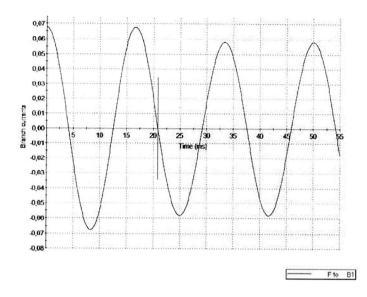

FIGURA 16.a - FORMA DE ONDA DA **CORRENTE** iF(t) COM A UNIDADE CAPACITIVA COM FUSÍVEL INTERNO EM FALHA QUANDO A TENSÃO PASSA POR SEU VALOR MÁXIMO

Na figura 16.a tem-se:

- Instante t = 0 a corrente iF(t) = 0,069 [A];
- Instante t = 20,833 [ms] ocorre um impulso de corrente, pois acontece a descarga dos capacitores C1 e C3 adjacentes ao capacitor C2 que entrou em falha. Este impulso de corrente depende das resistências de contato, resistência interna dos fusíveis, etc. No caso da simulação, o impulso de corrente (iC1(t) = iC3(t)) atingiu algo da ordem de 0,034 [A];
- Instante a partir de t = 24,999 [ms] o valor máximo de corrente iF(t), ou seja, iF_{pico} = 0,058 [A].

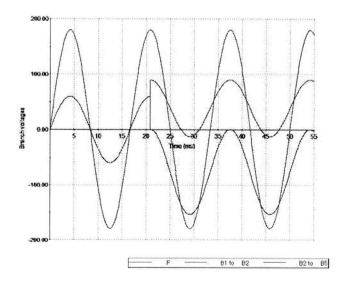

FIGURA 16.b - FORMAS DE ONDA DA **TENSÃO** COM A UNIDADE CAPACITIVA COM FUSÍVEL INTERNO EM FALHA QUANDO A TENSÃO PASSA POR SEU VALOR MÁXIMO

36 · CAPACITORES DE POTÊNCIA E FILTROS DE HARMÔNICOS

Os resultados de simulação das formas de onda mostrados na figura 16.b são idênticos aos encontrados na figura 15.c. Notar que na figura 15.c a chave que simula a falta (S1) é fechada no instante 16,667 [ms] e a abertura do fusível (S2) ocorre em 20,833 [ms], ou seja, instante que a corrente passa por zero e para obter os resultados da figura 16.b o fechamento da chave S1 e abertura da chave S2 são simultâneos.

9 - ENSAIOS

Serão descritos de forma resumida os ensaios previstos na NBR 5282 de 1998 (vide [4]). Particularmente para o ensaio de estabilidade térmica será feita uma comparação com a NBR-5289 de julho de 1977 (vide [38]).

9.1 - ENSAIOS DE ROTINA

São os ensaios que devem ser realizados em todos os equipamentos comprados ou em determinada amostragem da quantidade total, a fim de se verificar a qualidade e a uniformidade da mão de obra dos materiais utilizados na fabricação destes equipamentos.

Os ensaios de rotina devem ser realizados pelo fabricante, cabendo ao comprador o direito de designar um inspetor para assisti-los. O fabricante deve fornecer os relatórios dos ensaios.

9.1.1 - MEDIÇÃO DA CAPACITÂNCIA

Este ensaio tem por objetivo medir a capacitância de cada unidade capacitiva para verificar se sua potência reativa está dentro da tolerância especificada.

A capacitância deve ser medida em condições normais de temperatura, empregando-se métodos que evitem os erros devido aos harmônicos e aos acessórios (resistência, reatâncias e circuitos de bloqueio).

Notas:

1. Os ensaios para medição das capacitâncias deverão ser feitos com tensão e frequência nominais. Entretanto, as medições podem ser feitas em outras tensões e frequências, desde que os fatores de correção apropriados sejam objeto de acordo entre o fabricante e o comprador [4]. A medição da capacitância também pode ser feita com um capacímetro específico para a aplicação;

2. A tensão de ensaio deve estar compreendida entre 0,9 e 1,1 vezes a tensão nominal [4];

3. Conforme [4], para os capacitores trifásicos, a relação entre as capacitâncias medidas (máxima/mínima) das três fases não deve exceder 6% (ou seja, 1,06 como consta na referida norma);

4. Se acordado, o comprador pode desejar uma maior precisão na medição da capacitância, a qual cabe ao fabricante estabelecer o método de ensaio [4], pois principalmente os bancos de capacitores ligados em estrela com neutro isolado podem requerer capacitâncias com diferenças inferiores aos valores citados na norma.

9.1.1.1 - TOLERÂNCIA NA CAPACITÂNCIA

De acordo com [4], a capacitância deve ter uma tolerância e, portanto, o valor medido não deve diferir da capacitância nominal. As tolerâncias são referenciadas para as potências nominais em Mvar, conforme a seguir:

- para unidades capacitivas e bancos de capacitores até 3 [Mvar]: -5 a +10%;
- para bancos de capacitores entre 3 e 30 [Mvar]: 0 a +10%;
- para bancos de capacitores acima de 30 [Mvar]: 0 a +5%.

DESTAQUE IMPORTANTE: Conforme [4] para capacitores de potência utilizados

para compor filtros de harmônicos as tolerâncias de capacitâncias recomendadas são as relacionadas a seguir:

- para bancos de capacitores aplicados a filtros de harmônicos passa-faixa: ±5,0%;
- para bancos de capacitores aplicados a filtros de harmônicos passa-alta: ±7,5%.

9.1.1.2 - POTÊNCIA REATIVA A PARTIR DAS CAPACITÂNCIAS MEDIDAS

A potência reativa trifásica pode ser obtida a partir das medições das capacitâncias de um capacitor trifásico ligado em delta (triângulo) ou em estrela de acordo com a equação (13), vide [40]:

$$Q_{BC} = \frac{2}{3} \cdot \left(C_{AB} + C_{BC} + C_{CA} \right) \cdot \omega \cdot U_N^{10} \cdot 10^{-3} \tag{13}$$

Para um capacitor monofásico, a potência reativa é dada pela equação (14):

$$Q_{IC} = U_N^2 \cdot \omega \cdot C \cdot 10^{-3}$$
$$\omega = 2 \cdot \pi \cdot f \tag{14}$$

Onde, nas equações (13) e (14), têm-se:

- Q_{BC}: Potência reativa do capacitor trifásico ligado em delta (triângulo) ou em estrela em [kvar];
- Q_{IC}: Potência reativa do capacitor monofásico em [kvar];
- U_N: Tensão nominal (valor eficaz) do capacitor entre fases em [kV];
- C_{AB}, C_{AC}, C_{BC}: Capacitância medida entre dois terminais de linha (entre fases) de um capacitor trifásico conectado internamente em triângulo ou em estrela em [F];
- C: Capacitância medida entre os terminais de um capacitor monofásico em [F];
- ω: Frequência angular em [rad/s];
- f: Frequência industrial em [Hz].

9.1.2 - MEDIÇÃO DA TANGENTE DO ÂNGULO DE PERDAS

Cada capacitor tem medidas as suas perdas ativas ou então a relação entre as perdas ativa e a potência reativa (tg, usualmente expressa em W/kvar).

A tangente do ângulo de perdas deve ser medida nas condições normais de temperatura e usando um método que elimine os harmônicos.

A precisão do método de medição e a correlação com os valores medidos com tensão e frequência nominais devem ser fornecidos pelo fabricante [4].

9.1.3 - ENSAIO DE TENSÃO SUPORTÁVEL NOMINAL

O capacitor deve ser capaz de suportar sem ocorrer nenhuma perfuração ou descarga, durante um intervalo de tempo, determinadas tensões de ensaio entre terminais e entre os terminais interligados e a caixa.

9.1.3.1 - ENSAIO DE TENSÃO SUPORTÁVEL NOMINAL ENTRE TERMINAIS

De acordo com [4], cada capacitor deve suportar, durante 10 [s], uma tensão contínua igual a $4,3*U_N$ ou tensão alternada de $2,15*U_N$, o mais próximo possível da frequência nominal, onde:

- U_N: Tensão nominal do capacitor (valor eficaz).

> Nota: Embora a norma citada em [4] tenha sido cancelada pela ABNT o pessoal do setor elétrico requer a manutenção da mesma, e a decisão em relação a isto ainda não havia sido oficializada na elaboração deste livro (2016).

9.1.3.2 - ENSAIO DE TENSÃO SUPORTÁVEL NOMINAL ENTRE TERMINAIS E CAIXA

A tensão alternada deve ter frequência próxima à nominal e de valor correspondente à referência de isolamento da unidade [4].

As unidades capacitivas que possuem todos os terminais isolados devem suportar durante 10 [s] uma tensão alternada aplicada entre os terminais de linha (ligados entre si) e a caixa. O valor da tensão de ensaio é referente ao isolamento da unidade [4].

O ensaio deve ser executado, mesmo se um dos terminais for previsto para ser ligado à caixa. Mas se a unidade contém um terminal permanentemente ligado à caixa, não deve ser submetida ao ensaio [4].

Durante o ensaio não deve haver nenhuma perfuração ou descarga.

9.1.4 - ENSAIO DE ESTANQUEIDADE

Cada unidade capacitiva é submetida a aquecimento em estufa, a fim de se verificar, com a dilatação térmica do líquido impregnante, se não há vazamentos.

As unidades capacitivas do tipo só-filme devem ser aquecidas de modo que todas as partes atinjam uma temperatura média de 75 [C] com variação máxima de 5 [C] (vide [4]).

Para capacitores com dielétrico misto (papel-filme) a temperatura de ensaio deve ser de 90 [C] (vide [4]).

9.1.5 - ENSAIO DO DISPOSITIVO DE DESCARGA

O dispositivo de descarga se houver, e se for uma resistência, deve ser medida sua resistência ôhmica, a fim de verificar os tempos estabelecidos para a descarga do capacitor. O método de ensaio pode ser selecionado pelo fabricante e o ensaio deve ser realizado após o ensaio de tensão aplicada [4].

9.2 - ENSAIOS DE TIPO

Os ensaios de tipo são efetuados com o objetivo de verificar se o projeto dos capacitores atende as características especificadas, bem como as exigências operacionais das normas. Salvo especificações em contrário, cada amostra de capacitores a ser submetida a ensaios de tipo, deve antes satisfazer a todos os ensaios de rotina.

Os ensaios de tipo devem ser realizados em amostra de capacitores retirada do lote recomendado.

Na maioria dos casos, não é essencial que todos os ensaios sejam efetuados no mesmo capacitor, podendo ser efetuados em diversas unidades capacitivas com as mesmas características.

A realização dos ensaios de tipo é de responsabilidade do fabricante. Se solicitado, o fabricante deve fornecer o relatório detalhado dos ensaios.

Nos ensaios de tipo, todos os ensaios de rotina devem ser realizados.

9.2.1 - ENSAIO DE ESTABILIDADE TÉRMICA

Antigamente, conforme [38], o capacitor protótipo era submetido a determinadas condições de temperatura (dentro de estufa) e ventilação. Este ensaio visa determinar o comportamento do capacitor em condições de operação adversas.

Em [38] a recomendação para a temperatura ambiente, dentro da estufa de ensaio, era mantida dentro dos limites especificados na tabela 14. A temperatura ambiente possui uma tolerância de 2C.

Os capacitores devem ser submetidos a uma tensão praticamente senoidal, de frequência industrial nominal, até estabilizarem ou ocorrer a perfuração.

Conforme [38], durante as últimas 24 horas, a cada 2 horas deve-se medir a tangente do ângulo de perdas, e a temperatura não deve sofrer variações superiores a 3 [C]. Ainda de acordo com [38], a capacitância era medida antes e depois dos ensaios, nas condições normais de temperatura, sendo que a diferença da temperatura do capacitor nas duas medidas não deverá ser superior a 5 [C], e a variação da capacitância deverá ser inferior a 2%.

A tensão de ensaio é dada pela equação 15 [38]:

$$U_E = 1,1 \cdot U_N \sqrt{\frac{W_F}{W_R}}$$

(15)

Onde:

- U_E: Tensão de ensaio;
- U_N: Tensão nominal do capacitor;
- W_F: Perda máxima em [W];
- W_R: Perda real em [W] do capacitor de ensaio.

TABELA 14 - LIMITES DE TEMPERATURA [38]	
Limite superior da categoria de temperatura [C]	Temperatura ambiente interna da estufa [C]
40	31
45	41
50	46

Como a NBR 5289 (vide [38]) foi revogada, atualmente, de acordo com [4], para a realização do ensaio devem ser escolhidos três capacitores que apresentarem o maior fator de perdas e dentre estes escolher para ensaio o que possui o maior fator de perdas. O conjunto deve ser montado em uma estufa sem circulação de ar e na posição vertical

Por outro lado, em [4], a recomendação para a temperatura ambiente dentro da estufa onde os capacitores serão inseridos deve ser mantida dentro dos limites especificados na tabela 15. A temperatura ambiente possui uma tolerância de ± 2C.

TABELA 15 - LIMITE DA TEMPERATURA AMBIENTE [4]	
Letra	Temperatura do ar ambiente em C
A	40
B	45
C	50
D	55

Conforme [4], o capacitor sob ensaio deve ser submetido por um período, pelo menos, de 48 horas a uma tensão alternada de forma aproximadamente senoidal. O valor da tensão, calculado através da equação (16), deve ser mantido constante durante o ensaio.

$$U_E = 1,2\sqrt{\frac{Q_N}{2 \cdot \pi \cdot f \cdot C}}$$

(16)

Onde:

- U_E: Tensão de ensaio em [V];
- Q_N: Potência reativa nominal da unidade em [var];
- f: Frequência de ensaio em [Hz];
- C: Valor da capacitância medida em [F].

A precisão medida da temperatura deve ser no mínimo de 0,5 [C]. Durante as últimas 6 horas, o capacitor deve ser medido quatro vezes, e a diferença de temperatura entre o capacitor e o ambiente não deve exceder 1 [C] (vide [4]).

Durante toda a duração do ensaio, a temperatura ambiente deve ser verificada, por meio de um termômetro (de bulbo ou termopar), retardado, de modo a ter uma constante de tempo aproximadamente de uma hora.

9.2.2 - MEDIÇÃO DO FATOR DE PERDAS À TEMPERATURA ELEVADA

O fator de perdas deve ser medido no final do ensaio de estabilidade térmica. A tensão do ensaio deve ser a de estabilidade térmica. O valor acordado entre o fabricante e o comprador não deve ser excedido.

9.2.3 - ENSAIO DE TENSÃO SUPORTÁVEL NOMINAL ENTRE TERMINAIS E CAIXA

O ensaio de tensão entre terminais e caixa é realizado entre todas as unidades capacitoras que tenham seus terminais isolados da caixa, que devem suportar durante 1 [min] uma tensão alternada aplicada entre os terminais de linha e a caixa, de valor correspondente à sua isolação. O ensaio entre terminais tem duração de 1 [min], sendo que a tensão a ser aplicada depende da configuração estabelecida durante o teste de tipo (para mais detalhes consultar [4]) :

> Nota: Ao comparar o intervalo de tempo que o capacitor fica submetido a tensão indicada neste item durante o ensaio de tipo é 6 vezes superior aquele que é submetido durante o ensaio de rotina

$$U_0 = 2 \cdot U_N / \sqrt{3}$$

Onde:

- U_N: Tensão nominal do capacitor.

Unidades com terminais isolados da caixa devem ser submetidos durante 1 minuto às tensões de ensaio conforme os níveis de isolamento [4].

O ensaio deve ser a seco em unidades para uso interno e sob chuva artificial, em unidades para uso externo [4]. A posição das buchas no ensaio sob chuva artificial deve ser a mesma de operação [4]. Durante o ensaio não pode ocorrer perfuração da isolação ou descarga disruptiva externa.

9.2.4 - ENSAIO DE TENSÃO SUPORTÁVEL DE IMPULSO ATMOSFÉRICO ENTRE TERMINAIS E CAIXA

Conforme [4], o ensaio de impulso não é aplicado às unidades que possuam terminal permanente ligado à caixa e às unidades não previstas para instalação exposta ao tempo.

9.2.5 - ENSAIO DE DESCARGA DE CURTO-CIRCUITO

O capacitor é carregado com tensão contínua e desligado, então se mede o tempo de descarga, a fim de verificar a atuação do dispositivo de descarga.

Conforme [4], a unidade deve ser carregada em uma tensão contínua com duas vezes e meio o valor eficaz da tensão terminal e depois descarregada de uma só vez, através de um descarregador localizado o mais próximo possível do capacitor. Devem ser feitas cinco descargas no intervalo de tempo de 10 minutos.

A capacitância deve ser medida antes e depois do ensaio e a diferença entre as medições deve ser menor que o valor da variação da capacitância devido à ruptura de um elemento ou a operação de um fusível interno (vide [4]).

9.2.6 - ENSAIO DE TENSÃO RESIDUAL

O capacitor, possuindo dispositivo interno de descarga, deve ser energizado com uma tensão contínua de $\sqrt{2}.U_N$, conforme [4] e deve reduzir a tensão residual até 50 [V] ou menos, em até o intervalo de tempo de 5 [min] para capacitores com tensão nominal até 1000 [V].

10 - CONSIDERAÇÕES A RESPEITO DAS NORMAS CITADAS

A norma NBR 5282 de Julho de 1977 (vide [8]) apresentava a especificação de capacitores de potência com tensão nominal de 220 [V] até 13800 [V]. Esta norma em Maio de 1988 recebeu o mesmo número (NBR 5282), porém tratando apenas de capacitores de potência com tensão nominal acima de 1000 [V] (vide [75]). Na época da elaboração deste livro (2017) a última revisão da NBR 5282 encontrada foi a de Junho de 1998 (vide [4]).

A norma NBR 5289 de Julho de 1977 (vide [38]) que trata dos métodos de ensaios em capacitores de potência foi cancelada em 03/07/2006, sendo que grande parte dos seus tópicos constam na norma NBR 5282 (vide [4]). Neste livro destacamos apenas a diferença relativa ao ensaio de estabilidade térmica entre as duas normas, que está apresentada no item 9.2.1.

A norma IEC 871-1 de 1987 (vide [5]) abordava capacitores em derivação para sistemas de potência em corrente alternada com tensões nominais acima de 660 [V]. Sua versão mais atual recebeu a designação de IEC 60871-1 edição 4.0 de 2014 (vide [40]) e passou a tratar de capacitores em derivação para sistemas de potência em corrente alternada com tensões nominais acima de 1000 [V].

A norma IEC 831-1 de 1988 (vide [11]) abordava capacitores em derivação do tipo autorregenerativo para sistemas em corrente alternada com tensões nominais de até e inclusive 660 [V]. Sua versão mais atual recebeu a designação de IEC 60831-1 edição 3.0 de 2014 (vide [31]) e passou a tratar de capacitores em derivação do tipo autorregenerativo para sistemas em corrente alternada com tensões nominais de até e inclusive 1000 [V].

Após a publicação da norma NEMA CP 1-1973 (vide [10]) sobre capacitores em derivação surgiram diversas atualizações, sendo sua última versão publicada (NEMA CP 1-2000) revogada e seu conteúdo incorporado à norma IEEE Standard 18 (vide [6] e [21].

A recomendação ANSI/IEEE Std 18 de 1980 (vide [9]) sobre padrões para capacitores de potência em derivação com tensão nominal igual ou superior a 216 [V] sofreu atualizações/reedições, dentre elas a referenciada em [6], sendo a versão mais atual designada por IEEE Std 18-2012 (vide [21]).

CAPÍTULO II
POTÊNCIA ATIVA, REATIVA, FATOR DE POTÊNCIA E HARMÔNICOS

1 - INTRODUÇÃO

Determinados conceitos na área técnica são puramente matemáticos e criados com a finalidade de permitir a análise de fenômenos físicos de modo mais simples possível. Isto ocorre nas grandezas que serão analisadas neste capítulo, e que são fundamentais para auxiliar na metodologia utilizada para se efetuar a correção (ou compensação) do fator de potência.

Tanto a potência ativa, quanto a potência reativa e o fator de potência são grandezas resultantes de definições e, portanto puramente matemáticas e, a seguir será feita uma análise das mesmas.

2 - SISTEMAS PURAMENTE SENOIDAIS

Será feito primeiramente uma análise da potência ativa, reativa e fator de potência para sistemas elétricos supridos por fontes de tensão senoidais. Admite-se também que a corrente existente no circuito elétrico é senoidal, ou seja, considera-se que as cargas são lineares.

2.1 - POTÊNCIA ATIVA

Tome como exemplo um circuito elétrico, no qual uma fonte alimenta uma resistência, conforme mostra a figura 1. A corrente elétrica que se estabelece no circuito é diretamente proporcional à diferença de potencial da fonte. A constante de proporcionalidade entre a tensão e a corrente neste circuito é a resistência elétrica (que pode ser admitida constante, na medida em que se despreze sua variação com a temperatura).

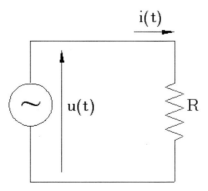

FIGURA 1 - CIRCUITO RESISTIVO

Na figura 1 tem-se:

$$u(t) = U_{MAX} \cdot \text{sen}(\omega t) = \sqrt{2} \cdot U_1 \cdot \text{sen}(\omega t) \tag{1}$$

e

$$u(t) = I_{MAX} \cdot sen(\omega t) = \sqrt{2} \cdot I_1 \cdot sen(\omega t) \tag{2}$$

Onde:

$$I_1 = \frac{U_1}{R} \tag{3}$$

Para:

- u(t): Valor instantâneo da tensão do circuito;
- i(t): Valor instantâneo da corrente do circuito;
- R: Resistência elétrica do circuito;
- U_1: Valor eficaz da tensão do circuito na frequência fundamental;
- I_1: Valor eficaz da corrente do circuito na frequência fundamental;
- ω: Frequência angular ($\omega = 2.\pi.f$);
- F: frequência industrial.

Nota: No caso específico onde as tensões e correntes são ondas senoidais a relação entre o valor máximo (de pico) e o valor eficaz é igual a $\sqrt{2}$.

A corrente que circula pela resistência provoca uma elevação de temperatura (mensurável), que é diretamente proporcional ao quadrado do valor eficaz da corrente e ao valor da resistência, conforme equação (4) a seguir.

$$\Delta\tau = K_\tau \cdot R \cdot (I_1)^2 \tag{4}$$

Onde:

- Δt: Elevação de temperatura;
- K_t: Constante de proporcionalidade (válida para regime permanente).

A potência ativa (média, útil ou eficaz) no circuito em análise é o valor médio do produto dos valores instantâneos da tensão pela corrente, como mostra a equação (5.a).

$$P = \frac{1}{T} \int_0^T u(t) \cdot i(t) \cdot d(t) \tag{5.a}$$

Especificamente, no caso onde a tensão e a corrente são senoidais, ou seja, a carga é linear, para a solução da equação (5.a) utilizando-se as equações (1), (2) e (3) tem-se a equação (5.b):

$$P = \frac{1}{T} \int_0^T U_{MAX} \cdot sen(\omega t) \cdot I_{MAX} \cdot sen(\omega t) \cdot d(t) = U_1 \cdot I_1 = R \cdot I_1^2 \tag{5.b}$$

Onde, em (5.a) e (5.b), têm-se:

- P: Potência ativa;
- T: Período (note que $\omega.T = 2.\pi$ ou ainda $T = 1/f$).

Verifica-se então que neste caso particular, onde a fonte de tensão está conectada apenas a uma resistência linear de valor R, a potência ativa é o produto do valor eficaz da tensão pelo valor eficaz da corrente, ou seja, $U_1.I_1$, ou ainda $R.I_1^2$, como mostra a última igualdade em 5.b.

No circuito indicado na figura 2.a, tem-se uma indutância L em série com uma resistência. É importante lembrar que a indutância é definida a partir da lei de Lenz, ou seja, a circulação de corrente pelo circuito produz uma diferença de potencial, onde se estabelece um campo eletromagnético que pode ser quantificado através da denominada força magneto motriz, a qual é dada por:

$$f_{MM} = N \cdot i \qquad (6)$$

Onde:

- f_{MM}: Valor instantâneo da força magneto motriz;
- N: Número de espiras do condutor no circuito;
- i: Valor instantâneo da corrente.

A força magneto motriz vai dar origem a um fluxo magnético (ϕ), definido por:

$$\phi = \frac{f_{MM}}{R_M} \qquad (7)$$

e o valor de R_M é dado por:

$$R_M = \frac{\lambda}{\mu S} \qquad (8)$$

Onde:

- R_M: Relutância do circuito magnético;
- ϕ: Valor instantâneo do fluxo;
- λ: Comprimento do circuito magnético, vide também figura 2.d;
- λ_g: Comprimento do entreferro (gap), vide figura 2.d;
- S: Seção transversal do circuito magnético;
- μ: Permeabilidade do circuito magnético.

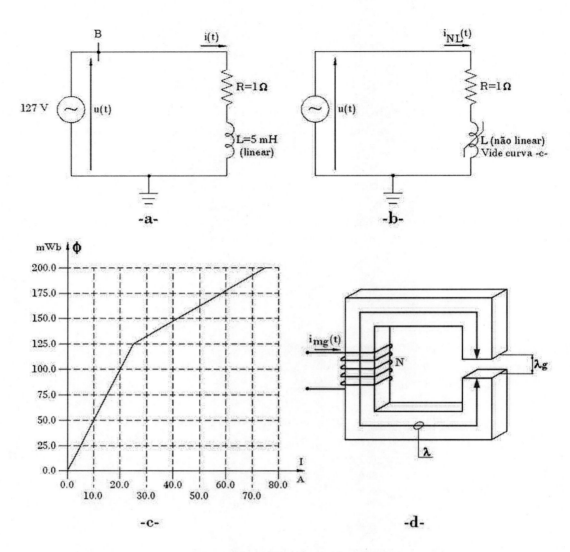

FIGURA 2 - CIRCUITO RESISTIVO-INDUTIVO

a - Fonte de tensão com carga R e L lineares;
b - Fonte de tensão com carga R linear e L não linear;
c - Relação entre o fluxo e o valor eficaz da corrente no indutor L não linear;
d - Circuito mostrando a indutância em um núcleo magnético.

Na figura 2.d a grandeza $i_{mg}(t)$ pode corresponder a i(t) da figura 2.a ou $i_{NL}(t)$ da figura 2.b, pois, depende do entreferro ou gap mostrado como sendo λ_g na figura 2.d. Quanto menor o gap (λ_g tende a zero) a não linearidade se acentua, e por outro lado, aumentando o gap, o fluxo magnético praticamente se estabelece pelo ar o que torna o efeito indutivo linear.

A figura 3 ilustra as formas das ondas de tensão e corrente considerando as cargas lineares e não lineares mostradas nas figuras 2.a e 2.b.

CAPÍTULO II POTÊNCIA ATIVA, REATIVA, FATOR DE POTÊNCIA E HARMÔNICOS • 47

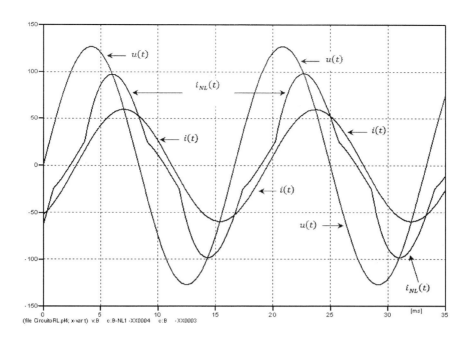

FIGURA 3 - FORMAS DE ONDA DE TENSÃO E CORRENTE PARA O CIRCUITO DA FIGURA 2

- u(t): Forma de onda de tensão para os circuitos das figuras 2.a e 2.b;
- i(t): Forma de onda de corrente para o circuito da figura 2.a;
- i_{NL}(t): Forma de onda de corrente para o circuito da figura 2.b.

Observar que na figura 3 associada à carga linear as formas de onda da tensão e corrente são senoidais, enquanto que para a carga não linear, embora a forma de onda da tensão seja senoidal, a forma de onda da corrente é não senoidal.

Se a corrente é variável no tempo para o circuito da figura 2.a, o fluxo magnético f na bobina também será variável, e consequentemente, nesta aparecerá uma força contra eletromotriz definida por:

$$e = -N \cdot \frac{d\Phi}{dt} \quad (9)$$

Considerando-se as equações anteriores (6), (7) e (8) e se a indutância da bobina for linear, resulta em:

$$e = -\frac{N^2}{R_M} \cdot \frac{di}{dt} \quad (10)$$

A indutância própria de uma bobina é definida por:

$$L = \frac{N^2}{R_M} \quad (11)$$

Logo,

$$e = -L \cdot \frac{di}{dt} \tag{12}$$

Onde:

- e: Força contra eletromotriz induzida nos terminais da bobina;
- L: Indutância própria da bobina.

A equação que vai definir o comportamento da corrente em função do tempo no caso da indutância da bobina ser linear é apresentada a seguir:

$$u(t) = R \cdot i + L \cdot \frac{di}{dt} \tag{13}$$

A corrente em regime permanente resultante da solução da equação (13) é dada por:

$$i = \sqrt{2} \cdot \frac{U_1}{\sqrt{R^2 + (\omega L)^2}} \cos(\omega t - \varphi_{i1}) \tag{14}$$

Sendo:

$$\varphi_{i1} = tg^{-1}\left(\frac{\omega L}{R}\right) \tag{15}$$

$$I_1 = \frac{U_1}{\sqrt{R^2 + (\omega L)^2}} \tag{16}$$

Onde:

φ_{i1} - Ângulo de fase da corrente na frequência fundamental.

Verifica-se neste caso que, para uma mesma tensão de alimentação e mesma resistência, o valor eficaz da corrente será menor quanto maior for a parcela indutiva (ωL).

Para ondas de tensão e corrente senoidais, como é o caso do circuito apresentado na figura 2.a, ou seja, onde a resistência e a indutância são lineares, as equações da tensão e da corrente são dadas a seguir:

$$u(t) = Umax \cdot sen(\omega t - \varphi_{u1}) \tag{17.a}$$

$$i(t) = Imax \cdot sen(\omega t - \varphi_{i1}) \tag{17.b}$$

$$u(t) = \sqrt{2} \cdot U_1 \cdot sen(\omega t - \varphi_{u1}) \tag{18.a}$$

$$u(t) = \sqrt{2} \cdot I_1 \cdot sen(\omega t - \varphi_{i1}) \tag{18.b}$$

Substituindo-se as equações (18.a) e (18.b) na equação (5.a) da potência ativa, tem-se:

$$P = \frac{1}{T} \cdot \int_0^T \left[\left(\sqrt{2} \cdot U_1 \cdot \text{sen} \left(\omega t - \varphi_{u1} \right) \right) \right] \cdot \left[\left(\sqrt{2} \cdot I_1 \cdot \text{sen} \left(\omega t - \varphi_{i1} \right) \right) \right] \cdot d(t) \tag{19}$$

A equação (19) pode ser escrita da seguinte forma:

$$P = \frac{1}{T} \cdot \int_0^T \left[U_1 \cdot I_1 \cdot \cos \left(\varphi_{u1} - \varphi_{i1} \right) \right] \cdot d(\omega) + \int_0^T \left[U_1 \cdot I_1 \cdot \cos \left(2\omega t - \varphi_{u1} - \varphi_{i1} \right) \cdot d(t) \right] \tag{20}$$

Definindo-se:

$$\varphi_1 = \varphi_{u1} - \varphi_{i1} \tag{21}$$

Uma vez que o valor médio do segundo termo do segundo membro da equação (20) é nulo, tem-se:

$$P = U_1 \cdot I_1 \cdot \cos \varphi 1 \tag{22}$$

Onde para as equações anteriores:

- U_{max}: Valor máximo do sinal de tensão;
- I_{max}: Valor máximo do sinal de corrente;
- U_1: Valor eficaz (RMS) do sinal de tensão;
- I_1: Valor eficaz (RMS) do sinal de corrente;
- φ_1: Ângulo de deslocamento da corrente em relação à tensão na frequência fundamental;
- φ_{u1}: Ângulo de fase da tensão na frequência fundamental (determinado para t = 0);
- φ_{i1}: Ângulo de fase da corrente na frequência fundamental (determinado para t = 0).
- P: Potência ativa na frequência fundamental;
- $\cos_1$: Fator de deslocamento.

Observa-se que para um circuito puramente resistivo, considerando-se a figura 1, o ângulo de deslocamento entre os fasores de tensão e corrente é nulo e, portanto, $\cos_1 = 1$, logo a equação (22) ficará igual à equação (5.b);

> **Destaque:** Quanto maior o ângulo de deslocamento da corrente em relação à tensão, maior deverá ser o valor eficaz da corrente para produzir a mesma potência ativa (potência útil).

3 - POTÊNCIAS APARENTE E REATIVA E FATOR DE POTÊNCIA

Das equações anteriores, verificou-se que, se o circuito não é puramente resistivo e linear, existe o deslocamento da corrente em relação à tensão. Em termos práticos, se dois consumidores requerem do concessionário de energia a mesma potência ativa, absorverá uma corrente maior aquele cujo deslocamento da corrente em relação à tensão for maior. Assim sendo, faz-se necessário definir alguma outra grandeza para mensurar esta diferença.

A potência aparente (S) é definida como sendo o produto do valor eficaz da tensão pelo valor eficaz da corrente independente de sua forma de onda ser ou não senoidal, e pode ser demonstrada pela equação (23).

$$S = U_{RMS} \cdot I_{RMS} \tag{23}$$

Para quantificar a diferença do deslocamento da corrente com a tensão dos consumidores perante a fonte de energia, define-se "fator de potência", que relaciona a potência ativa com os "volt-amperes" necessários para produzi-la (potência aparente), como mostra a equação (24).

$$FP = \frac{P}{S} \tag{24}$$

Onde, nas equações anteriores:

- P: Potência ativa;
- S: Potência aparente;
- FP: Fator de potência.

Como a tensão e a corrente possuem o comportamento definido por uma função puramente senoidal os valores de U_{RMS} e U_1 são iguais, bem como I_{RMS} e I_1. Logo, neste caso, a potência aparente ficará de acordo com a equação a seguir:

$$S = U_1 \cdot I_1 \tag{25}$$

Substituindo-se as equações (22) e (23) na equação (24), resulta:

$$FP = \frac{U_1 \cdot I_1 \cdot \cos\varphi_1}{U_1 \cdot I_1} = \cos\varphi_1 \tag{26}$$

Ou seja, o fator de potência é numericamente igual ao fator de deslocamento em situações onde as tensões e as correntes são funções senoidais.

Destaque: Quanto maior o ângulo de deslocamento menor o fator de deslocamento e, neste caso, menor o fator de potência. Isto significa que para uma determinada carga de potência P, quanto maior o fator de potência maior será a corrente através do circuito alimentador para suprir a carga conectada ao mesmo. Pode-se concluir que, sendo o fator de potência unitário (a eficiência do processo de transmissão de energia será de 100%) e, portanto, a potência ativa transmitida é igual à potência aparente.

A diferença entre as potências aparente e reativa pode ser definida matematicamente pela equação (27), no caso de situações onde as formas de onda de tensão e de corrente são senoidais.

$$Q = \sqrt{S^2 - P^2} \tag{27}$$

A grandeza Q, definida matematicamente em (27) é denominada de potência reativa.

Considerando as equações (22), (25) e (27) no caso onde a tensão e a corrente são funções senoidais em função do tempo pode-se obter o denominado triângulo de potência mostrado na figura 4 a seguir.

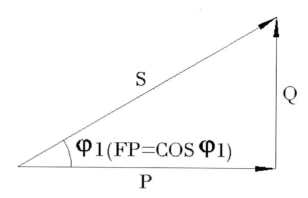

FIGURA 4 - TRIÂNGULO DE POTÊNCIA PARA TENSÃO E CORRENTE SENOIDAIS

4 - HARMÔNICOS EXISTENTES EM UM SINAL DE TENSÃO OU DE CORRENTE

Nota-se, atualmente, nas redes de energia elétrica um aumento de consumidores com cargas não lineares, tornando cada vez mais necessário levar em consideração a presença de harmônicos de corrente e tensão no planejamento e operação das redes.

A forma senoidal da corrente e da tensão é um dos critérios essenciais para a obtenção da qualidade da energia elétrica distribuída pelos concessionários de energia elétrica. Levantamentos efetuados têm demonstrado que a sobrecarga na rede aumentou consideravelmente face aos harmônicos provenientes das denominadas "Cargas Elétricas Especiais".

Assim sendo, cargas Elétricas Especiais (CEE) são, portanto, aquelas que distorcem a forma de onda da corrente em relação à tensão. Destaca-se que as CEEs devem ter uma distorção de corrente acentuada, e a potência da carga significativa em relação à de curto-circuito, para existir de fato distorções que podem prejudicar a operação do sistema elétrico.

Como exemplo as CEEs nos setores industriais e residenciais normalmente são caracterizadas por:

- Setor industrial: fornos a arco e equipamentos com base na denominada eletrônica de potência tais como: conversores controlados pela rede para alimentação de acionamentos controlados, ciclo conversores, inversores de frequência, etc.;

- Setor doméstico: aparelhos de televisão, fornos de micro-ondas, lâmpadas fluorescentes, etc.

A presença de harmônicos de corrente na rede elétrica pode provocar:

- Aumento do "consumo" de potência reativa, o que se traduz na redução do fator de potência e aumento da queda de tensão;
- Distorção de tensão no sistema de alimentação de pontes conversoras, interferindo no seu circuito de controle e de disparo;

- Sobretensões e sobrecargas devido à ressonâncias;
- Perdas e aquecimentos adicionais em capacitores e em máquinas elétricas ligadas à mesma rede de alimentação;
- Interferências.

A figura 5.a mostra um transformador suprindo uma ponte conversora, ou seja, transforma corrente alternada em corrente contínua para alimentar um motor de corrente contínua. A figura 5.b ilustra a forma de onda típica obtida durante medição. Observa-se que este sinal de corrente, no caso, é não senoidal, ou seja, possui os denominados harmônicos.

Harmônicos, por definição, são ondas senoidais que possuem frequências múltiplas da frequência fundamental. As ondas de correntes ou tensões cujos formatos não são senoidais, podem ser obtidas a partir de um somatório de ondas senoidais em diversas frequências. Estas ondas senoidais, nas diversas frequências, são chamadas de componentes harmônicos da onda original.

Naturalmente que a forma de onda de corrente mostrada na figura 5.b é notoriamente **não senoidal** e para transformar esta corrente em **senoidal** faz-se necessário instalar um filtro de harmônicos, conforme mostra a figura 11.a.

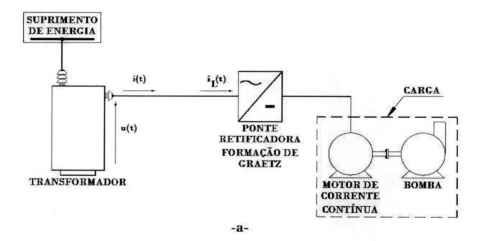

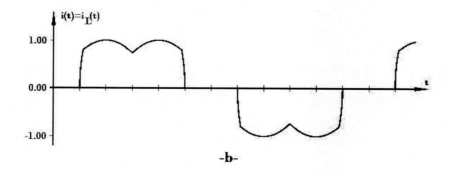

FIGURA 5 - ONDA TÍPICA DE CORRENTE DISTORCIDA DEVIDO A HARMÔNICOS

a - Sistema em análise;
b - Forma de onda da corrente.

4.1 - CONCEITUAÇÃO BÁSICA

O conceito de harmônico pode ser explicado com base nas formas de ondas mostradas nas figuras 6.a e 6.b. As formas de ondas mostradas nas figuras 6.a e 6.b podem ser de corrente ou de tensão e onde basicamente pretende-se analisar seus efeitos em um sistema elétrico:

- A forma de onda apresentada na figura 6.a é uma onda senoidal com período T e frequência f;
- A forma de onda apresentada na figura 6.b é uma onda senoidal com período T/2 e frequência 2f;
- A forma de onda apresentada na figura 6.c é a resultante da soma algébrica das duas ondas mostradas nas figuras 6.a e 6.b.

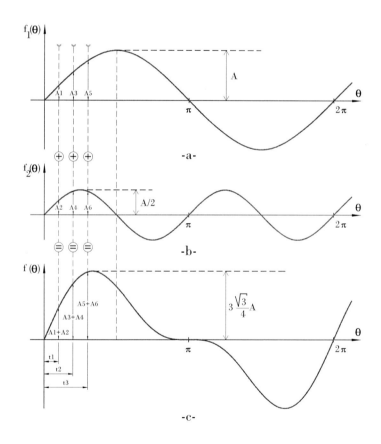

FIGURA 6 - OBTENÇÃO DE ONDA NÃO SENOIDAL A PARTIR DA SOMA DE ONDAS SENOIDAIS.

Note que no instante t_1 as ondas têm as seguintes intensidades:

- A_1 para a onda da figura 6.a;
- A_2 para a onda da figura 6.b;
- $A_1 + A_2$ para a onda mostrada na figura 6.c.

No instante t_2 as ondas possuem as seguintes intensidades:

- A_3 para a onda da figura 6.a;
- A_4 para a onda da figura 6.b;
- $A_3 + A_4$ para a onda mostrada na figura 6.c.

Percebe-se claramente que a onda apresentada na figura 6.c não é senoidal, mas possui as seguintes propriedades:

- É periódica;
- Possui período T igual ao da onda mostrada na figura 6.a;
- Possui frequência f igual a da onda mostrada na figura 6.a;
- Não é senoidal;
- Seu valor máximo não coincide com os valores de pico das formas de onda das figuras 6.a e 6.b.

Se fosse colocado o problema na ordem inversa, ou seja:

- Quais as amplitudes e as frequências de ondas senoidais que somadas fornecem a onda da figura 6.c?

Resposta: São as ondas com as seguintes características:

- Uma onda de amplitude A e frequência f (figura 6.a);

- Uma onda de amplitude $\dfrac{A}{2}$ e frequência 2f (figura 6.b).

Observa-se que a equação da onda mostrada na figura 6.c é do tipo:

$$f(\theta) = A\operatorname{sen}\theta + \frac{A}{2}\operatorname{sen}2\theta$$

A pergunta citada anteriormente se caracteriza em procurar quais são os harmônicos que estão presentes em uma onda distorcida qualquer, cuja técnica mais usual para obter a solução do problema baseia-se no fato de que uma onda periódica qualquer não senoidal pode ser obtida pela soma de ondas senoidais em diversas frequências. A ferramenta matemática para obter os harmônicos de uma onda distorcida é a Série Trigonométrica de Fourier.

4.2 - SÉRIE TRIGONOMÉTRICA DE FOURIER

A série trigonométrica de Fourier para uma onda distorcida periódica qualquer pode ser escrita da seguinte forma:

$$f(\theta) = \frac{A_0}{2} + C_1 \cdot \operatorname{sen}(\theta + \varphi_1) + C_2 \cdot \operatorname{sen}(2\theta + \varphi_2) + C_3 \cdot \operatorname{sen}(3\theta + \varphi_3) + \ldots + C_n \cdot \operatorname{sen}(n\theta + \varphi_n) \tag{28.a}$$

Ou ainda:

$$f(\theta) = \frac{A_0}{2} \sum_{n=1}^{\infty} C_n \cdot \operatorname{sen}(n\theta + \varphi_n) \tag{28.b}$$

Naturalmente, a função f(q) pode ainda ser escrita da seguinte forma:

$$f(\theta) = \frac{A_0}{2} \sum_{n=1}^{\infty} \left[A_n \cdot \cos(n\theta) + B_n \cdot \text{sen}(n\theta) \right]$$

(28.c)

onde:

$$A_0 = \frac{2}{T} \int_0^T f(\omega t) \cdot d(\omega t)$$

$$A_n = \frac{2}{T} \int_0^T f(\omega t) \cdot \cos(n\omega t) \cdot d(\omega t)$$

$$B_n = \frac{2}{T} \int_0^T f(\omega t) \cdot \text{sen}(n\omega t) \cdot d(\omega t)$$

$$C_n = \sqrt{A_n^2 + B_n^2}$$

$$\varphi_n = \text{tg}^{-1} \left(\frac{B_n}{A_n} \right)$$

$$\theta = \omega t$$

Onde:

- A_0: Valor médio da função $f(\theta)$;
- A_n, B_n e C_n: Coeficientes do harmônico de ordem n da série de Fourier;
- φ_n: Ângulo de fase das funções trigonométricas;
- ω: Velocidade angular;
- f: Frequência angular do componente fundamental.

n = 1, 2, 3, 4, 5, 6, 7, ...

4.3 - DECOMPOSIÇÃO DE SINAIS

Se o problema de interesse fosse procurar as ondas senoidais que somadas produzem a onda f(q) apresentada na figura 7.c, na realidade estaria buscando a resposta para a seguinte pergunta:

- Quais são os harmônicos existentes para a forma de onda $f(\theta)$ mostrada na figura 7.c?

Para resolver este problema devem-se utilizar as equações apresentadas anteriormente ou então "adivinhar" quais são as amplitudes e frequências de várias ondas que somadas produzem a onda mostrada na figura 7.c.

Considere agora as ondas mostradas na figura 7. Somando-se algebricamente em cada instante as ondas mostradas nas figuras 7.a e 7.b tem-se a forma de onda mostrada na figura 7.c. Logo, a onda da figura 7.c tem as seguintes características:

a - É periódica de período $2.\pi$ (ou período T);
b - Possui os seguintes harmônicos:
 - Primeiro harmônico ou frequência fundamental tem período $2.\pi$ e amplitude A;
 - Quinto harmônico (tem período $5.2.\pi = 10.\pi$) e amplitude A/5.

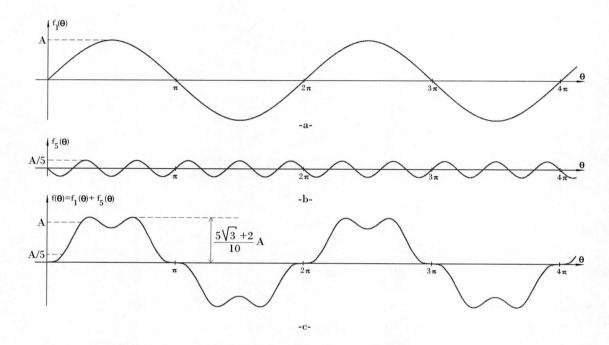

FIGURA 7 - f(q) FORMA DE ONDA COM PERÍODO 2p POSSUINDO O COMPONENTE FUNDAMENTAL E O QUINTO HARMÔNICO

a - Componentes fundamentais;
b - Componentes do 5º harmônico;
c - Onda resultante.

Matematicamente, a forma de onda apresentada na figura 7.c pode ser escrita como:

$$f(\theta) = A\,\text{sen}\,\theta - \frac{A}{5}\text{sen}\,5\theta$$

Ou ainda:

$$f(\theta) = A\,\text{sen}\,\theta + \frac{A}{5}\text{sen}\,5(\theta - \pi) = A\left[\text{sen}\,\theta + \frac{1}{5}\text{sen}\,5(\theta - \pi)\right]$$

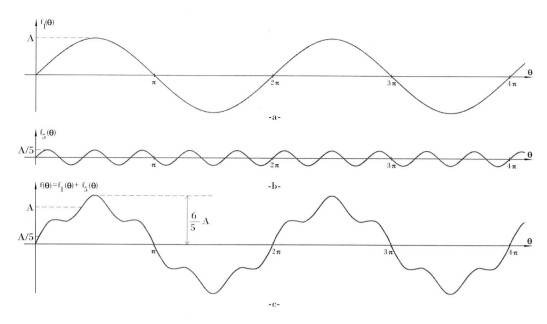

FIGURA 8 - f(q) FORMA DE ONDA COM PERÍODO 2p POSSUINDO O COMPONENTE FUNDAMENTAL E O QUINTO HARMÔNICO

a - Componentes fundamentais;
b - Componentes do 5º harmônico;
c - Onda resultante.

Para as ondas mostradas nas figuras 8.a, 8.b e 8.c, embora tenham os mesmos componentes harmônicos (fundamental e quinto), com as mesmas amplitudes [A e A/5] as ondas resultantes conforme mostrado nas figuras 7.c e 8.c são totalmente diferentes.

> **Destaque:** É importante concluir que se, por exemplo, a forma de onda da corrente em um sistema elétrico não é senoidal, esta forma de onda pode ser "matematicamente" decomposta em um somatório de ondas senoidais com frequências e amplitudes calculadas conforme mostrado anteriormente. Cada parcela do somatório recebe o nome de harmônico.

A afirmativa, por exemplo, que em um sistema elétrico de frequência 60 [Hz] existem o 3º, o 5º e o 7º harmônicos de corrente significa que a forma de onda da corrente naquele sistema não é senoidal e que pode ser representada por uma soma de ondas senoidais com:

- Um termo com frequência fundamental 60 [Hz] e amplitude dependente da onda que lhe deu origem;
- Um termo com frequência 3 . 60 = 180 [Hz] e amplitude dependente da onda que lhe deu origem;
- Um termo com frequência 5 . 60 = 300 [Hz] e amplitude dependente da onda que lhe deu origem;
- Um termo com frequência 7 . 60 = 420 [Hz] e amplitude dependente da onda que lhe deu origem.

A figura 9 a seguir ilustra.

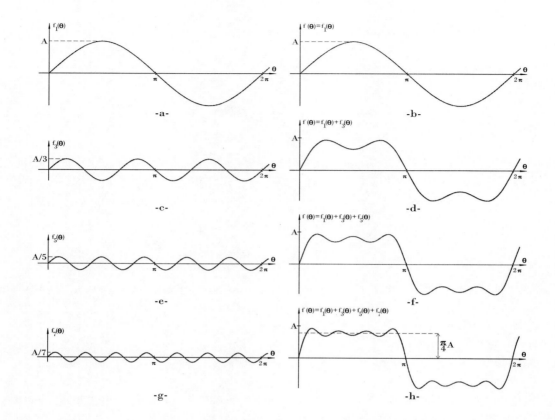

FIGURA 9 - ONDA RESULTANTE DO SOMATÓRIO DE ONDAS SENOIDAIS

a. Componente fundamental;
b. Componente fundamental;
c. Componente de terceiro harmônico;
d. Componente de terceiro harmônico somado ao componente fundamental;.
e. Componente de sétimo harmônico;
f. Componentes de terceiro e sétimo harmônicos somados ao componente fundamental;.
g. Componente de nono harmônico;
h. Componentes de terceiro, sétimo e nono harmônicos somados ao componente fundamental.

A figura 9 também ilustra como obter a partir de uma soma de ondas senoidais uma onda não senoidal e vice-versa. Na figura 9 fez-se a soma de ondas (curvas) principais que possuem as seguintes expressões:

Equação da curva da figura 9 a : $f_1 = A\ sen\ (1\theta)$

Equação da curva da figura 9 c: $f_3 = \dfrac{A}{3}\ sen\ (3\theta)$

Equação da curva da figura 9 e: $f_5 = \dfrac{A}{5}\ sen\ (5\theta)$

Equação da curva da figura 9 g: $f_7 = \dfrac{A}{7} \operatorname{sen}(7\theta)$

onde, nas equações anteriores:

- f_1: onda fundamental $(1.\theta)$;

- f_3: onda de terceiro harmônico $(3.\theta)$;
- f_5: onda de quinto harmônico $(5.\theta)$;
- f_7: onda de sétimo harmônico $(7.\theta)$;
- $\theta = \omega t$.

Continuando a somar as ondas com os harmônicos ímpares com as amplitudes sendo reduzidas na proporção inversa da ordem dos harmônicos, obtém-se a forma de onda ilustrada na figura 10, onde o valor máximo da função é $A\pi/4$.

Assim sendo, na figura 9 efetuando-se o somatório de todos os componentes harmônicos até o de n-ésima ordem ($n \to \infty$), têm-se:

$$f(\theta) = A\left(\frac{\operatorname{sen}\theta}{1} + \frac{\operatorname{sen}3\theta}{3} + \frac{\operatorname{sen}5\theta}{5} + \frac{\operatorname{sen}7\theta}{7} + \frac{\operatorname{sen}9\theta}{9} + \frac{\operatorname{sen}11\theta}{11} + ...\right)$$

Observar que no limite ($n \to \infty$) a função resultante da equação anterior converge para:

$$f(\theta) = \begin{cases} \dfrac{A\pi}{4} & \text{se}: 0 < \theta < \pi \text{ ou } 2\pi < \theta < 3\pi \text{ ou...} \\ \dfrac{-A\pi}{4} & \text{se}: -\pi < \theta < 0 \text{ ou } \pi < \theta < 2\pi \text{ ou...} \end{cases}$$

Que é do tipo mostrado na figura 10.

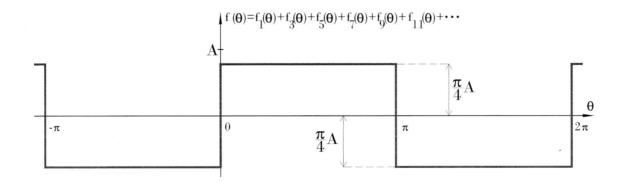

FIGURA 10 - CONVERGÊNCIA DA SÉRIE TRIGONOMÉTRICA MOSTRADA NA FIGURA 9

Destaque importante: A maioria das aplicações considera que os sinais de tensão e corrente são simétricos e, portanto, o componente correspondente ao valor médio (componente DC representado na série de Fourier como sendo A_0) é nulo.

4.4 - FILTROS DE HARMÔNICOS

Os filtros de harmônicos se destinam a melhorar a qualidade de tensão em um sistema elétrico reduzindo a distorção das mesmas. Idealmente, o filtro de harmônicos deveria transformar a corrente $i_L(t)$ não senoidal, conforme pode ser observado através da figura 11.a e 11.b.

Filtros para eliminação de harmônicos podem ser construídos mesmo quando não se deseja compensar a potência reativa do sistema, bastando apenas que se calcule a potência reativa necessária ao banco de capacitores com esta finalidade. Por outro lado, há o caso em que se deseja compensar a potência reativa sem a necessidade de eliminar harmônico, é o caso de se projetar filtros de harmônicos fora de sintonia (dessintonizado). A definição desses filtros de harmônicos podem ser observadas no item 4 do capítulo X.

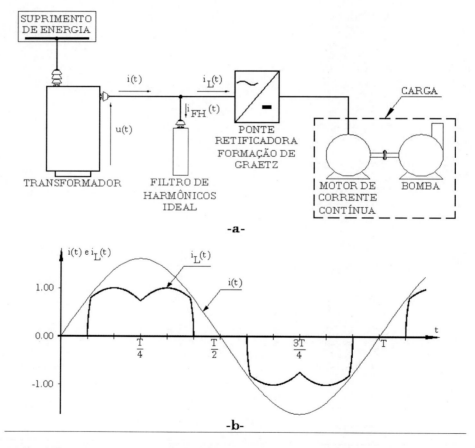

FIGURA 11 - FORMA DE ONDA DE TENSÃO OU CORRENTE COM INSTALAÇÃO DE FILTROS

a. Sistema em análise;
b. Formas de onda de corrente resultante antes e depois do filtro de harmônicos ideal, ou seja, respectivamente $i_L(t)$ e $i(t)$.

CAPÍTULO II   POTÊNCIA ATIVA, REATIVA, FATOR DE POTÊNCIA E HARMÔNICOS   •   **61**

Naturalmente, na prática os filtros de harmônicos não são ideais e a forma de onda resultante da corrente vinda da fonte de energia, i(t) sempre terá alguma distorção em alguma frequência.

5 - FATORES DE DISTORÇÃO

A partir das informações anteriores é possível reconhecer que a quantificação da presença de harmônicos em uma rede elétrica pode ser feita considerando as definições feitas a seguir:

- Fator de distorção individual da tensão:

$$FDU_n = \frac{U_n}{U_1} \tag{29.a}$$

- Fator de distorção individual da corrente:

$$FDI_n = \frac{I_n}{I_1} \tag{29.b}$$

- Fator de distorção total de tensão.

$$FDU = \frac{\sqrt{\sum_{n=2}^{n_{max}} U_n^2}}{U_1} \tag{29.c}$$

- Fator de distorção total da corrente.

$$FDU = \frac{\sqrt{\sum_{n=2}^{n_{max}} I_n^2}}{I_1} \tag{29.d}$$

Onde:

n: Ordem do harmônico considerada;

- FDU_n: Fator de distorção individual devido ao harmônico de tensão de ordem n, em [pu]. Caso seja multiplicada por 100 o valor resultante será expresso em [%];

- FDI_n: Fator de distorção individual devido ao harmônico de corrente de ordem n, em [pu]. Caso seja multiplicada por 100 o valor resultante será expresso em [%];

- FDU: Fator de distorção total da tensão, expressa em [pu]. Caso seja multiplicada por 100 o valor resultante será expresso em [%];

- FDI: Fator de distorção total da corrente, expressa em [pu]. Caso seja multiplicada por 100 o valor resultante será expresso em [%];

- n_{max}: ordem máxima do harmônico considerada no cálculo.

Na prática, a série trigonométrica de Fourier é determinada normalmente para o harmônico de até a vigésima quinta (25ª) ordem. Todavia, existem algumas referências [27] e [28] que consideram ser necessário efetuar o cálculo até a 51ª ordem, que praticamente é um erro, pois atualmente (2017) não existem equipamentos no mercado que consigam com precisão determinar as amplitudes dos harmônicos para ordens (n_{max}) superiores a 21ª ou 23ª.

Nota: Ao considerar que o valor médio do sinal de tensão ou de corrente é diferente de zero, ou seja, existe o componente DC, as expressões corretas das distorções de tensão e corrente são as indicadas a seguir.

$$FDU\% = \frac{\sqrt{\sum_{n=2}^{n_{max}} U_n^2 + U_0^2}}{U_1} \cdot 100 \qquad (29.e)$$

$$FDI\% = \frac{\sqrt{\sum_{n=2}^{n_{max}} I_n^2 + I_0^2}}{I_1} \cdot 100 \qquad (29.f)$$

Nas equações anteriores, U_0 e I_0 são os valores médios presentes nos sinais de tensão e corrente.

5.1 – INTER-HARMÔNICOS

Inter-harmônicos são sinais de tensão ou de corrente com frequências que não são múltiplas inteiras da frequência fundamental. Os inter-harmônicos, sempre presentes no sistema de potência, ganharam importância mais recentemente uma vez que o uso generalizado de sistemas eletrônicos de potência resulta em um aumento de sua intensidade.

Os inter-harmônicos, definidos pela IEC-1000-2-1 como sendo as frequências não múltiplas da fundamental observadas entre dois harmônios inteiros de ordem consecutivos, tanto para formas de onda de tensão como para formas de onda de corrente, são, hoje, objetos de diversos estudos e pesquisas que visam qualificar e quantificar seus efeitos nos sistemas elétricos e seus componentes.

As principais fontes geradoras de componentes inter-harmônicos são os equipamentos com base em ciclo-conversores, usados em uma grande variedade de aplicações desde laminadores e motores lineares, até compensadores estáticos de reativos [36].

Outras fontes geradoras de inter-harmônicos são os equipamentos fornos elétricos a arco e solda elétrica. Estes tipos de carga estão tipicamente associados com flutuações de tensão de baixa frequência, ou seja, inferior à frequência fundamental da rede elétrica que no caso de fornos elétricos a arco resultam no aparecimento da cintilação luminosa ("flicker"). Estas flutuações de tensão são componentes inter-harmônicos de baixa frequência ou sub-harmônicos.

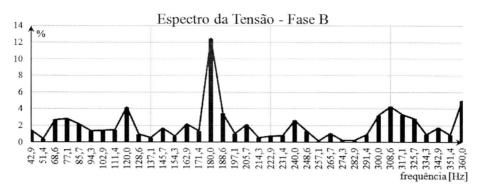

FIGURA 12 – INTER-HARMÔNICOS DA TENSÃO EM FORNO ELÉTRICO A ARCO

A figura 12 mostra o espectro dos harmônicos obtidos através de uma medição em um sistema elétrico com forno a arco. As características do transformador do forno elétrico a arco são as seguintes: Líquido isolante óleo, potências 30/36 [MVA], tensões nominais lado primário 23 [kV] e lado secundário 840, 578 e 450 [V], conexão delta nos lados primário e secundário, impedância percentual no tap superior (23/0,45[kV]) de 4,85% e no tap inferior 17,47% (23/0,45[kV]). Os inter-harmônicos tomaram por base a frequência de 180 [Hz] com taxa de amostragem de aproximadamente 8,6 [Hz].

Os inter-harmônicos de corrente causam distorções de tensão que dependem das intensidades dos componentes de corrente e da impedância do sistema de alimentação naquela frequência. Os efeitos diretos mais comuns dos componentes inter-harmônicos são:

- Perturbações na operação de lâmpadas fluorescentes e equipamentos eletrônicos;
- Sobrecarga em filtros passivos paralelos para harmônicos de ordens mais elevadas;
- Efeitos térmicos;
- Oscilações de baixas frequências em sistemas eletromecânicos;
- Interferência com sinais de controle e proteção dos sistemas elétricos;
- Interferências em telecomunicação;
- Perturbação acústica;
- Saturação de transformadores de corrente;
- Etc.

6 - SISTEMAS NÃO SENOIDAIS

A conceituação das potências ativa, reativa e aparente e do fator de potência nos itens anteriores foi estabelecida para circuitos elétricos na presença de ondas de tensão e corrente senoidais e cargas lineares. Nos casos onde existam cargas não-lineares e ou mesmo alimentação com ondas de tensão não senoidal os conceitos anteriores deverão ser completados.

Este tipo de análise é importante, uma vez que se torna cada vez mais comum em instalações industriais a utilização de equipamentos que distorcem as formas de onda da corrente e da tensão.

Serão estudados dois casos com sistemas não lineares: o primeiro, fonte de tensão senoidal em regime permanente e cargas com harmônicos de corrente, e o segundo caso com fonte de tensão contendo harmônicos e cargas que distorcem as ondas resultantes em regime permanente.

6.1 - FONTE DE TENSÃO SENOIDAL COM CARGA NÃO LINEAR

As equações que definem a tensão e a corrente no sistema elétrico quando a tensão é senoidal e a carga é não linear estão indicadas a seguir:

$$u(t) = \sqrt{2}.U_1.\text{sen}(\omega t - \varphi_{u1}) \tag{30.a}$$

$$i(t) = \sum_{n=1}^{\infty} \sqrt{2}.I_n.\cos(n\omega t - \varphi_{in}) + I_0 \tag{30.b}$$

Onde:

- u: Valor instantâneo da tensão;
- i: Valor instantâneo da corrente;
- n: Ordem do harmônico;
- ω: Frequência angular do componente fundamental;
- I_n: Valor eficaz do harmônico de corrente de ordem n;
- φ_{u1}: Ângulo de fase da tensão na frequência fundamental;
- φ_{in}: Ângulo de fase da corrente para cada harmônico de ordem n;
- I_0: Valor médio da corrente (componente em corrente contínua "DC").

Observação: Neste caso só tem sentido definir o ângulo de deslocamento do componente fundamental da corrente, uma vez que a tensão apenas existe na frequência fundamental;

Observe que na equação (30.b) a corrente apresenta comportamento não senoidal e foi representada pela série trigonométrica de Fourier, com os harmônicos de correntes presentes no sistema. No caso são considerados todos os harmônicos, desde o de ordem zero (0) até um limite indeterminado (infinito).

Deve-se destacar que o equipamento de medição do tipo microprocessado consegue fazer o cálculo para determinar os harmônicos, porém os sinais que o mesmo irá tratar matematicamente têm erros acentuados de conversão. Exemplo, considere a necessidade de se medir um sinal de tensão e corrente em 230 [kV] utilizando os lados secundários dos transformadores de potencial e de corrente já instalados para permitir que os sinais sejam acessados pelo medidor. É praticamente impossível garantir uma precisão razoável entre o que está sendo processado pelo medidor e o sinal real de tensão e corrente no lado de alta tensão para os harmônios superiores à 25ª ordem.

Neste caso, conforme pode ser matematicamente comprovado (uma vez que se trata de grandezas puramente matemáticas), a potência ativa será dada apenas pelos componentes fundamentais de tensão e corrente e o ângulo de deslocamento na frequência fundamental.

A potência ativa deve ser calculada conforme a seguir:

$$P = \frac{1}{T}\int_0^T u(t).i(t).d(t) \tag{31.a}$$

CAPÍTULO II POTÊNCIA ATIVA, REATIVA, FATOR DE POTÊNCIA E HARMÔNICOS · **65**

Substituindo as equações (30.a) e (30.b) na equação (31.a) tem-se como resultado a equação (31.b), onde a potência ativa ficou sendo o produto dos valores eficazes dos componentes de tensão e corrente e o ângulo entre eles na frequência fundamental, que é idêntica a equação (22).

$$P_1 = U_1 . I_1 . \cos\varphi_1 \tag{31.b}$$

Onde:

$$\varphi_1 = \varphi_{u1} - \varphi_{i1} \tag{32}$$

$-\varphi_1$: Ângulo de deslocamento do componente fundamental da corrente em relação ao componente fundamental de tensão.

O valor eficaz da corrente é dado por:

$$I_{RMS} = \sqrt{I_0^2 + I_1^2 + I_2^2 + I_3^2 + ...} = \sqrt{\sum_{n=0}^{\infty} \left(I_n\right)^2} \tag{33}$$

A potência aparente, ou seja, os "volts-amperes" necessários para produzir a potência ativa com a tensão sendo uma função senoidal serão dados por:

$$S = U_{RMS} . I_{RMS} = U_1 . \sqrt{\sum_{n=0}^{\infty} \left(I_n\right)^2} \tag{34}$$

Define-se a potência reativa na frequência fundamental (Q_1) como sendo:

$$Q_1 \triangleq U_1 \cdot I_1 \cdot \operatorname{sen}\varphi_1 \tag{35}$$

Por outro lado definindo-se a "potência aparente devido aos harmônicos" como sendo:

$$H \triangleq U_1 \cdot \sqrt{I_0^2 + I_2^2 + I_3^2 + ...} \tag{36}$$

A potência aparente utilizando-se as equações (31) a (36) pode ser escrita como:

$$S_2 = P_2 + Q_1^2 + H_2 \tag{37}$$

A equação (37) pode ser representada, graficamente através do tetraedro de potências como mostra a figura 13 [67]. Assim, na presença de harmônicos o fator de potência definido pela equação (24) pode ser rescrito a partir das equações (22) ou (31.b) e (34) como sendo:

$$FP = \frac{U_1 \cdot I_1 \cdot \cos\phi_1}{U_1 . \sqrt{\sum_{n=0}^{\infty}\left(I_n\right)^2}} = \frac{I_1 \cdot \cos\phi_1}{\sqrt{\sum_{n=0}^{\infty}\left(I_n\right)^2}} \tag{38}$$

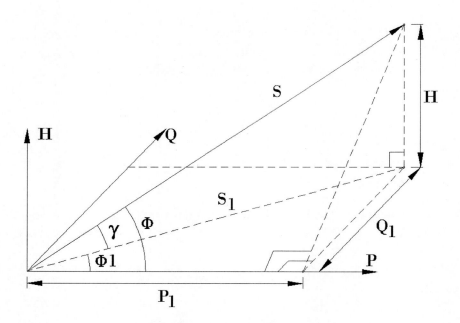

FIGURA 13 - TETRAEDRO DE POTÊNCIA

Por outro lado, a equação (38) pode ser reescrita em função do fator de distorção da corrente FDI, que normalmente é um número percentual.

$$FP = \frac{\cos\phi_1}{\sqrt{\left(\frac{FDI}{100}\right)+1}} \tag{39}$$

Naturalmente se os elementos que compõem o circuito são lineares o fator FDI será nulo (FDI = 0), portanto, o fator de potência da equação (39) ficará da seguinte forma:

$FP = \cos\varphi_1$

Portanto, idêntico ao resultado obtido na equação (26).

O fator de deslocamento ($\cos\varphi_1$) que aparece normalmente na literatura e que corresponde ao fator de potência convencional de sistemas considera as ondas de tensão e corrente senoidais, pode ser chamado de fator de potência na frequência fundamental [67], pois só depende dos componentes fundamentais das ondas finais de tensão e de corrente.

Conclui-se da equação (38):

- Se a forma de onda da tensão é senoidal e da corrente não senoidal, o fator de deslocamento refere-se apenas aos componentes fundamentais das ondas de tensão e corrente.

- O ângulo de deslocamento φ_1 representa o defasamento entre os componentes fundamentais de tensão e de corrente;

CAPÍTULO II POTÊNCIA ATIVA, REATIVA, FATOR DE POTÊNCIA E HARMÔNICOS • 67

- Se os componentes fundamentais de corrente e tensão estão em fase, o fator de deslocamento nesta frequência ($\cos\varphi_1$) é unitário, porém, não significando que o fator de potência seja também unitário;

- Se a forma de onda da corrente não for senoidal na frequência fundamental, o fator de potência será sempre menor que 1(um);

- Observa-se que o fator de potência é igual ao fator de deslocamento ($\cos\varphi_1$) apenas se a corrente e a tensão são senoidais;

- Se a tensão e a corrente são senoidais, o fator de deslocamento, neste caso coincide numericamente com o fator de potência, se for menor que um, pode-se aumentá-lo, por exemplo, com a instalação de banco de capacitores em pontos estratégicos do sistema;

- Se o fator de deslocamento é unitário, porém o fator de potência menor que um, resultado, por exemplo, da forma não senoidal da corrente, o aumento do fator de potência normalmente é conseguido com instalação de filtros de harmônicos.

6.2 - FONTE DE TENSÃO NÃO SENOIDAL SUPRINDO CARGA NÃO LINEAR

As equações características de um sistema elétrico quando a tensão e a corrente não são senoidais estão indicadas a seguir:

$$u(t) = \sqrt{2} \sum_{n=0}^{\infty} U_n \operatorname{sen}(n\omega t + \phi_{un}) \tag{40}$$

$$i(t) = \sqrt{2} \sum_{n=0}^{\infty} I_n \operatorname{sen}(n\omega t + \phi_{in}) \tag{41}$$

Onde:

- U_n: Valor eficaz do harmônico de tensão de ordem n;
- φ_{un}: Ângulo de fase do harmônico de tensão de ordem n no instante t=0.
- φ_{in}: Ângulo de fase do harmônico de corrente de ordem n no instante t=0.

As definições das grandezas mostradas em (41) são as mesmas apresentadas em (30.b). Novamente, a potência ativa (ou média) P é dada por:

$$P = \frac{1}{T} \int_0^T u(t).i(t).d(t) \tag{42}$$

Logo, substituindo-se as equações (40) e (41) na equação (42), têm-se:

$$P = \frac{1}{T} \int_0^T \left\{ \sqrt{2}.U_n.\operatorname{sen}(n\omega t + \phi_{un}).\sqrt{2}.I_n.\operatorname{sen}(n\omega t + \phi_{in}) \right\} d(t)$$

Logo, manipulando matematicamente as chaves e utilizando a propriedade trigonométrica: sen(a). sen(b) = [cos(a b) cos(a + b)]/2, tem-se:

$$P = \frac{1}{T}\int_0^T \left\{ U_n.I_n \left[\cos\left(\phi_{un} - \phi_{in}\right) - \cos\left(2n\omega t + \phi_{un} + \phi_{in}\right)\right]\right\} d(t) \tag{43}$$

Com a propriedade trigonométrica: $\cos(a+b) = \cos a \,.\, \cos b - \sin a \,.\, \sin b$ aplicada ao segundo termo da equação (43) pode-se obter:

$$P = \frac{1}{T}\int_0^T \left\{ U_n.I_n \left[\cos\left(\phi_{un} - \phi_{in}\right) - \cos\left(2n\omega t\right).\cos\left(\phi_{un} - \phi_{in}\right) - \sin\left(2n\omega t\right).\sin\left(\phi_{un} - \phi_{in}\right)\right]\right\} d(t)$$

Como a integral ao longo de um período da função cosseno ou seno de arco duplo (2 nωt) é nula e considerando a seguinte mudança de variáveis:

$$\varphi_n = \varphi_{un} - \varphi_{in} \tag{44}$$

o valor da potência ativa dado na penúltima equação fica conforme a seguir:

$$P = \sum_{n=0}^{\infty} U_n.I_n.\cos\phi_n \tag{45}$$

O valor eficaz da corrente conforme (33) é dado por:

$$I_{RMS} = \sqrt{I_0^2 + I_1^2 + I_2^2 + I_3^2 \ldots} = \sqrt{\sum_{n=0}^{\infty} I_n^2} \tag{46}$$

De modo similar, o valor eficaz da tensão de uma onda não senoidal é dado por:

$$U_{RMS} = \sqrt{U_0^2 + U_1^2 + U_2^2 + U_3^2 \ldots} = \sqrt{\sum_{n=0}^{\infty} U_n^2} \tag{47}$$

Logo, a potência aparente pode ser escrita da seguinte forma:

$$S = U_{RMS} \cdot I_{RMS} = \sqrt{\sum_{n=0}^{\infty} U_n^2} \cdot \sqrt{\sum_{n=0}^{\infty} I_n^2} \tag{48}$$

A potência reativa pode ser escrita da seguinte maneira no caso da onda de tensão e corrente não senoidais:

$$Q_n = \sum_{n=0}^{\infty} U_n.I_n.\sin\phi_n \tag{49}$$

O fator de potência neste caso é dado por:

$$FP = \frac{\sum_{n=0}^{\infty}\left(U_n.I_n.\cos\phi_n\right)}{\sqrt{\sum_{n=0}^{\infty} U_n^2} \cdot \sqrt{\sum_{n=0}^{\infty} I_n^2}} \tag{50}$$

A potência aparente neste caso fica também estabelecida por:

$$S^2 = P^2 + Q_n^2 + H^2 \tag{51}$$

A representação por circuitos equivalentes foge do objetivo deste livro, que tem um cunho prático, porém pode ser observado em [67].

Para compensar as diferenças nas metodologias de cálculo para determinar o fator de potência que possam surgir devido aos harmônicos e sua efetivação prática para corrigir o fator de potência é recomendado efetuar os cálculos na metodologia tradicional, porém, determinando acima do valor desejado. Assim sendo, no caso onde se desejar corrigir o fator de potência, por exemplo, para 0,92 deve-se efetuar os cálculos considerando que o fator de potência é de 0,94 [1].

> **Nota:** Atualmente (2017) as medições de harmônicos e potência são realizadas através de sistemas de aquisição de dados, que utilizam microcomputadores para armazenagem e tratamento matemático das informações ou equipamentos microprocessados específicos para esta finalidade (vide [61] e [66]).

7 - ASPECTOS GERAIS SOBRE O FATOR DE POTÊNCIA

O crescimento dos centros industriais se processa de maneira cada vez mais acelerada, e na grande maioria das vezes de modo desordenado acarretando também a necessidade de efetuar o suprimento de energia elétrica para atender as demandas com limites adequados de segurança (confiabilidade) e qualidade.

É tentando cumprir suas finalidades dentro das restrições citadas, que a todo o tempo, os concessionários de energia procuram "reforçar" seus sistemas de transmissão e/ou distribuição. Além disso, o aparecimento contínuo de novos consumidores caracterizados por cargas com características mais diversas faz com que estes concessionários também se mantenham num constante trabalho de fiscalização sobre os seus consumidores. Isto se deve aos possíveis efeitos prejudiciais que essas novas cargas venham a introduzir no ponto de acoplamento com o sistema de distribuição do concessionário, causando, consequentemente, transtornos aos demais consumidores e até aos seus próprios sistemas elétricos.

O crescimento do sistema não deve ser feito com baixo fator de potência para evitar perdas excessivas nos alimentadores do concessionário que de alguma maneira suprem a carga que será conectada ao mesmo.

Baseado no esquema da figura 14 observa-se na figura 15 o comportamento da corrente de linha de um alimentador para dois casos:

- primeiro caso: a figura 14.a, mostra uma fonte de energia alimentando uma carga com um banco de capacitores com potência (QBCa) de 1 [Mvar];

- segundo caso: a figura 14.b, mostra a mesma carga, porém com um banco de capacitores (QBCb) de 4 [Mvar].

No primeiro caso, a potência de 1 [Mvar] em 13,8 [kV] corresponde a uma capacitância (C) por fase de 13,9 [μF] e no segundo caso para 4 [Mvar] tem-se C = 55,7 [μF] e nos dois casos os valores dos equivalentes de Thevenin visto do lado de 13,8 [kV] serão de R_{TH} = 0,076 [Ω] e L_{TH} = 4,041 [mH].

Observe na figura 15 que a corrente no alimentador do segundo caso é inferior ao primeiro, devido à maior potência do banco de capacitores, com isso a instalação de banco de capacitores diminui a corrente de linha dos sistemas de alimentação, consequentemente produzindo menores perdas nos elementos da transmissão de energia e também reduzem a queda de tensão.

As perdas no sistema de transmissão em análise (vide figura 14.c) são dadas por:

$$P_e = R_{TH} \cdot I^2 \tag{52}$$

Onde:

- R_{TH}: Resistência equivalente de Thevenin;
- I: Corrente eficaz no condutor do alimentador;
- P_e: Perdas no condutor.

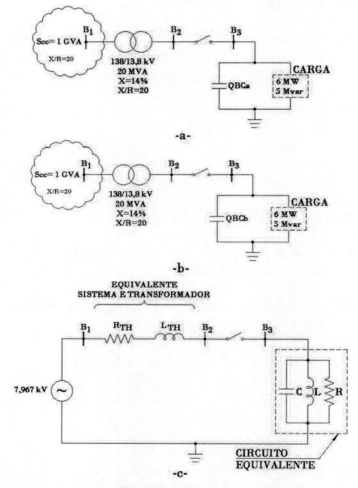

FIGURA 14 - CIRCUITO E ESQUEMA DA SIMULAÇÃO

a. Circuito a ser simulado considerando QBCa = 1 [Mvar];
b. Circuito a ser simulado considerando QBCb = 4 [Mvar];

c. Diagrama de impedância utilizado na simulação, onde o valor de C deve ser calculado com base em QBCa e QBCb.

Na figura 15 e equação (52) pode-se verificar que onde o fator de potência for mais elevado, as perdas serão naturalmente menores.

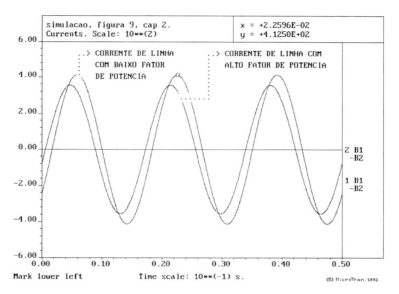

FIGURA 15- RESULTADO DA SIMULAÇÃO DO ESQUEMA DA FIGURA 14

7.1- OBJETIVOS DO ALTO FATOR DE POTÊNCIA

As multas ou compensação financeira são aplicadas pelos concessionários quando o fator de potência de uma instalação não atende o valor mínimo de referência. Os principais fatores que fazem com que os concessionários efetuem essa cobrança estabelecidos por decreto (vide item 9 deste Capítulo) são:

- Redução da capacidade da potência instalada da fonte de suprimento de energia;
- Aumento da queda de tensão em circuitos de distribuição de energia elétrica;
- Aumento das perdas na distribuição de energia (linhas de transmissão, cabos, transformadores de potência, etc.).

A operação com alto fator de potência apresenta as seguintes vantagens:

1. Evita-se sobrecusto de energia elétrica;
2. Libera a capacidade (potência) dos alimentadores dos concessionários (transformador, linhas ou geradores, etc.), permitindo ligação de novas cargas sem efetuar em um primeiro momento a expansão dos circuitos alimentadores já existentes;
3. Diminuição da queda de tensão;
4. Diminuição da corrente de linha;
5. Diminuição das perdas na distribuição de energia (linhas de transmissão, cabos, transformadores de potência, etc.).

Como desvantagens da redução do fator de potência através da instalação de bancos de capacitores podem-se citar:

- Aumento das sobretensões transitórias (vide capítulo VI) e possibilidade do aparecimento de ressonâncias indesejáveis (vide Capítulo VII);

- Surgimento de distúrbios transitórios inerentes devido a corrente de energização (*"inrush"*) e desenergização de banco de capacitores (vide capítulo VI).

7.2 - CORREÇÃO DO FATOR DE POTÊNCIA

Embora o fator de potência possa ser melhorado através de diversos processos, a instalação de capacitores em paralelo com a carga é a forma seguramente econômica e a mais utilizada.

Deve-se atentar para o fato que os capacitores somente reduzem a corrente de linha, no trecho compreendido entre a fonte geradora e o seu ponto de instalação. Observa-se ainda, que a partir do ponto de instalação dos bancos de capacitores ocorre uma elevação de tensão devido à diminuição da queda de tensão no trecho a montante como consequência da redução da corrente.

Se houver uma carga variável, a definição de potência reativa necessária do banco de capacitores não é simples, sendo que em alguns casos deve-se utilizar bancos de capacitores manobráveis.

Um detalhe importante a considerar é a necessidade de se levar em conta os efeitos da ressonância entre o capacitor com o restante do sistema, conforme apresentados nos capítulos VIII, IX e X.

7.3 - LOCALIZAÇÃO DOS CAPACITORES

Os pontos indicados para a localização dos capacitores em um sistema industrial são:

7.3.1 - PRIMÁRIO DO TRANSFORMADOR DE ENTRADA DA INDÚSTRIA

Neste caso, os bancos de capacitores devem ser localizados após a medição do faturamento no sentido da fonte para a carga. A figura 16 mostra a localização do banco de capacitores no lado primário do transformador de potência (na entrada) da indústria. Em geral, o custo final de sua instalação, principalmente em subestações abrigadas, é superior a um banco equivalente, localizado no secundário do transformador. A grande desvantagem desta localização é de não permitir a liberação da carga do transformador ou dos secundários da instalação consumidora. Assim, sua função se restringe somente à correção do fator de potência e à liberação da carga da rede do concessionário.

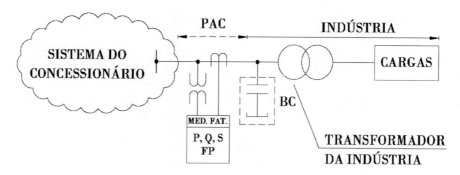

FIGURA 16 - LOCALIZAÇÃO DO BANCO DE CAPACITORES NO PRIMÁRIO DO TRANSFORMADOR DA INDÚSTRIA

7.3.2 - SECUNDÁRIO DO TRANSFORMADOR DE ENTRADA DA INDÚSTRIA

A figura 17 mostra a localização do banco de capacitores no lado secundário do transformador de potência da indústria. De um modo geral, a prática comum é instalar os capacitores no barramento de distribuição, resultando em menores custos finais de instalação e maiores benefícios. Tem ainda a vantagem de liberar a potência dos transformadores da subestação.

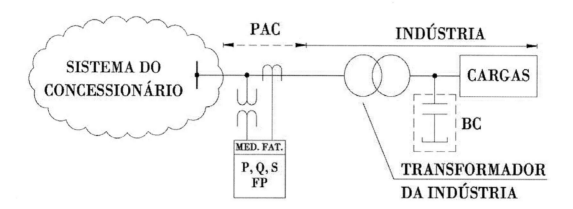

FIGURA 17 - LOCALIZAÇÃO DO BANCO DE CAPACITORES NO SECUNDÁRIO DO TRANSFORMADOR DA INDÚSTRIA

7.3.3 - JUNTO À CARGA

Quando uma carga específica possui um baixo fator de potência, como no caso de motores, pode-se fazer a sua correção, nos terminais da carga, como ilustrado na figura 18.

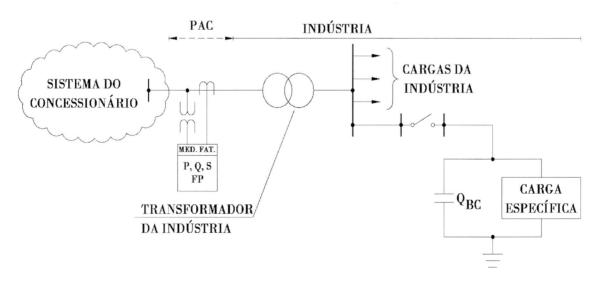

FIGURA 18 - LOCALIZAÇÃO DO BANCO DE CAPACITORES NO PONTO DE CARGA ESPECÍFICA

8 - REGULAMENTAÇÃO DO FATOR DE POTÊNCIA

No Brasil (em 2017) a legislação vigente [23] estabelece que o Fator de Potência de Referência (FPR) mínimo depende da tensão nominal de operação no ponto de conexão da unidade de consumo com o sistema de distribuição de energia elétrica. Quando a portaria número 85 (original) referente ao fator de potência foi estabelecida pelo extinto Departamento Nacional de Água e Energia Elétrica (DNAEE) em 25/03/1992 foi previsto que no Sistema Elétrico Brasileiro deveria ser instalado algo da ordem de 6 [Gvar] de bancos de capacitores e outros dispositivos. Esta portaria introduziu o novo Fator de Potência de Referência (FPR) que passou de 0,85 para 0,92 e, além disso, deveria ser medido através da média horária ao invés de mensal (vide [19] e [66]) e o Faturamento da Energia Reativa (kvarh) e a Demanda de Potência Reativa (kvar) começou a ser computado (multa) nas seguintes condições:

- O FPR deverá apresentar característica indutiva e ser mantido entre 0,92 a 1,00 na faixa horária de 6:00 às 24:00 h. Isto quer dizer que se neste intervalo de tempo, o fator de potência for indutivo e inferior a 0,92 haverá multa e se for capacitivo com qualquer valor, não haverá a cobrança do faturamento da energia reativa (FER);

- O FPR deverá apresentar característica capacitiva e ser mantido entre 0,92 a 1,00 na faixa horária de 0:00 às 6:00 h. Isto quer dizer que se neste intervalo de tempo, o fator de potência for capacitivo e inferior a 0,92 haverá multa e se for indutivo com qualquer valor, não haverá a cobrança do faturamento da energia reativa (FER);

Tal fato foi mantido pelo DNAEE através da portaria 1569 de 24/12/1993 (vide [42]), que substituiu a de número 85 e considerou a conveniência de promover um melhor aproveitamento da energia elétrica ofertada e, consequentemente, de reduzir as necessidades de investimentos para ampliação da capacidade do Sistema Elétrico Brasileiro. Assim sendo na portaria 1569 considerou-se algumas novas formas de tarifação e/ou definições.

Com a desregulamentação do setor elétrico brasileiro e a criação da Agência Nacional de Energia Elétrica (ANEEL), os limites do fator de potência passaram inicialmente a ser determinados pela Resolução Normativa 456 de 29/11/2000 que foi revogada e substituída pela Resolução Normativa n°414 de 09/09/2010 (vide [23] e [71]) conforme item a seguir.

8.1 - FATOR DE POTÊNCIA DE REFERÊNCIA

Na resolução 414 da ANEEL (vide [71]), o artigo 95 estabelece que o Fator de Potência de Referência (FPR) mínimo é 0,92 indutivo ou capacitivo, dependendo do horário e tensão nominal do suprimento de energia. A figura 19 a seguir ilustra esta condição.

De qualquer forma, o FPR atualmente é calculado com sendo a média horária diferentemente daquele determinado antes de 24/12/1993, onde o cálculo do reativo excedente era feito mensalmente.

Embora exista a Resolução 414 da ANEEL, que indica o fator de potência de referência em 0,92, os Procedimentos de Rede do Operador Nacional do Sistema Elétrico (ONS) (vide [27]) estabelece que o fator de potência de referência (FPR) deve ficar superior a 0,92 quando o consumidor se conecta em determinadas posições do sistema elétrico. Conforme [27] os procedimentos do ONS (em 2017) indicam para os consumidores de energia elétrica que o fator de potência (FP) não deve ser inferior a um valor de referência (FPR), conforme a seguir:

- Tensão de conexão **superior** ou igual a 345 [kV]: FPR = 0,98 indutivo a 1,00;
- Tensão de conexão **inferior** a 345 [kV] e igual ou superior a 69 [kV]: FPR = 0,95 indutivo a 1,00;
- Tensão de conexão **inferior** a 69 [kV]: FPR = 0,92 indutivo a 1,00 ou 0,92 capacitivo a 1,00.

Dependendo do caso, existem algumas flexibilidades e também restrições em relação aos valores citados, que se recomenda consultar [26] e [27], quando este livro foi elaborado em 2017.

Se o FP observado no medidor de faturamento for inferior ao FPR no "consumo de potência reativa", incidirá uma multa pelo excedente e, portanto, os custos da energia elétrica tornam-se mais onerosos para o consumidor.

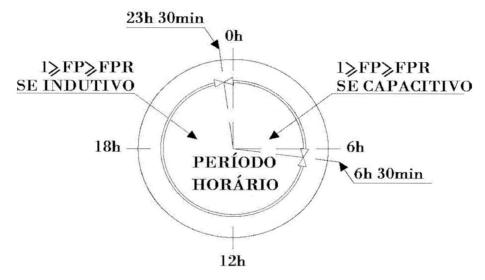

FIGURA 19 - DIAGRAMA ESQUEMÁTICO PARA O CONTROLE DO FATOR DE POTÊNCIA CONFORME [71]

Conforme [71], ilustrado na figura 19, observa-se que o fator de potência deverá ser controlado, a critério da distribuidora conforme a seguir:

- Faixa entre **FPR** a 1,00 indutivo no intervalo de tempo entre 6h 30min a 23h 30min;
- Faixa entre **FPR** a 1,00 capacitivo no intervalo de tempo entre 23h 30min a 06h 30 min.

  Nota: Como a legislação do sistema elétrico muda com relativa frequência, o que não acontece em outros países democráticos com instituições públicas consolidadas, recomenda-se consultar a legislação vigente sempre que for necessário corrigir o fator de potência.

Conforme [71] o reativo excedente, que for medido, a ser cobrado pelos concessionários de energia elétrica, é dado pelas equações (53) e (54).

$$\text{ERE} = \sum_{T=1}^{nl} \left[\text{EEAM}_T \cdot \left(\frac{\text{FPR}}{\text{FP}} - 1 \right) \right] \cdot \text{VRERE} \qquad (53)$$

$$DRE = \text{máx} \sum_{T=1}^{n2} \left[PAM_T \cdot \frac{fR}{Tt} - PAF_{(P)} \right] \cdot VRDRE \tag{54}$$

No caso de não haver condições para medições da potência reativa excedente para aplicá-la às equações (53) e (54), os valores correspondentes a energia elétrica e demanda de potência reativa excedentes devem ser determinados conforme as equações (55) e (56).

$$ERE = EEAM \left(\frac{FPR}{FM} - 1 \right) \cdot VRERE \tag{55}$$

$$DRE_{(P)} = \left(PAM \cdot \frac{FPR}{FM} - PAF_{(P)} \right) \cdot VRDRE \tag{56}$$

Onde:

- ERE: valor correspondente à energia elétrica reativa excedente à quantidade permitida pelo fator de potência de referência "FPR", no período de faturamento, em Reais (R$);

- $EEAM_T$: montante de energia elétrica ativa medida em cada intervalo "T" de 1 (uma) hora, durante o período de faturamento, em megawatthora (MWh);

- FPR: fator de potência de referência (depende do local da medição, valor mínimo é de 0,92);

- FP: fator de potência da unidade consumidora, calculado em cada intervalo "T" de 1 (uma) hora, durante o período de faturamento, observadas as definições dispostas nos incisos I e II do § 1° deste artigo;

- VRERE: valor de referência equivalente à tarifa de energia "TE" da bandeira verde aplicável ao subgrupo B1, em Reais por megawatt-hora (R$/MWh); "

- DRE(p): valor, por posto tarifário "p", correspondente à demanda de potência reativa excedente à quantidade permitida pelo fator de potência de referência "FPR" no período de faturamento, em Reais (R$);

- PAM_T: demanda de potência ativa medida no intervalo de integralização de 1 (uma) hora "T", durante o período de faturamento, em quilowatt (kW);

- PAF(p): demanda de potência ativa faturável, em cada posto tarifário "p" no período de faturamento, em quilowatt (kW);

- VRDRE: valor de referência em Reais por quilowatt (R$/kW), equivalente às tarifas de demanda de potência, para o posto tarifário fora de ponta, das tarifas de fornecimento aplicáveis ao consumidor;

- MAX: função que identifica o valor máximo da equação, dentro dos parênteses correspondentes, em cada posto tarifário "p";

- T: indica intervalo de 1 (uma) hora, no período de faturamento;

- p: indica posto tarifário, ponta ou fora de ponta, para as modalidades tarifárias horárias ou período de faturamento para a modalidade tarifária convencional binômia;

- n1: número de intervalos de integralização "T" do período de faturamento, para os postos tarifários ponta e fora de ponta;

- n2: número de intervalos de integralização "T", por posto tarifário "p", no período de faturamento.

Por curiosidade, a tabela 1 mostra os limites de fator de potência de alguns países.

TABELA 1 - LIMITES DE FATOR DE POTÊNCIA DE ALGUNS PAÍSES	
PAÍS	FATOR DE POTÊNCIA
Colômbia	0,90
Espanha	0,92
Argentina	0,92
Uruguai	0,92
Chile	0,93
Coréia do Sul	0,93
França	0,93
Portugal	0,93
Alemanha	0,95
Bélgica	0,95
Estados Unidos	0,95
Suíça	0,95

9 - CUIDADOS NA INSTALAÇÃO DE CAPACITORES DE POTÊNCIA

Os cuidados mais comuns na instalação de banco de capacitores são:

9.1 - INSTALAÇÃO FÍSICA

- Evitar proximidade de equipamentos com temperaturas elevadas;

- Não bloquear a entrada e saída de ar dos quadros elétricos; lembrar-se de colocar entrada e saídas de ar na parte superior e inferior do quadro elétrico, na frente e nas laterais;

- Evitar instalação de capacitores próximos do teto das edificações devido à temperatura;

- Evitar instalação de capacitores em contato direto com os quadros elétricos.

9.2 - INSTALAÇÕES ELÉTRICAS

- Motores que acionam cargas com alta inércia: ventiladores, bombas de recalque, exaustores, etc. Deve-se instalar contatores para a comutação do capacitor, pois o mesmo quando é permanentemente ligado a um motor, pode surgir autoexcitação (vide item 6.1 do capítulo VI);

- Deve-se evitar colocar banco de capacitores próximos aos inversores de frequência devido aos harmônicos de correntes presentes, caso seja necessário verificar instalação em série com os capacitores indutores antiressonantes;

- Soft-starter: Deve-se utilizar um contator protegido por fusíveis retardados (gL-gG) para manobrar o capacitor, o qual deve ser ligado apenas depois que a soft-starter entrar em regime normal de operação. Na partida com softstarters, os harmônicos de correntes presentes são mais elevados e diminuem à medida que o motor acionado, por este dispositivo atinge o regime permanente;

- Verificar os limites máximos de potência reativa permitida para o banco de capacitores operando em paralelo com transformadores à vazio, pois podem ocorrer sobretensões e danificar os capacitores;

- Deve-se verificar e monitorar em bancos ligados em estrela ou delta, normalmente em alta tensão, o desequilíbrio entre as fases.

10 - PRINCIPAIS CONSEQUÊNCIAS DA INSTALAÇÃO INCORRETA DE CAPACITORES

A instalação incorreta de banco de capacitores, conforme [47], pode provocar desde a "queima" prematura dos mesmos ou de seus componentes de proteção e chaveamento associados.

As principais consequências da instalação incorreta de capacitores são as seguintes:

a - "Queima" do indutor de pré-inserção do contator do capacitor, podendo ser causado por manobras sucessivas de liga e desliga (rebatimento ou "repique") do contator. Em alguns casos o contato metálico do contator é fechado e seu mecanismo nem sempre consegue mantê-lo nesta posição. Por alguns instantes o contato metálico abre e fecha diversas vezes antes de fechar em definitivo.

b - Queima de fusíveis pode ser causada por:
- Banco de capacitores com potência elevada;
- Projeto inadequado;
- Harmônicos na rede de suprimento de energia;
- Desequilíbrio de tensão;
- Aplicar tensão em capacitores ainda carregados.

c - Expansão (aumento do volume) da unidade capacitiva:
- Repique no contator que pode ser causado pelo repique do controlador;
- Temperatura elevada;
- Tensão elevada;
- Descargas atmosféricas;
- Aquecimento devido aos harmônicos;

CAPÍTULO II   POTÊNCIA ATIVA, REATIVA, FATOR DE POTÊNCIA E HARMÔNICOS   •   **79**

- Chaveamento de capacitores em bancos automáticos sem aguardar um determinado intervalo de tempo (de 30 a 180 [s]) para a descarga dos capacitores;
- Vida útil superada.

d - Corrente especificada abaixo da nominal:
- Tensão do capacitor abaixo da nominal;
- Células danificadas;
- Perda de capacitância internamente.

e - Aquecimento nos terminais da unidade capacitiva (vazamento da resina pelos terminais):
- Mau contato nos terminais de conexão, verificar se o contator usa conexão pino central, caso seja esse formato colocar terminais de contado nos dois lados para evitar que fique frouxo no futuro com o chaveamento dos contatores;
- Erro de instalação (ex.: solda mal feita nos terminais);
- Aquecimento excessivo no local de instalação.

f - Tensão acima da nominal:
- Aumento do fator de potência, mesmo não tendo harmônicos presentes pode ocorrer ressonância paralela;
- Efeito da ressonância paralela entre os capacitores e a carga na presença de harmônicos.

g - Corrente acima da nominal:
- Efeito de ressonância série entre os capacitores e o transformador, provocado pela frequência de algum harmônico significativo na instalação não detectado na ocasião do projeto;
- Tensão elevada nos terminais do capacitor;
- Harmônicos no sistema.

11 - CRITÉRIOS PARA INSPEÇÃO

Ainda conforme [47], mensalmente, deve-se, no mínimo:

- Verificar visualmente em todas as unidades capacitivas, caso exista uma expansão do invólucro (aumento de volume da caixa);
- Verificar se há fusíveis queimados;
- Medir a tensão do barramento onde se encontra os capacitores;
- Medir a corrente das unidades capacitivas. Caso haja alteração ou desequilíbrio, medir as capacitâncias das células internas da unidade capacitiva;
- Verificar possíveis pontos quentes, normalmente uma crosta verde. Neste caso, limpeza e reaperto principalmente das conexões do tipo rápida (*"fast-on"*) dos capacitores deve eliminar o mau contato. Destaca-se ainda que ao desconectar o terminal do tipo "fast-on", o mesmo deverá ser reapertado antes de sua conexão.

CAPÍTULO III
ANÁLISE DE CARGAS

1 - INTRODUÇÃO

As cargas elétricas industriais podem ser divididas em dois tipos: cargas normais e especiais. As cargas normais são aquelas onde as formas de onda da tensão e corrente são senoidais, ou seja, não existe diferença significativa em suas formas matemáticas representativas. Já as Cargas Elétricas Especiais (CEE) são dos tipos não lineares, ou seja, as formas de onda dos sinais de tensão e corrente não são senoidais e, portanto, apresentam harmônicos.

Assim sendo, neste capítulo serão analisadas as cargas de um sistema industrial com relação ao fator de potência e os harmônicos, bem como a legislação pertinente.

2 - CARGAS E FATOR DE POTÊNCIA EM UM SISTEMA ELÉTRICO

Há uma preocupação generalizada na busca de melhoria dos equipamentos, sendo que as normas de um modo geral definem suas eficiências mínimas. O interesse é maior com motores, já que estes representam mais de 50% do consumo de energia elétrica no país [30].

De um modo geral as principais causas do baixo fator de potência estão relacionadas a seguir [34] e [20]:

- Motores trabalhando a vazio, durante uma grande parte do tempo em operação;
- Transformadores ligados a vazio (pouca carga) por longo período de tempo;
- Grandes números de motores de pequena potência em operação;
- Lâmpadas fluorescentes, led, eletrônicas, de descarga (vapor de mercúrio e vapor de sódio), etc.;
- Motores operando com tensão da instalação acima da nominal;
- Fornos a arco;
- Máquinas de solda;
- Equipamentos eletrônicos;
- Condicionadores de ar, principalmente aqueles com controle eletrônico;
- Retificadores controlados e não controlados;
- Fontes chaveadas;
- Controladores de tensão;
- Partidas suaves (Soft starters);
- Conversores de corrente contínua;
- Inversores de frequência.

2.1 - CARGAS NORMAIS

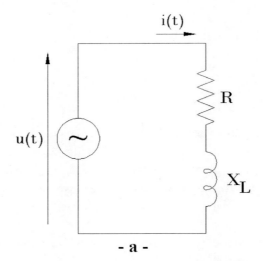

- a -

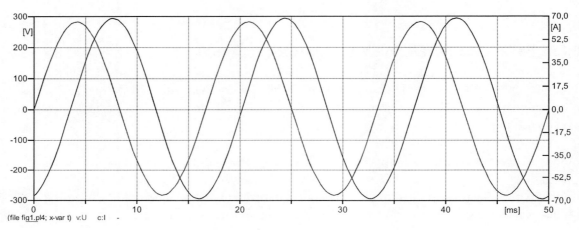

- b -

FIGURA 1 - CIRCUITO LINEAR

a - Diagrama de impedância;
b - Formas de onda da tensão e corrente.

Na figura 1.a considerou-se: u(t) = $\sqrt{2}$ .220 sen(ωt) = 311,124 sen(ωt), R = 1 [Ω] e X_L = 4 [Ω]. As cargas normais em um sistema industrial e comercial de maior influência sobre o fator de potência são os motores de indução. A tabela 1 mostra a participação da força motriz para vários setores no Brasil em [43].

Nota: Rigorosamente os motores de indução distorcem a forma de onda da corrente mesmo quando a tensão aplicada aos seus terminais são senoidais, isto quer dizer, que praticamente os motores de indução trifásicos também poderiam ser caracterizados como cargas não lineares, restando, portanto, apenas as lâmpadas incandescentes como sendo os últimos dispositivos lineares.

TABELA 1 - PARTICIPAÇÃO PERCENTUAL DA FORÇA MOTRIZ EM VÁRIOS SETORES DO BRASIL NO PERÍODO DE 2009 A 2013 [43]					
ANO	2009	2010	2011	2012	2013
RESIDENCIAL	7,20	6,65	6,30	6,24	6,10
COMERCIAL	1,97	1,90	1,93	2,02	2,07
PÚBLICO	1,14	1,03	1,02	0,98	0,99
AGROPECUÁRIO	2,97	2,83	2,71	2,72	2,74
TRANSPORTES - TOTAL	19,63	19,67	20,02	20,74	21,36
RODOVIÁRIO	17,96	18,04	18,37	19,09	19,79
FERROVIÁRIO	0,35	0,32	0,31	0,31	0,30
AÉREO	0,89	0,91	0,98	1,00	0,94
HIDROVIÁRIO	0,42	0,39	0,36	0,34	0,33
INDUSTRIAL - TOTAL	23,73	24,14	24,01	23,28	22,69
CIMENTO	1,15	1,17	1,37	1,35	1,37
FERRO-GUSA E AÇO	4,05	4,64	4,71	4,44	4,18
FERRO-LIGAS	0,45	0,48	0,42	0,41	0,39
MINERAÇÃO E PELOTIZAÇÃO	0,70	0,90	0,90	0,85	0,83
NÃO-FERROSOS E OUTROS DA METALURGIA	1,67	1,83	1,91	1,85	1,78
QUÍMICA	2,29	2,03	2,01	1,90	1,79
ALIMENTOS E BEBIDAS	6,71	6,56	6,22	6,33	6,00
TÊXTIL	0,36	0,34	0,32	0,29	0,28
PAPEL E CELULOSE	2,91	2,86	2,76	2,63	2,72
CERÂMICA	1,29	1,27	1,28	1,26	1,30
OUTROS	2,15	2,06	2,10	1,97	2,04
BASE DE CÁLCULO EM 10^3 [tep]	321125	354529	369560	381023	389219
- tep: tonelada equivalente de petróleo.					

Os motores elétricos de indução (força motriz), devido a sua simplicidade de construção, robustez e baixo custo de manutenção, são os mais utilizados em sistemas industriais e representam algo da ordem de 62% do consumo de energia e cerca de 90% do total da força motriz do parque industrial (vide [35] e [44]). Devido a esta participação os motores de indução, principalmente os trifásicos, devem ser objeto de análise detalhada em relação ao fator de potência com as variações da carga e tensão de operação em sistemas industriais.

Conforme [35] e [44], observou-se que o fator de potência é bastante influenciado pela variação da carga no eixo dos motores de indução trifásico. Uma redução de 100% para 50% na potência, no eixo do motor, provoca uma variação no fator de potência entre 9,6% a 21,5%. A variação da tensão também interfere no fator de potência e no caso particular a elevação de tensão faz com que o motor entre na sua região de saturação, provocando um aumento de relutância do circuito magnético e redução da reatância de magnetização e com isso aumentando a corrente de magnetização, consequentemente piorando o fator de potência. A redução da tensão provoca uma diminuição da corrente de magnetização, consequentemente melhorando o fator de potência. Deve-se chamar atenção para não operar o motor com uma tensão abaixo da nominal com o objetivo de melhorar o fator de potência, pois o conjugado do motor diminui com o quadrado da tensão, aumentando o tempo de partida e o escorregamento durante a operação em carga. A figura 2 mostra um gráfico do comportamento do fator de potência com a variação da carga no eixo do motor, para as condições de tensão acima e abaixo da nominal para um motor de 15 [CV] ([35] e [44]).

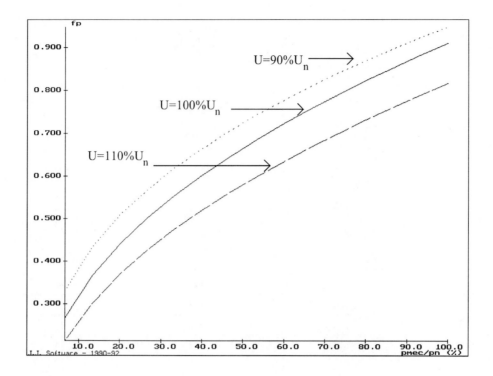

FIGURA 2 - CURVA DO FATOR DE POTÊNCIA VERSUS A POTÊNCIA MECÂNICA NO EIXO DO MOTOR ([35], [44])

2.2 - CARGAS ELÉTRICAS ESPECIAIS (CEE)

Genericamente pode se considerar que cargas elétricas especiais são aquelas que alteram (ou distorcem) a forma de onda da corrente em relação à forma de onda da tensão aplicada, ou seja, apresentam características não lineares tais como **conversores, inversores de frequência, fornos a arco, lâmpadas não incandescentes, retificadores de potência, sistemas ininterruptos de energia, etc.** Assim sendo, as formas de onda da tensão e principalmente da corrente do sistema de suprimento de energia quando suprem as CEEs apresentam os denominados harmônicos (vide item 4 do capítulo II).

A proliferação das cargas elétricas especiais nos sistemas elétricos fez com que tanto os concessionários como os consumidores de energia elétrica passassem a conviver com sinais de corrente e tensão distorcidos e suas consequências.

Os componentes harmônicos de corrente provocados pelas cargas não lineares, propagam-se através da rede elétrica, causando efeitos adversos nos equipamentos bem como na própria operação dos sistemas elétricos. Entre outros efeitos que os harmônicos provocam têm-se:

- Operação incorreta de equipamentos de controle, proteção e medição;
- Aumento de perdas em equipamentos como transformadores, motores, cabos, etc.;
- Degradação prematura de bancos de capacitores;
- Interferência em sistema de comunicação;
- Ressonância resultando em sobretensões ou sobrecargas.

Nos países como Alemanha, Canadá, Finlândia, Inglaterra entre outros, as normas prescrevem os requisitos a serem atendidos em relação à injeção de harmônicos no sistema elétrico quando por ocasião da instalação das CEEs, enquanto que no Brasil o assunto ainda (em 2017) não está totalmente normalizado, sendo ainda tema de debates dos concessionários, dos congressos, revistas especializadas, etc.

3 - INTERFERÊNCIA DA ELETRÔNICA DE POTÊNCIA NO FATOR DE POTÊNCIA

A eletrônica de potência está cada vez mais difundida nos sistemas industriais e em equipamentos que utilizam semicondutores. Esses equipamentos distorcem as formas de onda da tensão e corrente e influenciam no fator de potência. A figura 3 ilustra a forma de onda de corrente típica para um motor de indução trifásico de 600 [kW] em 690 [V] que aciona um ventilador de uma caldeira de biomassa suprido por um inversor de frequência.

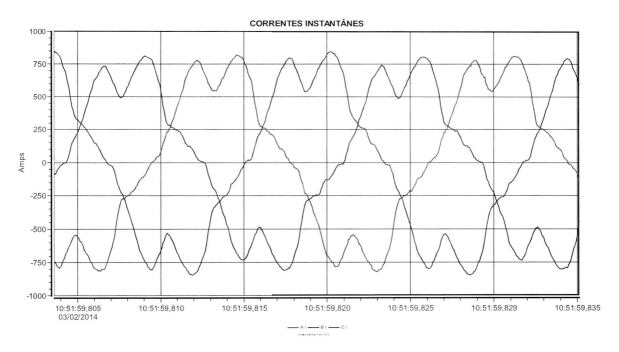

FIGURA 3 - RESULTADO DA MEDIÇÃO DA FORMA DE ONDA DA CORRENTE DE UM MOTOR ALIMENTADO POR INVERSOR DE FREQUÊNCIA

Para mostrar a dificuldade no entendimento do assunto, bem como as influências das correntes e tensões distorcidas em um sistema elétrico, considere o circuito mostrado na figura 4, a seguir.

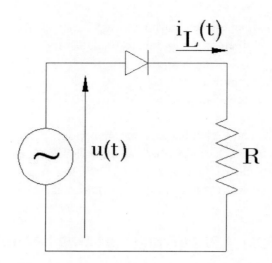

FIGURA 4.a - CIRCUITO RETIFICADOR DE MEIA ONDA

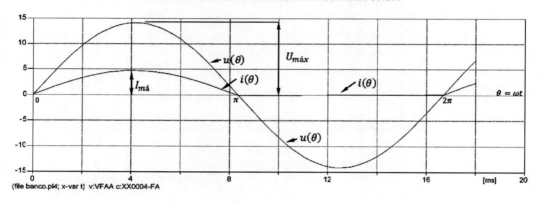

FIGURA 4.b - FORMAS DE ONDA DE TENSÃO E CORRENTE

O sinal de tensão da fonte mostrado na figura 4.a é considerado perfeitamente senoidal, cuja equação está apresenta a seguir:

$$u(t) = U_{MAX} \cdot \text{sen} \cdot (\omega t) \qquad (1)$$

Como a retificação é de meia onda (figura 4.a), no caso ideal, **no intervalo de tempo do primeiro meio ciclo (0 a p)** a forma de onda da corrente também é igual a da tensão e dada por:

$$i(t) = I_{MAX} \cdot \text{sen} \cdot (\omega t) \qquad (2)$$

A equação (2) é válida apenas no intervalo de 0 a π. No intervalo de tempo entre π a 2π a corrente é nula.

A potência ativa para o circuito da figura 4.a é dada por:

$$P = \frac{1}{T} \int_0^T u(t) \cdot i(t) \cdot dt \qquad (3)$$

Fazendo-se nas equações (1) e (2) a variável q = t e considerando que no segundo semiciclo (p a 2p) a corrente é zero, a potência ativa deve ser calculada apenas no primeiro semiciclo, ou seja, no intervalo de 0 a p. Logo:

$$P = \frac{1}{2\pi} \int_0^n U_{max} \cdot sen\theta \cdot I_{max} \cdot sen\theta \cdot d\theta = \frac{U_{max} \cdot I_{max}}{4} \tag{4}$$

O valor eficaz de uma grandeza ou valor RMS é a raíz média quadrática da mesma. Logo para o sinal de tensão da equação (1) tem se:

$$U_{RMS} = \sqrt{\frac{1}{2.\pi} \int_0^{2\pi} \left(U_{MAX} \cdot \cos(\omega t) \right)^2 \cdot d(\omega t)} = \frac{U_{MÁX}}{\sqrt{2}} \tag{5}$$

Assim sendo, o valor máximo da onda senoidal de tensão pode ser substituído pelo seu valor eficaz (U) correspondente, conforme a seguir:

$$u(t) = \sqrt{2}.U.\cos(\omega t) \tag{6}$$

Analogamente, para o caso particular mostrado na figura 4.a, com a forma de onda da corrente sendo nula no segundo meio ciclo, ou seja, entre p a 2p (vide figura 4.b), pode-se determinar o valor eficaz correspondente.

$$I_{RMS} = \sqrt{\frac{1}{2\pi} \int_0^n \left(I_{MAX} \cdot \cos(\omega t) \right)^2 \cdot d(\omega t)} = \frac{I_{MÁX}}{2} \tag{7}$$

A potência aparente é dada pela equação (8) a seguir:

$$S = U_{RMS} \cdot I_{RMS} \tag{8}$$

Substituindo as equações (5) e (7) na equação (8), tem-se:

$$S = \frac{U_{MAX} \cdot I_{MAX}}{2.\sqrt{2}} \tag{9}$$

Desta forma o fator de potência (FP) será dado por:

$$FP = \frac{P}{S} = \frac{\dfrac{U_{MAX} \cdot I_{MAX}}{4}}{\dfrac{U_{MAX} \cdot I_{MAX}}{2.\sqrt{2}}} = \frac{2.\sqrt{2}}{4} = 0,707 \tag{10}$$

Observe que o fator de potência não é unitário apesar de a carga ser totalmente resistiva. A primeira ideia para melhorar o fator de potência seria instalar um capacitor, antes do diodo, como mostrado na figura 5, a seguir.

88 · CAPACITORES DE POTÊNCIA E FILTROS DE HARMÔNICOS

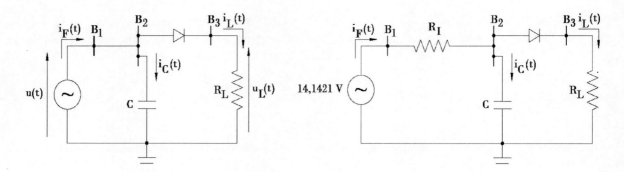

FIGURA 5 - CIRCUITO DA FIGURA 3 COM CAPACITOR ANTES DO DIODO

a - Circuito equivalente;
b - Circuito equivalente usado para simulação.

Para determinar o fator de potência no sistema da figura 5 com a instalação de um capacitor adotaram-se os seguintes dados puramente teóricos.

Na figura 5.b tem-se:

- R_I: Resistência inserida no circuito para efetuar a medição da corrente da fonte na simulação. O valor desta resistência deve ser o menor possível para não afetar o resultado. Normalmente, $R_I = 10^{-9}$ [Ω].
- Tensão (pico) da fonte barra B_1 (U_{max}): 14,1421 [V];
- Resistência representando a carga (R_L): 3 [Ω];
- Capacitância (C): 500 [μF];
- Diodo ideal (D).

A figura 6 apresenta os resultados com as formas de ondas de tensão e corrente obtidas na simulação

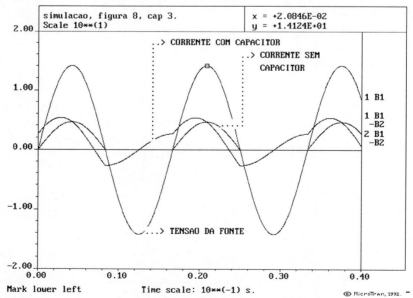

FIGURA 6 - RESULTADO DA SIMULAÇÃO DAS FIGURAS 4 e 5

Com base na figura 5.b e a partir dos resultados obtidos na simulação mostrados na figura 6, tem-se:

- $U_{RMS} = U_{max}/\sqrt{2} = 10,0000$ [V];
- $I_{Lmax} = U_{max}/R = 14,1421/3 = 4,7140$ [A];
- $I_{LRMS} = 2,3570$ [A] (corrente eficaz da carga, obtida a partir da simulação);
- $I_{FRMS} = 3,0181$ [A] (corrente eficaz da fonte, obtida a partir da simulação).

Assim sendo, o fator de potência (FP) para o caso da figura 4, portanto **sem** o efeito do capacitor, calculado pela equação (10) com base nos resultados de simulação é dado por:

$$FP = \dfrac{\dfrac{14,421*4,7140}{4}}{\dfrac{14,1421*4,7140}{2.\sqrt{2}}} = 0,707$$

Notar que na figura 4.a a potência ativa (P) é de 16,6666 [W] calculada com base em (4) e a potência aparente (S) é de 23,5699 [VA]. Isto quer dizer que o circuito resistivo suprido por uma fonte ideal de tensão simplesmente pelo fato de ter a alteração na forma de onda da corrente apresenta potência aparente bastante superior à potência ativa, levando a existência de uma "potência reativa" simplificadamente calculada na frequência industrial, conforme a seguir:

$$Q = \sqrt{S^2 - P^2} = \sqrt{\left(23,5699^2 - 16,6666^2\right)} = 16,6666\left[\text{var}\right]$$

Notar que a potência reativa igual à potência ativa surge pelo fato de a corrente da carga ter sido distorcida em relação à forma de onda da tensão pelo efeito do diodo.

Com a inclusão do capacitor, o valor da potência ativa não se altera, assim como o valor eficaz da tensão. Todavia, o valor eficaz da corrente aumenta, logo o fator de potência visto pela fonte de energia para o sistema da figura 5 com o efeito do capacitor será dado pela relação:

$$FP = \dfrac{P}{S} \tag{11}$$

Sendo:

$$P = \dfrac{U_{max}*I_{Fmax}}{4} = 14,1421*4,7140 = 16,6666\left[W\right]$$

e

$$S = U_{RMS}*I_{FRMS} = \dfrac{14,1421}{\sqrt{2}}*\dfrac{4,7140}{\sqrt{2}} = 10,000*3,01809 = 30,1809\left[VA\right]$$

Portanto,

$$FP = \frac{16,6666}{30,1809} = 0,5522$$

Observe que a instalação de bancos de capacitores piora o fator de potência que passou de 0,7071 para 0,5522. Logo a melhoria do fator de potência, neste caso, é conseguida com a instalação de filtros de harmônicos, que tornam a forma de onda da corrente mais senoidal, do ponto de vista da rede de suprimento de energia.

4 - HARMÔNICOS PRESENTES EM CARGAS ELÉTRICAS ESPECIAIS

Em condições ditas ideais, os sistemas elétricos possuem forma de onda da tensão e da corrente puramente senoidais. Essas ondas se repetem em uma determinada frequência, a qual é denominada frequência fundamental. No Brasil esta frequência padronizada em 60 [Hz].

Em um sistema que possui cargas não lineares surgirão ondas de tensões e correntes distorcidas contendo os denominados harmônicos (vide item 4 – Capítulo II).

A intensidade dos harmônicos presentes na tensão e na corrente é um critério essencial para se determinar a qualidade da energia distribuída pelos concessionários de energia elétrica. Levantamentos efetuados recentemente têm demonstrado um aumento considerável na rede elétrica das cargas que distorcem as formas de onda da tensão e corrente. No setor doméstico, as principais fontes de harmônicos são: os televisores, fornos de micro-ondas, lâmpadas fluorescente, microcomputadores, etc. No setor industrial, a crescente complexidade e modernização dos sistemas e processos industriais exigem cada vez mais o uso de equipamentos com base na eletrônica de potência, tais como: conversores com comutação pela rede elétrica para alimentação de acionamentos controlados, processos químicos e térmicos, pontes retificadoras e principalmente os inversores de frequência. Para o sinal de corrente, mostrado na figura 3, os harmônicos presentes no mesmo estão indicados na figura 7, a seguir.

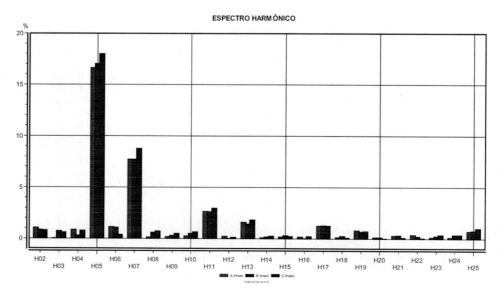

FIGURA 7 - ESPECTRO HARMÔNICO PARA FORMA DE ONDA DE CORRENTE MOSTRADA NA FIGURA 3 EM PORCENTO DO COMPONENTE FUNDAMENTAL

A proliferação dos equipamentos causadores de perturbação e a preocupação crescente sobre os seus efeitos proporcionaram a necessidade dos governos de estabelecerem critérios e procedimentos que limitem os harmônicos a valores aceitáveis, procurando-se estabelecer uma convivência adequada entre equipamentos perturbadores e equipamentos sensíveis aos harmônicos.

4.1 - CARGAS COM ALTA INTENSIDADE DE HARMÔNICOS

Entre diversas cargas que distorcem as formas de onda da corrente em um sistema elétrico, apresentam-se a seguir as mais importantes em um sistema industrial.

4.1.1 - CONVERSORES ESTÁTICOS DE POTÊNCIA

Os conversores comutados pela rede, inversores e retificadores, são equipamentos que distorcem bastante as formas de onda da corrente.

A tabela 2 mostra as características de alguns acionamentos de motores assíncronos (indução) de fabricantes diferentes, conforme ([63] e [64]).

TABELA 2 - CARACTERÍSTICAS DE ACIONAMENTOS DE MOTORES DE INDUÇÃO ([63], [64])			
TIPO	FAIXA DE VELOCIDADE	FAIXA DE POTÊNCIA	APLICAÇÕES
CASCATA SUBSÍNCRONA	1:13 ATÉ 1:5	ATÉ 20 [MW]	ACIONAMENTOS DE MONOMOTORES COM BOMBAS E VENTILADORES
	1500 [rpm] 50[Hz] 1600 [rpm] 60[Hz]	500 ATÉ 20 [MW]	SOPRADORES, COMPRESSORES, TRITURADORES, LAMINADORES.
CORRENTE IMPOSTA	1:10	2,5 [MW]	PREFERENCIALMENTE ACIONAMENTO COMO: BOMBAS, VENTILADORES, CENTRÍFUGAS, MISTURADORES, AGITADORES, EXTRUSORAS, TRANSPORTADORES POR ESTEIRAS.
	ATÉ 5400 [rpm]	ATÉ 2 [MW]	
TENSÃO IMPOSTA	1:10	15 ATÉ 230 [kVA]	ACIONAMENTOS MONOMOTORES E MULTIMOTORES COMO: MÁQUINAS TEXTEIS E VENTILADORES.
PWM	1:100	ATÉ 1,2 [MVA]	ACIONAMENTOS MONOMOTORES E MULTIMOTORES COMO: ROLOS TRANSPORTADORES, EXTRUSORAS, ESTICADORES, MÁQUINAS FERRAMENTAS. MOVIMENTAÇÃO DE CARGAS, DRAGAS.
	ATÉ 10000 [rpm] E FREQUÊNCIA MÁXIMA DE 166 [Hz]	ATÉ 8 [MW]	

De uma forma geral, os harmônicos de corrente de pontes conversoras com comutação pela rede estão relacionados com o número de pulsos [p] e suas amplitudes decrescem na proporção inversa da ordem dos harmônicos. Geralmente, os harmônicos superiores à 25ª ordem já podem ser desprezados, conforme pode ser observado através da tabela 3 a qual mostra os harmônicos teóricos e típicos de corrente dos conversores de seis pulsos a diodos [32].

TABELA 3 - HARMÔNICOS TEÓRICOS E TÍPICOS DE UM CONVERSOR DE 6 PULSOS A DIODOS [32]		
ORDEM DO HARMÔNICO	HARMÔNICOS TEÓRICOS EM [pu] DA FUNDAMENTAL DE CORRENTE	HARMÔNICOS TÍPICOS EM [pu] DA FUNDAMENTAL DE CORRENTE
5	0,200	0,173
7	0,143	0,111
11	0,091	0,045
13	0,077	0,029
17	0,059	0,015
19	0,053	0,010
23	0,043	0,009
25	0,010	0,008

Para mostrar o efeito dos harmônicos considere o sistema mostrado na figura 8, a seguir. Nesta figura existe um conjunto sistema alimentador/conversor que apresenta imperfeições de ordens práticas. A consequência é que a corrente no lado da fonte (corrente alternada) do conversor pode assumir uma forma de onda que não é característica para o equipamento. Essas imperfeições produzem os denominados harmônicos não característicos. Com isso, dificulta-se uma análise de harmônicos ainda na fase de projeto.

Para mostrar o efeito dos harmônicos considere o sistema mostrado na figura 8, a seguir:

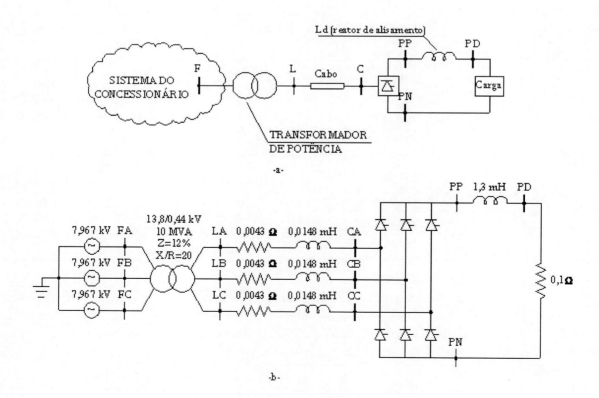

FIGURA 8 - ESQUEMA UTILIZADO NAS SIMULAÇÕES

O diagrama de impedâncias mostrado na figura 8.b representa o sistema da figura 8.a em uma condição ideal, ou seja, sistema equilibrado com reator de alisamento (Ld), mostra-se a seguir as situações a, b, c e d que divergem de uma condição idealizada.

a. O fato de o reator de alisamento (Ld) ter um valor finito contribui para provocar ondulações nas correntes de fase do lado alternado, que serão responsáveis pelos harmônicos não característicos. A figura 9 mostra o resultado da forma de onda de corrente na fase a do secundário do transformador do retificador mostrado na figura 8;

b. As tensões do sistema de alimentação sempre apresentam um desbalanceamento ou distorção na forma de onda. O ângulo de disparo dos thyristores normalmente é realizado a partir do ponto de interseção de duas tensões do lado alternado ou de uma tensão de nível constante também do lado de corrente alternada. Se as tensões se apresentarem desbalanceadas ou distorcidas por harmônicos de tensão, os pontos de interseção não estarão igualmente espaçados e, em consequência, os instantes de disparo dos thyristores não serão equidistantes. A figura 10 ilustra o caso para o sistema da figura 8 com tensões desbalanceadas de 5%;

c. As impedâncias do sistema de suprimento de energia elétrica, transformador/conversor, cabos, etc., são diferentes nas três fases, provocando harmônicos não característicos. A figura 11 mostra a corrente no lado secundário do transformador de um retificador para diferenças de reatância nos cabos de 3%;

d. Os sistemas de controle do ângulo de disparo dos thyristores frequentemente apresentam pequenos erros. A consequência é que aparecem harmônicos característicos e não característicos. Observe a figura 12.

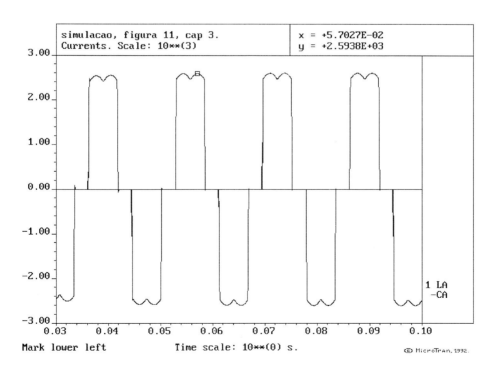

FIGURA 9 - FORMA DE ONDA DA CORRENTE NA FASE A PARA O SISTEMA DA FIGURA 8 CONSIDERANDO A INDUTÂNCIA DO REATOR DE ALISAMENTO (Ld) DE 1.3 [mH]

94 • CAPACITORES DE POTÊNCIA E FILTROS DE HARMÔNICOS

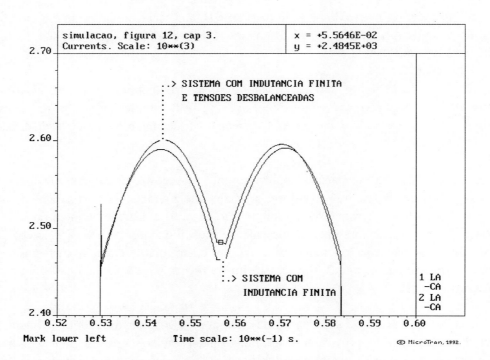

FIGURA 10 - AMPLIAÇÃO DO TRECHO DA FORMA DE ONDA DA CORRENTE NA FASE A PARA O SISTEMA DA FIGURA 8 CONSIDERANDO A INDUTÂNCIA DO REATOR DE ALISAMENTO (Ld) DE 1,3 [mH] E TENSÕES DA FONTE DESBALANCEADAS EM 5%

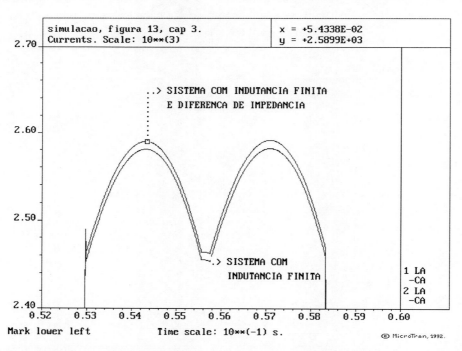

FIGURA 11 - IDEM FIGURA 10, PORÉM COM DIFERENÇAS DE IMPEDÂNCIA NOS CABOS DE ALIMENTAÇÃO DE 3%

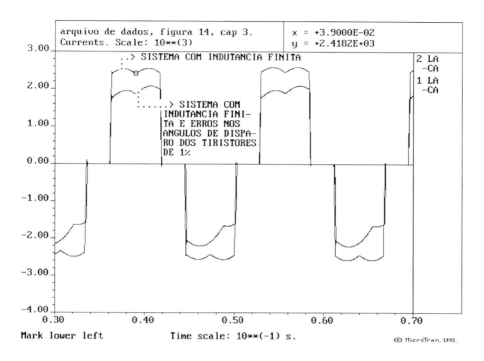

FIGURA 12 - FORMA DE ONDA DA CORRENTE NA FASE A PARA O SISTEMA DA FIGURA 8 CONSIDERANDO A INDUTÂNCIA DO REATOR DE ALISAMENTO (Ld) DE 1,3 [mH] E OS CABOS COM DIFERENÇAS DE REATÂNCIAS DE 3%

Como mostrado, os conversores distorcem as formas de onda da corrente cujas ordens e amplitudes são dependentes do tipo de imperfeição que o sistema alimentador/conversor apresenta. Estas imperfeições provocam o aparecimento de harmônicos não característicos que não são previstos pela série trigonométrica de Fourier.

4.1.2 - COMPENSADORES ESTÁTICOS

Os reatores controlados através de thyristor têm sido usados principalmente em sistemas de distribuição industrial para controlar o valor eficaz da tensão e equilibrar a corrente no sistema elétrico. Ao mesmo tempo consegue evitar o efeito da cintilação («flicker»), melhorando ainda o fator de potência. A figura 13 mostra um compensador estático.

Os compensadores do tipo reator controlado a thyristor apresentam o valor eficaz para os harmônicos de correntes característicos, desprezando-se os efeitos resistivos do sistema com fonte ideal de tensão, como mostra a equação (12):

$$I_n = \frac{4}{\pi} \cdot \frac{U}{X_R} \left[\frac{\operatorname{sen}\left[(n+1).\alpha\right]}{2.(n+1)} + \frac{\operatorname{sen}\left[(n-1).\alpha\right]}{2.(n-1)} - \cos(\alpha)\frac{\operatorname{sen}(n\alpha)}{n} \right] \qquad (12)$$

Onde:

- n: 3,5,7...;
- U: Tensão fundamental fase-fase;
- X_R: Reatância total indutiva de cada reator por fase;
- α: Ângulo de disparo dos thyristores ($90^0 £ \ α £ \ 180^0$).

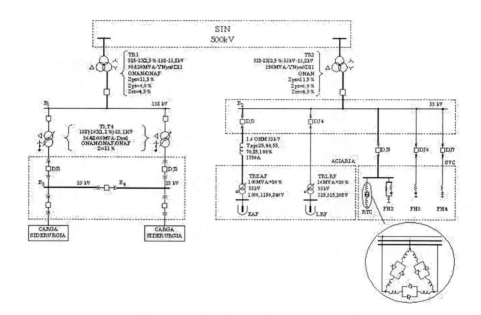

FIGURA 13 - DIAGRAMA UNIFILAR SIMPLIFICADO DE COMPENSADOR ESTÁTICO APLICADO AO FORNO A ARCO

Notar na figura 13 que os disjuntores DJ6 e DJ7 não estão internos a um painel, pois os bancos de capacitores neste tipo de aplicação são de alta potência e necessitam de disjuntores com tensão de restabelecimento transitória bastante elevada. Da mesma forma o disjuntor (DJ5) do compensador estático do tipo Reator Controlado por Thyristor (RTC da sigla em inglês) também deve ter seu grau de sobre dimensionamento.

Para o sistema mostrado na figura 13 as demandas são variáveis e em dado momento obteve-se as seguintes ordens de grandeza:

- Demanda da área de siderurgia: 40 [MW] e 20 [Mvar];
- Demanda do forno a arco elétrico (EAF sigla em inglês): 80 [MW] e 60 [Mvar];
- Demanda do forno panela (LRF sigla em inglês): 10 [MW] e 10 [Mvar];
- Potência reativa do RCT: 85 [Mvar];
- Potência reativa do filtro de segundo harmônico 35 [Mvar];
- Potência reativa do filtro de quarto harmônico 25 [Mvar];
- Potência reativa do filtro de sétimo harmônico 15 [Mvar].

A tabela 4 mostra as amplitudes típicas dos harmônicos de correntes presentes em um reator controlado a thyristor (RCT).

TABELA 4 - AMPLITUDES DOS HARMÔNICOS DE UM COMPENSADOR ESTÁTICO PARA CHA-VEAMENTO DE REATOR [33]			
ORDEM DO HARMÔ-NICO PRESENTE	AMPLITUDE DO HARMÔNICO EM PERCENTAGEM	ORDEM DO HARMÔ-NICO PRESENTE	AMPLITUDE DO HARMÔNICO
1	100,00	15	0,57
3	13,78	17	0,44
5	5,05	19	0,35
7	2,59	21	0,29
9	1,57	23	0,24
11	1,05	25	0,20
13	0,75		

4.1.3 - TRANSFORMADORES

No passado os transformadores eram considerados como uma fonte razoável e significativa de harmônicos, principalmente o terceiro e seus múltiplos ímpares. Atualmente, os transformadores de potência praticamente não distorcem as formas de onda de tensão e corrente em condições normais de operação quando se compara com os sistemas que utilizam eletrônica de potência (retificadores, inversores de frequência, etc.).

A corrente suprida ao transformador na condição denominada a vazio (isto é, sem carga no lado secundário) é não senoidal, ou seja, apresenta harmônicos. Isto ocorre devido à relação não linear entre o fluxo magnético (f) e a corrente de excitação (I) suprida ao transformador. Esta análise é mostrada no capítulo VI, item 5.

Dependendo da conexão (estrela ou triângulo) que o transformador apresenta no lado de sua energização, alguns harmônicos são mais acentuados. Por exemplo, se o lado primário de onde se energiza o transformador em vazio (isto é, sem carga no lado secundário) está conectado em estrela aterrada, o terceiro harmônico é em geral o componente de maior amplitude que está presente na forma de onda da corrente. A percentagem de harmônicos presentes no sinal de correntes a vazio depende da tensão aplicada ao transformador (que define a intensidade de fluxo magnético) e das características construtivas do mesmo. Para valores de densidade de fluxo de transformadores de potência (lado estrela aterrada) com 1,4 Tesla na tensão nominal, o terceiro e quinto harmônicos na corrente de magnetização chegam a 42% e 18% respectivamente [29].

Ao elevar a tensão aplicada a um transformador de potência, os harmônicos presentes na corrente de magnetização aumentam. Todavia, a conexão do transformador no lado da fonte de energia altera o efeito dos harmônicos no sistema de suprimento de energia. De um modo geral, transformadores de potência conectados em triângulo não permitem que os harmônicos de terceira ordem e seus múltiplos ímpares circulem pela rede de suprimento de energia na condição a vazio, apenas circulam os harmônicos de corrente de ordem 5°, 7°, 11°, 13°, 17°, 19°, etc.

Notar nas figuras 14.a, 14.b e 14.c as formas de onda da corrente em regime permanente obtidas ao se efetuar o suprimento de energia de um transformador sem carga (em vazio) de três enrolamentos. As formas de onda a seguir foram obtidas por simulação considerando o suprimento de energia pelo lado primário, secundário e terciário.

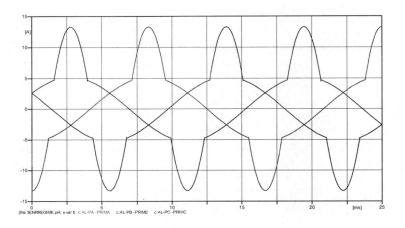

-a-

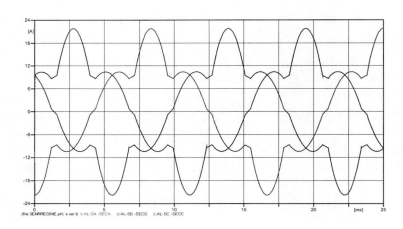

-b-

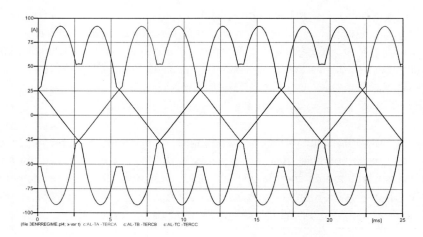

-c-

FIGURA 14 - FORMA DE ONDA DA CORRENTE EM REGIME PERMANENTE DE UM TRANSFORMADOR A VAZIO COM TRÊS ENROLAMENTOS a - Simulação pelo lado primário em 138 [kV], conexão estrela aterrada;

b - Simulação pelo lado secundário em 69 [kV]), conexão estrela isolada;

c - Simulação pelo lado terciário em 13,8 [kV], conexão delta.

Os resultados apresentados nas figuras 14.a, 14.b e 14.c foram obtidos através de simulação de um transformador trifásico com três enrolamentos com as seguintes características:

Potência nominal (SN)..100 MVA

Tensão nominal primária (U1N))...138 kV

Tensão nominal secundária (U2N))...69 kV

Tensão nominal terciária (U3N))...13,8 kV

Impedância percentual entre primário e secundário $Z\%_{1-2}$ (base 100 [MVA]))..........................12%

Impedância percentual entre primário e terciário $Z\%_{1-3}$ (base 100 [MVA]))...............................8%

Impedância percentual entre secundário e terciário $Z\%_{2-3}$ (base 100 [MVA]))............................6%

A tabela 5 apresenta a curva de saturação que é típica e foi adotada para o transformador em análise. A mesma está simulada através de quatro segmentos.

TABELA 5 - CURVA DE SATURAÇÃO	
U_0 [%]	I_0 [%]
90	0,8
100	1,5
110	3,0
120	6,0

A tabela 6, a seguir, ilustra os harmônicos de correntes presentes em cada forma de onda da fase **a** mostradas nas figuras 14.a, 14.b e 14.c.

TABELA 6 - HARMÔNICOS DE CORRENTE NA FASE **a** DAS FORMAS DE ONDA MOSTRADAS NAS FIGURAS 14.a, 14.b E 14.c			
h Ordem do harmônico	% da fundamental Figura 14.a	% da fundamental Figura 14.b	% da fundamental Figura 14.c
1 (fundamental)	100	100	100
3	30,7	5,01	0,05
5	21,39	21,09	21,14
7	11,21	11,15	11,14
9	2,91	0,53	0,01
11	1,90	1,79	1,85
13	3,13	3,09	3,11
15	1,99	0,34	0,01

A distorção da corrente em transformadores de potência é significativa nos seguintes casos:

- Na madrugada, habitualmente, quando os transformadores estão subcarregados e as tensões são mais elevadas;

- No período transitório, durante a re-energização do transformador o fluxo residual do núcleo magnético aumenta a distorção da corrente e são gerados harmônicos pares e ímpares, por vários ciclos e com amplitudes variadas;

- Pela conexão ao transformador suprindo determinadas cargas que provocam assimetria da corrente de magnetização. Neste caso, além dos componentes harmônicos de ordem ímpar também existirão os de ordem par na corrente em vazio do transformador.

4.1.4 - MOTORES DE INDUÇÃO

Colocam-se os motores de indução na categoria dos equipamentos que praticamente não distorcem as formas de onda da corrente, pois se considera a operação do sistema onde o motor está conectado em condições normais de operação. Em condições *anormais*, os harmônicos com amplitudes variáveis no tempo estão presentes. Um exemplo de harmônicos de corrente típica produzidos por um motor de indução com rotor bobinado de 6 polos em 50 [Hz], funcionando a uma velocidade de 90% da nominal está mostrado na tabela 7 [39] para diversas condições anormais de operação.

TABELA 7 - HARMÔNICOS DE CORRENTES TÍPICAS DE UM MOTOR DE INDUÇÃO DE ROTOR BOBINADO [39]		
FREQUÊNCIA (Hz)	CORRENTE EM % DA FUNDAMENTAL	OBSERVAÇÕES
20	3,0	POLO DESBALANCEADO
40	2,4	FASE DE ROTOR DESBALANCEADA
50	100,0	FUNDAMENTAL
80	2,3	POLO DESBALANCEADO
220	2,9	5 E 7 HARMÔNICOS
320	3,0	
490	0,3	11 E 13 HARMÔNICOS
590	0,4	

4.1.5 - FORNOS ELÉTRICOS A ARCO

Uma das cargas especiais mais importantes em um sistema elétrico é o forno a arco, pois normalmente é de alta potência, se concentra em um determinado ponto do sistema e apresenta baixo fator de potência com alta intensidade de harmônicos.

Os fornos elétricos a arco direto são largamente utilizados nas instalações industriais destinadas a realizar fusões de metais já utilizados (sucatas) para produzir aço, aço inoxidável, aço silício, etc.

O forno a arco normalmente opera com baixo fator de potência para manter o arco elétrico destinado à fusão estável. No caso de fornos monofásicos, o arco estável é conseguido quando o fator de potência é menor que 0,65 e fornos trifásicos com fator de potência inferior a 0,85 [68].

As figuras 15 e 16 mostram o comportamento da tensão antes e após o início da fusão do aço em um forno elétrico a arco.

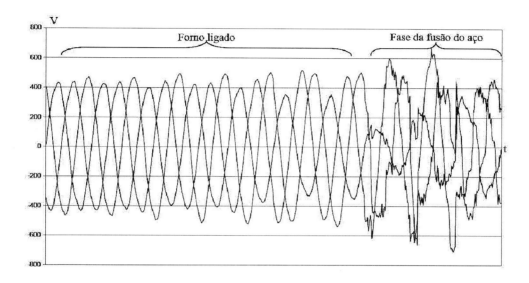

FIGURA 15 - FORMA DE ONDE DA TENSÃO EM FUNÇÃO DO TEMPO DE UM FORNO ELÉTRICO A ARCO NO INÍCIO DO PROCESSO DE FUSÃO [20]

A figura 16 mostra o comportamento da tensão durante o processo normal da fusão do aço em um forno elétrico a arco.

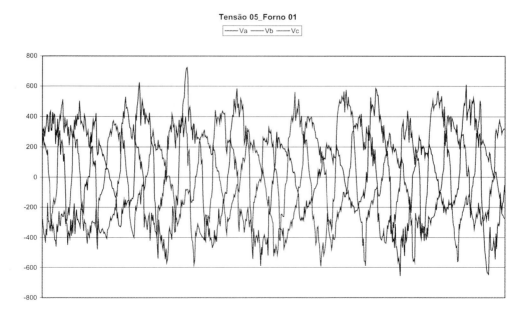

FIGURA 16 - FORMA DE ONDE DA TENSÃO EM FUNÇÃO DO TEMPO DE UM FORNO ELÉTRICO A ARCO EM OPERAÇÃO [20]

A figura 17 mostra o comportamento da corrente durante o processo normal de fusão do aço em um forno elétrico a arco.

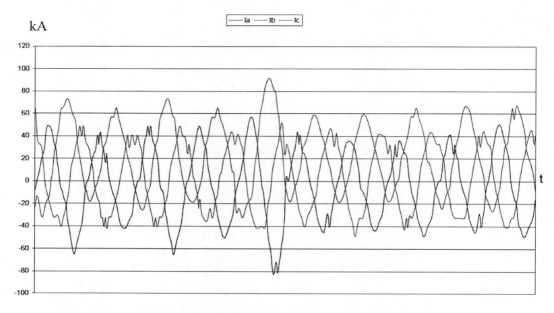

FIGURA 17 - COMPORTAMENTO DA CORRENTE DE UM FORNO A ARCO EM OPERAÇÃO [20]

Conforme [68], o fator de potência de um forno a arco monofásico pode ser determinado a partir das correntes de operação e de curto-circuito, conforme mostra a equação a seguir.

$$FP = 0,828\sqrt{1-\left(\frac{I}{I_{cc}}\right)^2} \qquad (13)$$

Todavia, para um forno a arco trifásico, tem-se:

$$FP = \sqrt{\frac{1-\left(\frac{I}{Icc}\right)^2}{1,195}} \qquad (14)$$

Onde:

- I: Corrente absorvida pelo forno;
- Icc: Corrente de curto-circuito;
- FP: Fator de potência.

Os gráficos das figuras 18 e 19 mostram o comportamento do fator de potência com relação à corrente do forno a arco monofásico e trifásico respectivamente. Observe que à medida que a corrente do arco aumenta (corrente de carga) o fator de potência diminui.

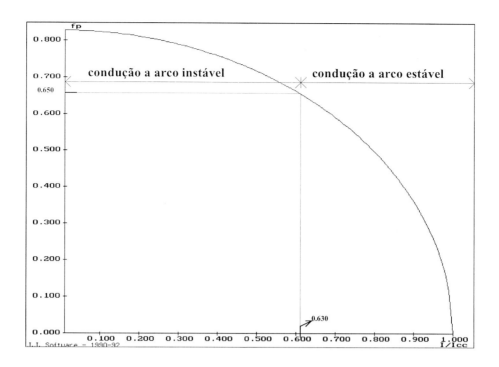

FIGURA 18 - CURVA CARACTERÍSTICA DE UM FORNO A ARCO MONOFÁSICO (RESISTÊNCIA DA CARGA NÃO LINEAR)

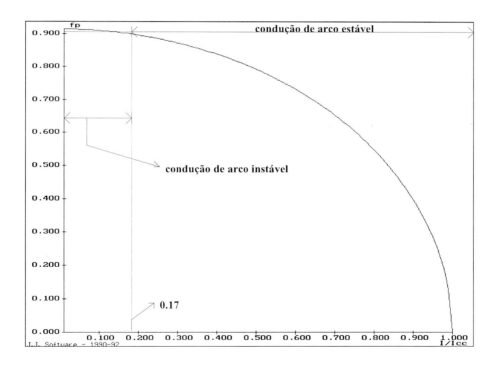

FIGURA 19 - CURVA CARACTERÍSTICA DE UMA FASE DE UM FORNO A ARCO TRIFÁSICO (RESISTÊNCIA DA CARGA NÃO LINEAR)

O fator de potência de um forno elétrico a arco para a produção de aço passa por dois períodos distintos: o período de fusão e de refino [68]. No período de fusão o forno trifásico funciona em escala média, a uma potência ativa de 1,2 vezes aproximadamente da nominal de funcionamento do forno e com o fator de potência compreendido entre 0,75 a 0,85, conforme a seguir [20]:

- Entre 0,85 e 0,80 - para pequenos fornos;
- Entre 0,80 e 0,75 - para fornos médios;
- Entre 0,75 e 0,65 - para fornos grandes.

No período de refino, onde os eletrodos trabalham sobre o material já fundido, o forno trifásico opera com 25 a 30% de sua potência ativa nominal, com fator de potência compreendido entre 0,85 a 0,90.

Pelo exposto, nota-se que o forno deve ser operado com baixo fator de potência para assegurar uma operação estável do arco, principalmente no começo do período de fusão.

As correntes de um forno são desbalanceadas, distorcidas e variam suas amplitudes a cada meio ciclo, ocorrência não só do retardo do início mas também devido a resistência do arco ser não linear (existem ainda outros fenômenos, tais como movimento aleatório do arco, sob a influência de forças eletromagnéticas, correntes de convecção e movimento dos eletrodos). Nos fornos elétricos a arco existem também os harmônicos de corrente com frequência inferior a 60 [Hz], conforme mostra a figura 20 [20]. Observa-se na figura 20 que existem praticamente todos os harmônicos nas mais diversas frequências. O valor do componente em Corrente Contínua (DC) com frequência zero (0 [Hz]) é função da assimetria (vide figura 17) entre os semi ciclos positivos e negativos existentes na forma de onda da corrente de cada fase.

A forma de onda da corrente apresentada na figura 18 tende a ser mais severa durante os primeiros 5 minutos de um ciclo de fusão, quando os eletrodos de grafite estão começando a fundir a carga. À medida que aumenta a quantidade de metal fundido, o arco torna-se mais curto e mais estável e, subsequentemente o período de refino é caracterizado por correntes mais firmes, com distorção de menor amplitude relativa.

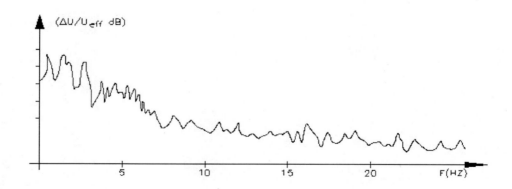

FIGURA 20 - ESPECTRO TÍPICO DOS HARMÔNICOS DE CORRENTE EM UM FORNO A ARCO ENTRE 0 A 20 [Hz] (VIDE [20])

A tabela 8 mostra os harmônicos de correntes de um forno a arco em dois processos típicos para dois processos de fusão.

TABELA 8 - ILUSTRAÇÃO DE CONTEÚDO HARMÔNICO TÍPICO DE CORRENTE DE FORNO A ARCO, EM DOIS ESTÁGIOS DO CICLO DE FUSÃO [33]						
	HARMÔNICO DE CORRENTE (PERCENTAGEM DA FUNDAMENTAL)					
CONDIÇÃO DO FORNO	ORDEM DO HARMÔNICO	2	3	4	5	7
FUSÃO INICIAL (ARCO ATIVO)		7,7	5,8	2,5	4,2	3,1
REFINO (ARCO ESTÁVEL)			2,0		2,1	

4.1.6 - ILUMINAÇÃO FLUORESCENTE

Iluminação de descarga, tais como lâmpadas fluorescentes, a vapor de mercúrio e a vapor de sódio de alta pressão, apresentam características totalmente não lineares, e por isso distorcem as formas de onda da tensão e corrente. A tabela 9 mostra os harmônicos de tensão e de corrente de duas lâmpadas fluorescentes de 40 [W] cada uma, com um reator de 127 [V], corrente nominal de 0,560 [A] e fator de potência 0,50 capacitivo. Ainda na tabela 8 encontram-se os resultados obtidos para uma lâmpada fluorescente compacta de 14 [W] tensão nominal 127 [V] e corrente nominal de 195 [mA]. As formas de onda das correntes obtidas nestes dois casos estão mostradas nas figuras 21.a e 21.b.

Observa-se na tabela 9 nas colunas correspondentes que o terceiro harmônico de corrente para as duas lâmpadas fluorescentes de 40 [W] chega a ficar superior ao componente fundamental (102,13%), enquanto para a lâmpada compacta o harmônico de terceira ordem atingiu 72,52%. As distorções totais de corrente para os dois tipos de lâmpadas ficaram superiores a 100%.

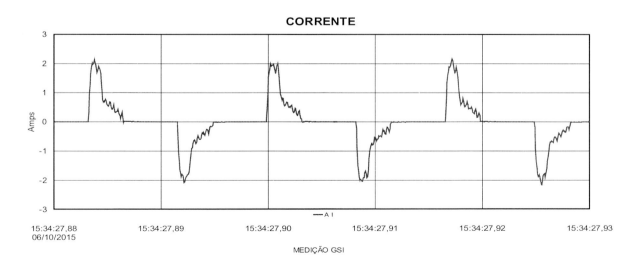

-a-

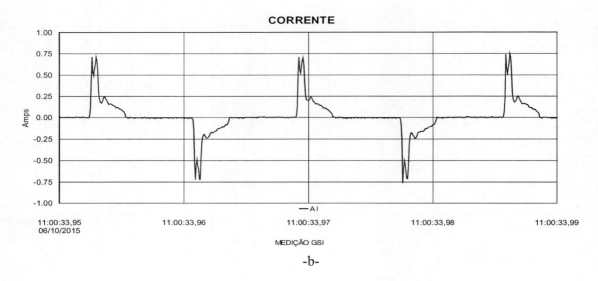

FIGURA 21 - FORMAS DE ONDA DA CORRENTE:

a - Duas lâmpadas fluorescentes com reator;
b - Lâmpada fluorescente compacta.

4.1.7 - COMPUTADORES

O uso de computadores em instalações residenciais, comerciais e industriais, ou seja, em todos os ambientes tem sido elevado significativamente nos últimos anos. A forma de onda da corrente típica de um computador com potência de 280 [W], tensão nominal de 127 [V] e corrente nominal de 6 [A] está mostrada na figura 22. Os harmônicos de tensão e corrente determinados para este equipamento são mostrados na tabela 9.

Observa-se na tabela 9, nas colunas correspondentes, que o terceiro harmônico de corrente para o computador analisado fica próximo a 80%, ou seja, mais da metade do componente fundamental. A distorção total da corrente neste caso similarmente ao item 4.1.6 ficou superior a 100%.

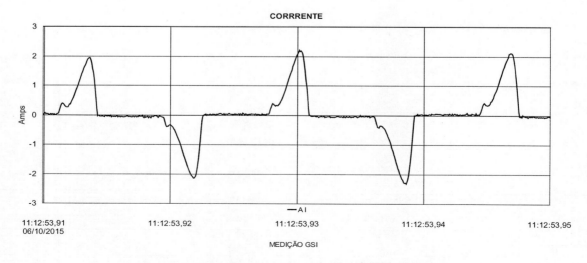

FIGURA 22 - FORMA DE ONDA DE CORRENTE DE UM COMPUTADOR

TABELA 9 - MEDIÇÃO DE HARMÔNICOS DE TENSÃO E CORRENTE EM LÂMPADAS E COMPUTADORES					
n (ordem do harmônico)	Duas lâmpadas fluorescentes de 40 [W] cada		Lâmpada fluorescente compacta de 14 [W]		Computador
	U_n [%]	I_n [%]	U_n [%]	I_n [%]	U_n [%]	I_n [%]
1	100,0	100,0	100,0	100,0	100,0	100,0
2	0,05	0,70	0,12	0,46	0,45	3,29
3	2,51	102,13	2,37	72,52	2,50	77,90
4	0,05	0,86	0,06	0,64	0,22	2,76
5	1,22	65,53	0,91	43,17	1,10	49,13
6	0,03	0,69	0,04	0,60	0,13	1,91
7	0,86	54,21	0,96	38,10	0,82	31,94
8	0,03	0,98	0,05	0,61	0,11	1,52
9	0,49	41,48	0,48	38,82	0,55	22,19
10	0,03	1,01	0,02	0,80	0,06	1,31
11	0,09	22,67	0,16	31,33	0,13	11,58
12	0,02	0,97	0,03	0,83	0,07	1,02
13	0,22	13,81	0,16	27,49	0,15	10,39
14	0,03	1,43	0,03	0,87	0,06	1,09
15	0,43	8,07	0,49	27,31	0,54	10,24
(1)	3,01	**141,99**	2,81	**112,11**	3,01	**101,83**
(2)	128,07	0,50	128,36	0,18	127,66	0,71

Notas:

1. Linha da tabela com as **distorções totais** de tensão (FDU em %) e de **corrente (FDI em %)** respectivamente (as definições de FDU e FDI encontram-se no Capítulo II);

2. Linha da tabela com os valores RMS de tensão em [V] e de corrente em [A] respectivamente.

4.1.8 - MÁQUINAS DE SOLDA

Máquinas de solda são cargas com fortes índices de harmônicos podendo produzir interferências em equipamentos.

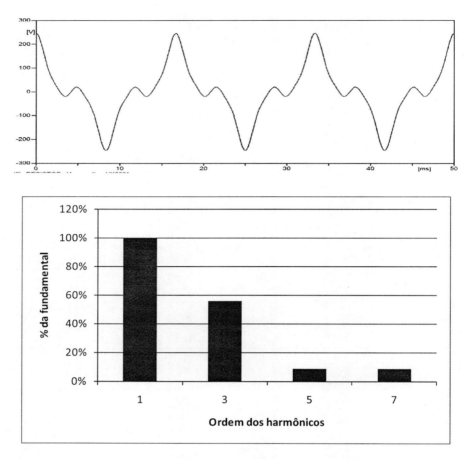

FIGURA 23 - FORMA DE ONDA E ESPECTRO DE CORRENTE DE UMA MÁQUINA DE SOLDA [37]

5 - EFEITOS DOS HARMÔNICOS

São várias as interferências provocadas pelos harmônicos de corrente nos sistemas e equipamentos elétricos. Resumidamente, conforme ([1], [29] e [35]), pode-se ter:

- Nos sistemas elétricos, os harmônicos de corrente mesmo com intensidades reduzidas em relação à fundamental resultam em quedas de tensão significativas. As tensões ficarão distorcidas e por vezes desbalanceadas;

- A existência dos harmônicos de tensão e corrente resultam em um baixo fator de potência nas instalações elétricas;

- Sistemas elétricos que contenham harmônicos de corrente podem induzir harmônicos de tensão em sistemas de telefonia fixa via cabo, provocando ruídos;

- Distorção da tensão nos sistemas de alimentação interfere nos circuitos de disparo e controle das próprias pontes conversoras comutadas pela rede;

- Nas máquinas rotativas, os harmônicos de tensão e corrente resultam no aumento de perdas nos enrolamentos do estator, circuitos do rotor e lâminas do estator e do rotor, e também podem produzir um torque pulsante;

- Transformadores na presença de harmônicos aumentam as perdas por histerese e correntes parasitas e amplia os esforços na isolação;

- Os controladores de demanda, que usam a eletrônica digital, são suscetíveis à má operação devido à presença de harmônicos;

- Nos relés de proteção, os harmônicos podem alterar suas características de operação;

- Os medidores de energia a disco de indução apresentam erros de medição;

- Nos fusíveis, os harmônicos produzem alterações desfavoráveis da curva de atuação;

- Nos capacitores, a reatância do capacitor varia de forma inversa com a frequência. Assim, quando um capacitor é submetido a uma frequência acima da nominal, constituirá um caminho de fácil circulação para correntes elevadas. Com isso, os harmônicos de corrente podem provocar perdas elevadas nos capacitores, resultando em sobrecargas que, acima de 35% do valor nominal danificam as unidades capacitivas.

6 - RECOMENDAÇÕES

O aumento considerável de cargas não lineares, que provocam distúrbios nos sistemas elétricos, fez com que órgãos responsáveis pelas legislações, em cada país, tomassem providências para limitar as distorções devido aos harmônicos de corrente e tensão.

Serão apresentadas, a seguir, a recomendação do IEEE [33] e a recomendação brasileira sobre as distorções devidas aos harmônicos.

6.1 - RECOMENDAÇÃO DO IEEE Sd 519-1992

As tabelas 10, 11 e 12 mostram os limites de distorção da tensão e corrente da recomendação do IEEE std 519-1992 [33].

TABELA 10- LIMITE DA DISTORÇÃO DA TENSÃO DA RECOMENDAÇÃO DO IEEE [33]		
TENSÃO NO PAC	LIMITE DA DISTORÇÃO INDIVIDUAL DA TENSÃO (%)	LIMITE DA DISTORÇÃO TOTAL DA TENSÃO (%)
69[kV] E ABAIXO	3,0	5,0
69,001[kV] E ATÉ 161 [kV]	1,5	2,5
161,001[kV] E ACIMA	1,0	1,5

TABELA 11 - LIMITES MÁXIMOS DOS HARMÔNICOS DE CORRENTE INDIVIDUAIS EM % DA FUNDAMENTAL PARA SISTEMAS DE 120 [V] ATÉ 69 [kV], CONFORME [33]

I_{SC}/I_L	< 11	$11 \leq n < 17$	$17 \leq n < 23$	$23 \leq n < 35$	≥ 35	TDD
< 20	4,0	2,0	1,5	0,6	0,3	5,0
20 < 50	7,0	3,5	2,5	1,0	0,5	8,0
50 < 100	10,0	4,5	4,0	1,5	0,7	12,0
100 < 1000	12,0	5,5	5,0	2,0	1,0	15,0
> 1000	15,0	7,0	6,0	2,5	1,4	20,0

TABELA 12 - LIMITES MÁXIMOS DOS HARMÔNICOS DE CORRENTE INDIVIDUAIS EM % DA FUNDAMENTAL PARA SISTEMAS DE 69,01 [kV] ATÉ 161 [kV], CONFORME [33]

I_{SC}/I_L	< 11	$11 \leq n < 17$	$17 \leq n < 23$	$23 \leq n < 35$	≥ 35	TDD
< 20	2,0	1,0	0,75	0,3	0,15	2,5
20< 50	3,5	1,75	1,25	0,5	0,25	4,0
50< 100	5,0	2,25	2,0	0,75	0,35	6,0
100 < 1000	6,0	2,75	2,5	1,0	0,5	7,5
> 1000	7,5	3,5	3,0	1,25	0,7	10,0

Onde:

- PAC: Ponto de acoplamento entre o consumidor e o concessionário de energia;
- I_{SC}: Corrente de curto-circuito do PAC;
- I_L: Demanda máxima de corrente da carga para o PAC;
- TDD: Fator de distorção total da corrente.

A recomendação do IEEE limita a distorção total dos harmônicos no PAC, sem levar em consideração cada consumidor individualmente. Recomendação dessa natureza dá ao primeiro consumidor uma grande vantagem com relação aos demais, já que o limite admissível de distorção que este pode proporcionar ao PAC é maior que dos demais que vierem a se instalar no mesmo lado posteriormente.

Como exemplo, consideram-se três consumidores que tenham cargas elétricas especiais, as quais produzem distorção no PAC. Tem-se para uma barra de 69 [kV] uma distorção máxima de 5%. O primeiro consumidor provocou uma distorção de 1,5%, o segundo uma distorção de 2,4% e o terceiro a se instalar, uma distorção de 1,1%, logo os 5% admissível para o PAC é atingido. Se um quarto consumidor for instalar um equipamento, ele não poderia adicionar qualquer distorção a esse PAC, consequentemente seus investimentos na incorporação de filtros de harmônicos nas suas instalações seriam elevados.

6.2 - RECOMENDAÇÃO BRASILEIRA

No Brasil (em 2017) os procedimentos para a limitação dos harmônicos encontraram-se nas referências [26], [27] e [28]. Estes critérios e procedimentos fornecem elementos que permitem o concessionário avaliar a qualidade de serviço quanto à intensidade de harmônicos, controlar as perturbações causadas pelas cargas não lineares em operação e quantificar o impacto da instalação ou ampliação de cargas que distorcem as formas de onda da tensão e corrente no horizonte de planejamento, identificando a necessidade de medidas corretivas. Além disso, possibilita aos consumidores adequarem os seus equipamentos e sistemas de processos ao padrão de serviço garantido pelo concessionário.

6.2.1 - RESPONSABILIDADE

O controle da intensidade dos harmônicos nos sistemas elétricos é de interesse de todas as partes envolvidas, ou seja, consumidor, o concessionário de energia e o fabricante dos equipamentos que distorcem as formas de onda.

Como regra geral, para manter o bom relacionamento entre consumidor e concessionário, a instalação de uma nova carga com características especiais em conjunto com a instalação existente, deve ser tratada da mesma forma que uma carga nova, ou seja:

AMPLIAÇÃO DE CARGA + CARGAS EXISTENTES = CARGA NOVA.

6.2.2 - RESPONSABILIDADES DAS PARTES ENVOLVIDAS

As partes envolvidas possuem responsabilidades para que se possa minimizar os níveis de harmônicos. As competências das partes envolvidas são:

a - Compete aos Concessionários de energia elétrica:

a.1 - Fornecer dados sobre o seu sistema elétrico para estudos do consumidor para os cenários atuais e futuros;

a.2 - Analisar e aprovar a conexão de novos consumidores com base nas características de cargas especiais e nos projetos de medidas mitigadoras apresentadas pelo consumidor;

a.3 - Verificar se a conexão de uma nova carga especial causará transtornos a consumidores existentes e tomar providências no sentido de evitá-la;

a.4 - Aplicar os critérios de conexão (limites de tensão e corrente) no ponto de entrega dos novos consumidores;

a.5 - Preservar os interesses dos concessionários interligados ou supridores para que os seus sistemas elétricos não venham a sofrer transtornos quando da conexão de cargas especiais no seu sistema;

a.6 - Monitorar e garantir intensidade aceitável de harmônicos no seu sistema elétrico (nível de compatibilidade);

a.7 - Arcar com medidas mitigadoras caso o consumidor atenda os critérios estabelecidos pelo concessionário e o sistema elétrico venha a sofrer modificações não previstas;

a.8 - Arcar com medidas mitigadoras para a manutenção das intensidades de harmônicos dentro dos limites aceitáveis, quando for de sua responsabilidade;

a.9 - Exigir do consumidor, sempre que julgar necessário, comprovação de que as correntes geradas estão de acordo com as fornecidas na fase de projeto e que os equipamentos de mitigação encontram-se em operação e dentro das especificações.

b - Compete aos Consumidores com cargas especiais:

b.1 - Atender os critérios aplicados pelo concessionário;

b.2 - Fornecer os dados a respeito da carga, solicitados pelo concessionário;

b.3 - Estudar e projetar os equipamentos de mitigação necessários;

b.4 - Submeter tais projetos à avaliação do concessionário.

c - Compete aos Consumidores em geral:

c.1 - Especificar todos os seus equipamentos de forma coerente com os limites de compatibilidade convencionados.

d - Compete aos Fabricantes das cargas elétricas especiais:

d.1 - Desenvolver equipamentos com susceptibilidade coerente com os limites de compatibilidade convencionados;

d.2 - Conter a emissão de harmônicos de corrente de seus equipamentos, através de medidas mitigadoras, de modo a evitar a proliferação dos harmônicos.

6.2.3 - LIMITES PRODIST

Conforme Submódulo 8 dos Procedimentos de Distribuição (PRODIST) (vide [26]), no Brasil (em 2017) a intensidade dos harmônicos de tensão, deve ser limitada de acordo com as tabelas 13 e 14.

Os limites podem ser globais ou individuais. Os limites globais são os valores máximos estabelecidos para os harmônicos de tensão e distorção total em qualquer barra do sistema elétrico, causada pela operação conjunta de todos os consumidores e equipamentos do próprio concessionário, servindo como garantia da qualidade da tensão fornecida aos consumidores. A partir dos harmônicos existentes de cada consumidor, deve ser realizada uma avaliação exata dos valores globais dos harmônicos após a entrada de uma nova carga elétrica especial. De modo a simplificar e viabilizar essa avaliação estabeleceu-se o conceito de limites por consumidor, como sendo os valores máximos admissíveis para os harmônicos de tensão e distorção total dos harmônicos provocados no sistema elétrico do concessionário por um único consumidor.

As tabelas 13 e 14, respectivamente, apresentam os limites para os harmônicos de tensão individuais e para a distorção total. Esses limites não devem ser excedidos em nenhum ponto do sistema elétrico.

TABELA 13 - VALORES DE REFERÊNCIA DAS DISTORÇÕES TOTAIS DE TENSÃO EM PORCENTAGEM DA FUNDAMENTAL (vide [65])	
Tensão Nominal do Barramento	Fator de Distorção Total da Tensão (FDU) [%]
U_N £ 1 kV	10
1 kV < U_N £ 13,8 kV	8
13,8 kV < U_N £ 69 kV	6
69 kV < U_N < 230 kV	3

TABELA 14 - VALORES DE REFERÊNCIA DAS DISTORÇÕES INDIDIVUAIS DE TENSÃO EM PORCENTAGEM DA FUNDAMENTAL (vide [65])					
n	DISTORÇÃO DO HARMÔNICO INDIVIDUAL DE TENSÃO [%]				
	$U_N \leq 1$ kV		1 kV $< U_N \leq 13,8$ kV	$13,8$ kV $< U_N \leq 69$ kV	69 kV $< U_N \leq 230$ kV
Ímpares não múltiplos de 3	5	7,5	6	4,5	2,5
	7	6,5	5	4	2
	11	4,5	3,5	3	1,5
	13	4	3	2,5	1,5
	17	2,5	2	1,5	1
	19	2	1,5	1,5	1
	23	2	1,5	1,5	1
	25	2	1,5	1,5	1
	>25	1,5	1	1	0,5
Ímpares múltiplos de 3	3	6,5	5	4	2
	9	2	1,5	1,5	1
	15	1	0,5	0,5	0,5
	21	1	0,5	0,5	0,5
	>21	1	0,5	0,5	0,5
Pares	2	2,5	2	1,5	1
	4	1,5	1	1	0,5
	6	1	0,5	0,5	0,5
	8	1	0,5	0,5	0,5
	10	1	0,5	0,5	0,5
	12	1	0,5	0,5	0,5
	>12	1	0,5	0,5	0,5

Nas tabelas 13 e 14 têm-se:

- FDU: Fator de distorção total da tensão;
- n: Ordem do harmônico;
- U_n: Tensão nominal de operação do sistema.

A conexão de uma carga não linear está condicionada também ao atendimento aos limites dos harmônicos de corrente injetados no ponto de entrega do consumidor.

Esses limites de corrente devem ser estabelecidos pelo concessionário, com base em estudos de penetração de harmônicos em sua rede, de forma a evitar que os limites de tensão por consumidor não sejam excedidos aos demais pontos do sistema, e não apenas no ponto de entrega.

6.2.4 - LIMITES DA REDE BÁSICA

Se o acesso do consumidor for na rede básica, ou seja, com tensão igual ou superior a 230 [kV] deve se referenciar aos Procedimentos de Rede do Operador Nacional do Sistema Elétrico (ONS) e particularmente ao submódulo 2.8 (vide [28]). Os limites da distorção de tensão para a avaliação do desempenho do sistema elétrico devem, de acordo com [28] (em 2017), atender aos seguintes limites:

6.2.4.1 - LIMITES GLOBAIS

a. Os limites globais inferiores correspondentes aos indicadores de tensão devido aos harmônicos individuais de ordens (n) 2 a 50, bem como ao indicador DTHTS95% estão apresentados na Tabela 15.1;

TABELA 15.1 - LIMITES GLOBAIS INFERIORES DE TENSÃO EM PORCENTAGEM DA TENSÃO FUNDAMENTAL							
U < 69 kV				U ≥ 69 kV			
ÍMPARES		PARES		ÍMPARES		PARES	
Ordem	Valor (%)	Ordem	Valor (%)	Ordem	Valor (%)	Ordem	Valor (%)
3, 5, 7	5%			3, 5, 7	2%		
		2, 4, 6	2%			2, 4, 6	1%
9, 11, 13	3%			9, 11, 13	1,5%		
		≥8	1%			≥8	0,5%
15 a 25	2%			15 a 25	1%		
≥27	1%			≥27	0,5%		
DTHTS95% = 6%				DTHTS95% = 3%			

b. Os limites globais superiores são determinados pela multiplicação dos limites globais inferiores correspondentes pelo fator (4/3). Por exemplo, os limites globais superiores relativos aos indicadores DTHTS95% para U < 69 [kV] e U ≥ 69 [kV] são, respectivamente, 8% e 4%;

c. Na definição desses limites, deve-se levar em consideração que, para cada ordem n do harmônico, a tensão resultante da distorção de corrente devido aos harmônicos em qualquer ponto do sistema é obtida com a combinação dos efeitos provocados por diferentes agentes, ou seja, empresas de geração de energia ou indústrias consumidoras e/ou com cogeração.

6.2.4.2 - LIMITES INDIVIDUAIS

a. Os limites individuais correspondentes às distorções de tensão devido aos harmônicos de ordens 2 a 50, bem como o limite total da distorção de tensão devido aos harmônicos (DTHTS95%), são apresentados na Tabela 15.2;

TABELA 15.2 - LIMITES INDIVIDUAIS EM PORCENTAGEM DA TENSÃO FUNDAMENTAL							
13,8 kV £ U < 69 kV				U ≥ 69 kV			
ÍMPARES		PARES		ÍMPARES		PARES	
Ordem	Valor (%)	Ordem	Valor (%)	Ordem	Valor (%)	Ordem	Valor (%)
3 a 25	1,5%			3 a 25	0,6%		
		todos	0,6%			todos	0,3%
≥27	0,7%			≥27	0,4%		
DTHTS95% = 3%				DTHTS95% = 1,5%			

DTHT - Distorção de Tensão Total devido aos Harmônicos.

b. No caso em que determinadas ordens de tensão individual e/ou a distorção de tensão total, devido aos harmônicos, variem de forma intermitente e repetitiva, os limites especificados podem ser ultrapassados em até o dobro, desde que a duração cumulativa acima dos limites contínuos estabelecidos não ultrapasse 5% do período de monitoração.

6.3 - OUTRAS LEGISLAÇÕES

Em outros países existem recomendações e normas relativas ao monitoramento da Qualidade de Energia Elétrica (QEE), vide [24], [25] e [33].

Em [25] pode-se observar a divisão da responsabilidade da emissão de harmônicos entre os consumidores e o concessionário. Neste caso, os limites de distorções de tensão no ponto de ligação são de responsabilidade do concessionário e os limites de distorção de corrente, neste mesmo ponto, são de responsabilidade dos consumidores o que pode ser observado através das tabelas 16 e 17.

TABELA 16 - RECOMENDAÇÃO DE DISTORÇÃO DE TENSÃO [25]		
Tensão no PAC	Distorção de tensão	
	Por consumidor [%]	Total [%]
Abaixo de 69 [kV]	3	5
69 a 138 [kV]	1,5	2,5
138 [kV] e acima	1	1,5

TABELA 17 - LIMITES DE DISTORÇÃO DOS HARMÔNICOS INDIVIDUAIS DA CORRENTE EM % DA FUNDAMENTAL (120V a 69KV) [33]						
ISC/IL	n < 11	11 <= n < 17	17 <= n < 23	23 <= n < 35	35 <= n	DHI_t
<20	4,0	2,0	1,5	0,6	0,3	5,0
20-50	7,0	3,5	2,5	1,0	0,5	8,0
50-100	10,0	4,5	4,0	1,5	0,7	12,0
100-1000	12,0	5,5	5,0	2,0	1,0	15,0
>1000	15,0	7,0	6,0	2,5	1,4	20,0

Na tabela 17 tem-se:

- ISC: Corrente de curto-circuito no Ponto de Acoplamento Comum (PAC);
- IL: Corrente da carga;
- n: Ordem do harmônico de corrente;
- DHI_t: Distorção total do harmônico de corrente.

Na tabela 18, que toma por base a referência [24], pode-se observar os limites das distorções de tensão a serem seguidas durante as medições em baixa tensão sob condições normais de operação.

116 · CAPACITORES DE POTÊNCIA E FILTROS DE HARMÔNICOS

TABELA 18 INTENSIDADE DOS HARMÔNICOS DE TENSÃO INDIVIDUAL PERMITIDOS EM REDES DE BAIXA TENSÃO, CONFORME [24]					
HARMÔNICOS ÍMPARES NÃO MÚLTIPLOS DE 3		HARMÔNICOS ÍMPARES MÚLTIPLOS DE 3		HARMÔNICOS PARES	
Ordem do Harmônico (n)	Harmônico de tensão (%)	Ordem do Harmônico (n)	Harmônico de tensão (%)	Ordem do Harmônico (n)	Harmônico de tensão (%)
5	6	3	5	2	2
7	5	9	1,5	4	1
11	3,5	15	0,3	6	0,5
13	3	21	0,2	8	0,5
17	2	>21	0,2	10	0,5
19	1,5			12	0,2
23	1,5			>12	0,2
25	1,5				
>25	0,2 + 0,5*25/n				

CAPÍTULO IV
CONEXÕES DOS BANCOS DE CAPACITORES

1 - INTRODUÇÃO

Considerando que os bancos de capacitores trifásicos são geralmente formados por unidades monofásicas é muito importante definir qual será o tipo de conexão a ser utilizada, pois são muitas as possibilidades que variam com a potência e a tensão nominal dos capacitores individuais e suas conexões em série e em paralelo.

Assim sendo, ao se projetar um banco de capacitores, deverão ser considerados diversos fatores, entre eles:

- Potência dos capacitores individuais;
- Número de capacitores paralelos por grupo;
- Número de grupos em série;
- Tipo de proteção dos capacitores individuais;
- Tipo de proteção do banco de capacitores;
- Forma de conexão do banco de capacitores.

Os tipos de conexões dos bancos de capacitores basicamente podem ser:

- Conexão em triângulo (delta);
- Conexão em estrela não aterrada (isolada);
- Conexão em estrela aterrada;
- Dupla estrela com neutro único isolado;
- Dupla estrela com neutro único aterrado.

As figuras 1, 2, 3, 4 e 5 mostram os esquemas das conexões típicas.

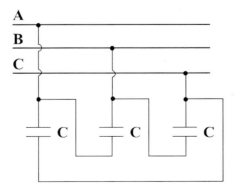

FIGURA 1 - CONEXÃO DELTA

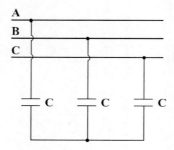

FIGURA 2 - CONEXÃO ESTRELA-ISOLADA

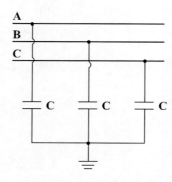

FIGURA 3 - CONEXÃO ESTRELA-ATERRADA

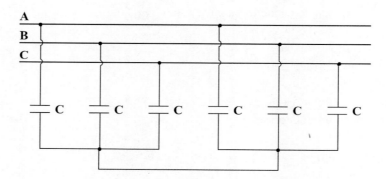

FIGURA 4 - CONEXÃO DUPLA-ESTRELA-ISOLADA

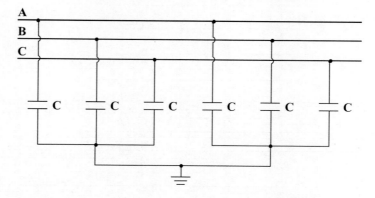

FIGURA 5 - CONEXÃO DUPLA-ESTRELA-ATERRADA

Para os capacitores que constituem as conexões em baixa tensão (<1000 [V]), a menor unidade adotada no momento (2017) é de 2,5 [kvar] e as maiores não costumam superar os 50 [kvar], quer sejam monofásicas ou trifásicas (valores de potência a 60 [Hz]) [46].

Os valores das tensões nominais entre fases, segundo [8], normalmente seguem a tabela 1.

TABELA 1 - TENSÕES NOMINAIS DAS UNIDADES CAPACITIVAS [8]	
BAIXA TENSÃO [V]	ALTA TENSÃO [V]
220	2300
380	3810
440	4800
	6600
	7620
	7960
	13200
	13800

É importante destacar que sempre se deve preencher uma caixa (invólucro) com a máxima quantidade de elementos capacitivos de modo que seu tamanho e custo fiquem os menores possíveis. Observe o gráfico da figura 6 e a tabela 2. Por exemplo, para a tensão de 480 [V], na tabela 2, o crescimento da potência da unidade capacitiva de 2,5 a 100 [kvar] foi de 40 vezes, enquanto o preço da unidade neste intervalo foi de 15 vezes.

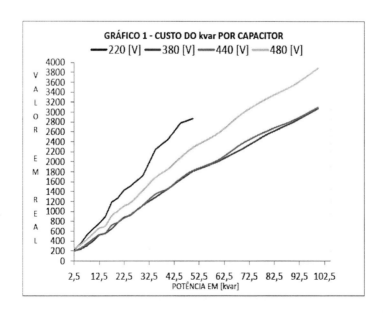

FIGURA 6 - RELAÇÃO DO PREÇO DA UNIDADE CAPACITIVA COM A POTÊNCIA E TENSÃO

A regra básica para a escolha da conexão de um banco de capacitores é influenciada pela configuração do sistema (aterrado ou não). Mas a escolha da conexão do banco pode sofrer alterações, devido a outros fatores: harmônicos, interferência indutiva, operação do fusível, classe de isolamento, proteção e ressonância.

POTÊNCIA [kvar]	TENSÕES NOMINAIS			
	220 [V]	380 [V]	440 [V]	480 [V]
2,5	230,90	200,83	201,74	252,18
5,0	340,10	233,67	257,97	322,75
7,5	516,15	304,46	341,26	428,02
10,0	648,48	394,69	438,43	548,32
12,5	757,92	523,33	527,50	660,53
15,0	904,38	554,78	566,83	712,59
17,5	1188,01	649,42	721,84	912,69
20,0	1272,46	777,37	783,37	1009,28
22,5	1430,02	886,33	868,66	1110,50
25	1510,54	923,10	937,92	1172,97
30	1723,61	1125,54	1128,55	1422,84
35	2246,60	1287,28	1348,80	1686,59
40	2448,68	1455,93	1462,17	1855,48
45	2779,74	1644,95	1666,01	2082,22
50	2868,82	1813,84	1824,25	2281,19
60	-	2003,55	2031,32	2568,05
70	-	2265,67	2373,73	2984,50
80	-	2561,11	2625,89	3285,26
90	-	2794,78	2831,80	3539,76
100	-	3077,04	3102,49	3886,61

TABELA 2 - CUSTO EM REAIS (R$) DOS CAPACITORES TRIFÁSICOS COM RELAÇÃO À POTÊNCIA

(1US$ = R$ 2,41 em Fevereiro de 2014)

2 - FATORES QUE ENVOLVEM AS CONEXÕES

Dependendo do tipo de conexão, devem-se considerar diversos fatores para a correta operação dos capacitores, tais como o uso correto de fusíveis e para-raios, a tensão de isolamento, os harmônicos, tensões anormais de operação, etc., conforme a seguir.

2.1 - FUSÍVEL

A curva de tempo-corrente da operação do fusível deve ser coordenada com a característica de ruptura da caixa do capacitor. Estas curvas podem determinar o grau de risco de ruptura da caixa quando este é percorrido por uma corrente de falta. Elas são mostradas no Capítulo V, de proteção de bancos de capacitores.

Deve-se ter em mente que a corrente que atravessa o fusível não deve ser menor que 10 vezes a corrente nominal do banco de capacitores [46] para uma atuação segura.

A figura 7 mostra o percurso da corrente de falta quando uma unidade capacitiva entra em curto circuito, no caso da conexão do banco de capacitores em estrela aterrada e em delta

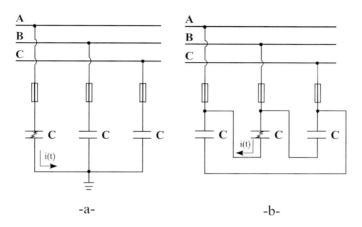

FIGURA 7 - CONEXÃO DE BANCO DE CAPACITORES NO MOMENTO DA FALTA

a - Conexão estrela-aterrada;
b - Conexão em delta.

Notar que nas conexões em estrela-aterrada ou em delta, a corrente durante a falta não sofre interferência das unidades capacitivas das fases que não estão sob falta, o que facilita a atuação do(s) fusível(eis).

O banco de capacitores ligado em estrela-isolada é um caso da conexão que possui a seguinte dificuldade: quando ocorre uma falta (curto-circuito) em uma das fases de um banco de capacitores equilibrado possuindo um capacitor por fase (ver figura 8), a corrente máxima que percorre esta fase após a falta é de três vezes a corrente nominal da fase antes da falta, visto que as outras fases boas limitam a corrente de curto-circuito na fase defeituosa. A figura 9 mostra o comportamento das correntes nas fases boas e a figura 10 mostra o diagrama resultante.

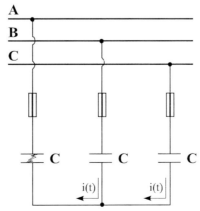

FIGURA 8 - CONEXÃO ESTRELA-ISOLADA NO MOMENTO DA FALTA

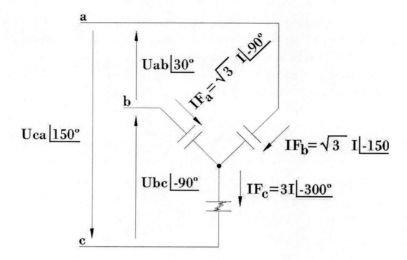

FIGURA 9 - DIAGRAMA TRIFILAR MOSTRANDO O FLUXO DE CORRENTE ENVOLVENDO A FALTA APRESENTADA NA FIGURA 8

Onde, na figura 9, tem-se:

- Uab, Ubc, Uca: Tensão fase-fase;
- I: Corrente de referência em falta;
- IF_a, IF_b: Corrente nas fases **a** e **b** no momento da falta;
- $IF_c = IF_a + IF_b$.

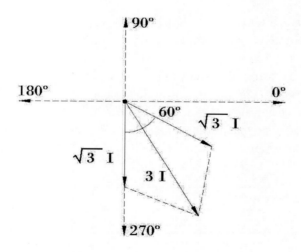

NOTA:
A corrente na fase defeituosa é 3I

FIGURA 10 - DIAGRAMA MONTADO A PARTIR DA FIGURA 9

A simulação ilustrada na figura 11 do circuito da figura 8 comprova o comportamento da corrente como mostrado na figura 10.

Deve-se ter o cuidado de observar a localização do banco de capacitores no sistema. Bancos de capacitores em delta ou estrela-aterrada perto de subestações ou de fontes de alta impedância (baixa corrente de curto-circuito) podem provocar efeitos adversos no sistema elétrico devido à atuação incorreta dos fusíveis.

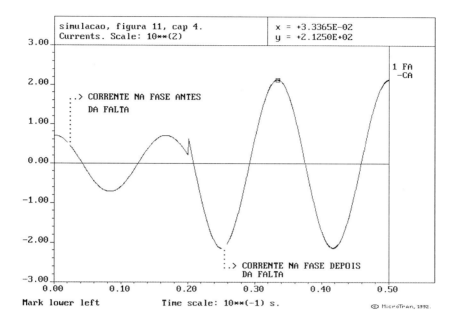

FIGURA 11 - SIMULAÇÃO DO CASO DA FIGURA 8, PARA COMPROVAÇÃO DO DIAGRAMA DA FIGURA 10

2.2 - CLASSE DE ISOLAMENTO

A conexão estrela-aterrada frequentemente tem uma vantagem econômica sobre a estrela-isolada ou delta, pois pode ter sua classe de isolamento para tensões mais baixas. A estrela aterrada possui classe de isolamento com relação à tensão fase-neutro e a conexão estrela-isolada ou delta apresenta a classe de isolamento para a tensão entre fases. A conexão estrela-isolada deve ter sua classe de isolamento definida para a tensão entre fases, mesmo sabendo que esta trabalha em regime permanente com tensão fase-neutro, pois durante manobras e eliminação de unidades defeituosas ocorre um deslocamento da tensão do ponto neutro que pode atingir o valor entre fase e terra ao invés do valor nulo (zero [V]) que normalmente opera, logo se deve dimensionar o banco de capacitores quando conectado em estrelaisolada para o potencial da fase ou tomar as medidas de proteção adequadas para a aplicação.

2.3 - HARMÔNICOS E INTERFERÊNCIA INDUTIVA

A conexão estrela-aterrada pode causar interferência indutiva nos sistemas de comunicação, especialmente quando nos postes da rede de distribuição estão presentes os sistemas de potência e comunicação através de cabos. Os bancos de capacitores aterrados são circuitos naturais para a circulação dos harmônicos de corrente de terceira ordem e seus múltiplos ímpares. A conexão em delta ou em estrelaisolada não propicia este caminho.

As frequências predominantes que podem causar interferência nos sistemas de comunicação são os harmônicos de terceira ordem e seus múltiplos ímpares (nono, décimo-quinto, etc.). Destes, o terceiro é o mais predominante.

Uma pesquisa realizada nos Estados Unidos em 1959 com algumas companhias do país revelaram uma preocupação dos concessionários com a interferência indutiva [52]. Foram consultados 63 concessionários, e destes 62 responderam que tiveram problemas com interferência indutiva. Naturalmente, com o advento em larga escala dos circuitos de fibra óptica e da telefonia celular esta interferência deixa de existir. A tabela 3 mostra as diversas maneiras na qual o problema de interferência indutiva foi eliminado ou minimizado para intensidades não prejudiciais.

TABELA 3 - MÉTODOS DE ELIMINAÇÃO DA INTERFERÊNCIA INDUTIVA	
MODIFICAÇÃO USADA	NÚMERO DE COMPANHIAS
MUDANÇA NA LOCALIZAÇÃO DO BANCO	18
MUDANÇA NA CONEXÃO DO BANCO	14
MUDANÇA NA CONEXÃO DO SISTEMA	4
MUDANÇA NOS CIRCUITOS DE COMUNICAÇÃO	3
ADIÇÃO DE FILTROS OU REATORES	11

Observe que algumas companhias não optaram pela mudança de conexão do banco, pois é sabido que algumas conexões devem ser evitadas em determinadas situações dos sistemas, tais como: proteção, localização dos bancos, ressonância, etc.

2.4 - TENSÕES ANORMAIS

Deve-se fazer a conexão do banco de capacitores de acordo com a configuração do sistema (aterrado ou não), para que se possa ao máximo evitar a ocorrência de ressonância, entre o banco de capacitores e outros equipamentos do sistema.

Observe o sistema da figura 12, na qual pode acontecer que um ou dois condutores do sistema sejam rompidos ou uma ou duas chaves do sistema não fechem o circuito entre a fonte e o banco de capacitores, neste caso, ocorrerá o fenômeno de ressonância entre o banco de capacitores e uma carga qualquer do sistema que tenha característica altamente indutiva.

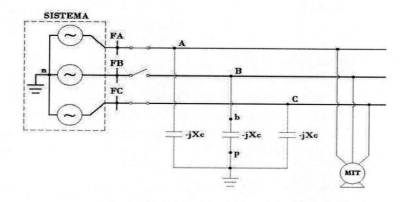

FIGURA 12 - ESQUEMA PROPÍCIO PARA RESSONÂNCIA

O diagrama trifilar mostrado na figura 12 contém um banco de capacitores aterrado e um motor de indução trifásico operando a vazio, isto é, com o rotor livre. A situação do exemplo ilustra que foi aberta apenas uma das três fases da chave seccionadora, portanto duas fases ficaram fechadas. Na figura 12 considera-se que a abertura da seccionadora ocorre apenas na fase b.

A figura 13 mostra o diagrama trifilar da figura 12 alterado com o motor de indução trifásico, no caso conectado em delta, representado apenas pelo seu ramo de magnetização.

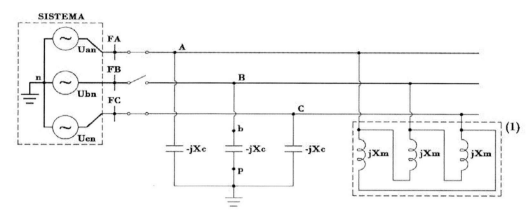

FIGURA 13 - SISTEMA TRIFILAR CORRESPONDENTE A FIGURA 12 COM UMA FASE ABERTA

Nota (1): Motor com rotor livre e enrolamentos do estator que representam o ramo magnetizante conectados em delta.

A tensão equivalente de Thevenin é obtida pelo cálculo da tensão entre os pontos **b** e **p**, retirando-se o elemento existente entre esses dois pontos. A figura 14 ilustra o circuito, ainda com a reatância capacitiva -jXc conectada entre os pontos **b** e **p**.

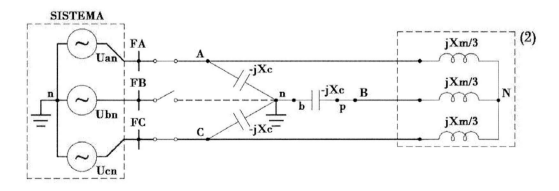

FIGURA 14 - CIRCUITO EQUIVALENTE AO CIRCUITO DA FIGURA 13

Nota (2): O ramo de magnetização do motor de indução trifásico a vazio (com rotor livre) possui os enrolamentos do estator convertidos de delta para estrela equivalente.

A figura 15 mostra o circuito equivalente para se efetuar o cálculo da tensão equivalente de Thevenin (U_{TH}) quando se retirou o elemento $-jXc$.

O valor de UTH pode ser calculado por inspeção, uma vez que o **ponto n** se desloca para o centro da tensão Ubn, porém no lado aberto, logo tem-se a equação a seguir:

$$U_{TH} = -\frac{1}{2}U_{bn}$$

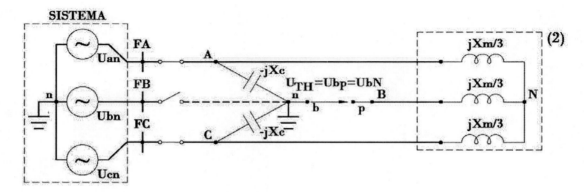

FIGURA 15 - CÁLCULO DA TENSÃO DE THEVENIN DA FIGURA 13

A forma para se calcular a impedância equivalente de Thevenin do circuito (Z_{TH}) vista dos pontos b e p é ilustrada na figura 16, e é dada pela soma de jXm/3 com o paralelo das duas reatâncias indutivas entre as fases A e B, uma vez que neste cálculo as fontes são curto-circuitadas, logo:

$$Z_{TH} = j\frac{X_m}{3} + j\frac{X_m}{6} = j\frac{X_m}{2}$$

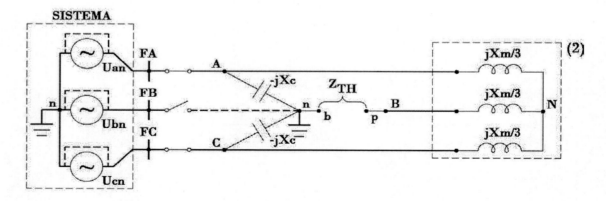

FIGURA 16 - CIRCUITO PARA O CÁLCULO DA IMPEDÂNCIA EQUIVALENTE DE THEVENIN DA FIGURA 13

O circuito equivalente de Thevenin está mostrado na figura 17 cujos elementos que os constitue são dados por:

$$Z_{TH} = j\frac{X_m}{2}$$

$$U_{TH} = -\frac{1}{2}U_{bn}$$

Notar que na figura 17 entre os pontos b e p, foi inserida a reatância capacitiva -jXc que havia sido retirada originalmente.

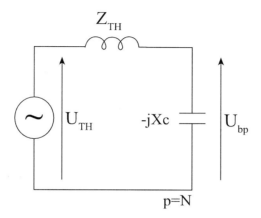

FIGURA 17 - CIRCUITO EQUIVALENTE DE THEVENIN

Com base no circuito equivalente da figura 17 obtém-se a expressão a seguir, onde observa-se que variando a relação X_C/X_M o valor da tensão nos terminais do capacitor varia e quando a relação X_C/X_M atingir 1/2 ocorre uma tensão entre os pontos b e p tendendo ao infinito, como mostra a tabela 4.

$$U_{bp} = -jXc \cdot \frac{U_{TH}}{j\frac{X_m}{2} - jXc} = -j\frac{X_c}{X_m} \cdot \frac{\left(-\frac{U_{bn}}{2}\right)}{\left(\frac{1}{2} - \frac{X_c}{X_m}\right)} = \frac{X_c \cdot U_{bn}}{X_m \cdot \left(1 - \frac{2X_c}{X_m}\right)}$$

\multicolumn{7}{c}{TABELA 4 - VALORES DA TENSÃO ENTRE OS PONTOS b E p EM FUNÇÃO DA RELAÇÃO X_C/X_M PARA O CIRCUITO DA FIGURA 13 OBTIDOS COM BASE NA FIGURA 17}
X_C/X_M	0	1/3	1/2	2/3	1	∞
U_{bp}	0	U_b	±∞	$-2U_b$	$-U_b$	$-1/2U_b$

Foram realizadas outras simulações com bancos de capacitores possuindo conexões variadas e, dentre elas, constatou-se que os bancos de capacitores com conexão estrela-aterrada não provocaram situações de ressonância em cargas aterradas e nos sistemas aterrados. Mas para outros tipos de conexões a ressonância normalmente não consegue ser evitada para algum ponto operacional do sistema elétrico.

2.5 - PROTEÇÃO CONTRA FRENTE-DE-ONDA

Para-raios são usualmente recomendados na proteção do banco de capacitores, contudo as conexões estrela-aterrada ou dupla estrela-aterrada são autoprotegidas, já que possuem um caminho para terra, fornecendo uma via de escoamento de baixa impedância para as correntes de descargas atmosféricas. Mas essa vantagem só reforça a proteção, não devendo excluir o para-raios da conexão quando em estrela-aterrada (dupla ou simples).

As conexões delta e estrela-isolada não possuem este caminho natural para o escoamento de surtos provenientes do sistema elétrico ou descargas atmosféricas próximas, logo os para-raios também são essenciais.

2.6 - CONEXÃO DO SISTEMA (ATERRADO OU NÃO)

Uma recomendação geral para a conexão é a verificação do sistema de alimentação (suprimento de energia). Antes de se determinar a forma de conexão de um banco de capacitores é preciso verificar se o neutro do sistema de alimentação é aterrado ou não.

O banco de capacitores deverá sempre que possível, obedecer às seguintes recomendações, para se evitar, ao máximo, eventuais distúrbios de ressonância série [46] e [50]:

- Se no lado onde o banco de capacitores for ligado o sistema estiver em estrela-aterrada, o banco também deverá ser ligado em estrela-aterrada;

- Se no lado onde o banco de capacitores for ligado o sistema estiver em estrela-isolada ou em delta, o banco também deverá ser ligado em estrela-isolada ou em delta;

- Se o transformador a ser corrigido pelo banco de capacitores estiver ligado em estrela-isolada, o banco deverá ser ligado preferencialmente em triângulo ou então estrela-isolada;

- Se o transformador a ser corrigido pelo banco de capacitores estiver ligado em triângulo, o banco também deverá ser ligado preferencialmente em estrela-isolada ou senão em triângulo.

Sistemas que possuam o neutro isolado ou conectado em delta não devem possuir bancos de capacitores com a conexão estrela-aterrada, pois os mesmos proporcionariam um caminho de retorno para a corrente de falta fase-terra do sistema e, assim, este aterramento intencional devido à instalação de um banco de capacitores poderá aumentar a corrente de falta em relação ao caso da não existência do banco de capacitores aterrado. Também poderão surgir sobretensões elevadas nas fases não atingidas pela falta. Na prática, as tensões transitórias podem atingir de 3 a 3,5 vezes a tensão fase-terra do sistema conforme mostram as sobretensões nas fases sãs (ou seja, as fases que não estão submetidas a faltas) obtidas na figura 19 através da simulação do sistema da figura 18 durante uma falta fase-terra.

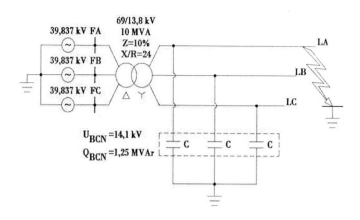

FIGURA 18 - SISTEMA COM NEUTRO-ISOLADO E BANCO DE CAPACITORES ATERRADO, OCORRENDO UMA FALTA FASETERRA

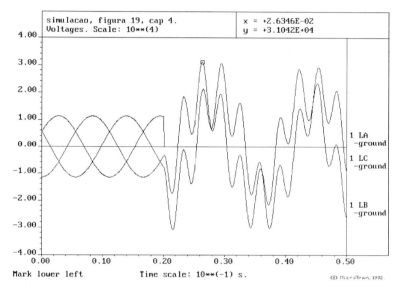

FIGURA 19 - RESULTADO DA SIMULAÇÃO DO SISTEMA DA FIGURA 18

3 - VANTAGENS E DESVANTAGENS DAS CONEXÕES DOS BANCOS DE CAPACITORES

As conexões dos bancos de capacitores devem ser escolhidas em função das características do sistema de suprimento de energia. Na pesquisa realizada em 1959 (vide [52]) existe a informação de que 63 companhias que responderam à pesquisa consideram a conexão estrela-aterrada como preferida. Em segundo lugar ficou a conexão estrelaisolada e em terceiro, a conexão delta.

A pesquisa revela que, das 63 companhias que responderam à pesquisa, 55 preferem a conexão estrela-aterrada. Cinco das companhias têm preferências secundárias pela conexão estrela-isolada ou delta, geralmente por razões de necessidade (ressonância, circulação de harmônicos de terceira ordem, interferência telefônica, etc.). Observa-se que a conexão estrela-aterrada foi a preferida, principalmente nos sistemas solidamente aterrados de distribuição de energia elétrica.

Existem várias razões dadas pelas companhias para a preferência de bancos em estrela-aterrada sobre os bancos em estrela-isolada ou delta, mas as principais são:

- Operação mais segura do fusível;
- Não ocorrem «ressonâncias» em sistemas aterrados, se algum (ou alguns) condutor da fonte abrir;
- Há algum grau de proteção natural para os surtos de chaveamento e atmosféricos;
- A vantagem de que mais células capacitivas podem ser danificadas sem que ocorra o limite de sobretensão nas unidades restantes do mesmo grupo, o que provocaria a perda de unidades boas do grupo. A sobretensão permitida neste caso é da ordem 10% [46].

3.1 - CONEXÃO TRIÂNGULO (DELTA)

Vantagens:

1. Os harmônicos de corrente de terceira ordem e seus múltiplos ímpares não são direcionados para o banco de capacitores;

2. Segurança na operação do fusível.

Desvantagens:

1. Em circuitos onde exista apenas um grupo série por fase e o banco estiver próximo a subestações ou a outros bancos de capacitores, poderá ser necessário utilizar fusíveis limitadores de corrente;

2. No caso de empregar-se proteção diferencial, o custo da instalação aumenta, em vista da necessidade do grande número de transformadores de corrente requeridos. A figura 20 mostra o esquema para uma proteção diferencial.

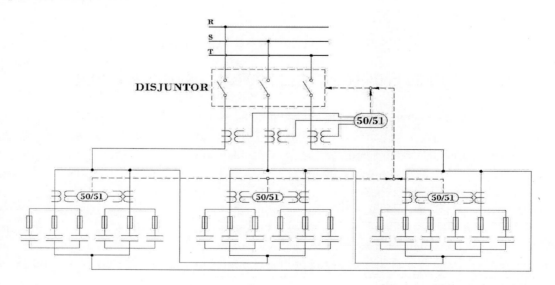

FIGURA 20 - ESQUEMA DE PROTEÇÃO DIFERENCIAL PARA A CONEXÃO DELTA

3.2 - CONEXÃO EM ESTRELA COM NEUTRO-ATERRADO

Vantagens:

1. Um número maior de capacitores pode falhar antes de ser atingido o limite de 10% de sobretensão nas unidades restantes;

2. Capacitores ligados em estrela-aterrada fornecem uma via de escoamento de baixa impedância para as correntes de descargas atmosféricas;

3. Como neste caso o neutro é fixo, a tensão de restabelecimento transitória (TRT) é reduzida e o banco de capacitores pode ser manobrado como se fossem três bancos monofásicos independentes. Estas condições de restabelecimento da tensão existem sempre, durante as manobras de bancos de capacitores ou ainda no caso de acionamento de fusíveis (existirá uma tensão elevada nos terminais do elo fusível no instante em que ele for interrompido). Dependendo dos parâmetros do sistema e do tamanho do banco, a TRT pode ser de 2,0 a 2,5 vezes a tensão de pico normal do sistema quando o banco é aterrado, enquanto que, para bancos não aterrados, esse valor pode chegar a três vezes ou mais (vide [53]);

4. Nos casos em que se torna necessário obter uma via de escoamento de baixa impedância para o controle dos harmônicos de tensão do sistema.

Desvantagens:

1. Como no caso da conexão delta em circuitos onde exista apenas um grupo série por fase, e o banco estiver próximo a subestações ou a outros bancos de capacitores, poderá ser necessário utilizar fusíveis limitadores de corrente;

2. Os relés de neutro devem possuir filtros contra harmônicos de terceira ordem;

3. Pode haver interferência em circuitos de comunicação, em virtude do fluxo de harmônicos de terceira ordem e seus múltiplos ímpares através da terra.

3.3 - CONEXÃO EM ESTRELA-ISOLADA

Vantagens:

1. A conexão estrela isolada evita o fluxo de corrente de desequilíbrio, que em sistemas com neutro aterrado, poderia sensibilizar o relé de proteção de terra;

2. O banco é insensível aos harmônicos de corrente de sequência zero de terceira ordem.

Desvantagens:

1. O neutro deve ser isolado para a tensão fase-fase, por prevenção contra surtos de manobra; no que diz respeito a custo, isto é pouco importante em tensões baixas, mas pode se tornar dispendioso em tensões mais elevadas;

132 · CAPACITORES DE POTÊNCIA E FILTROS DE HARMÔNICOS

2. **Destaca-se** que nesta conexão a corrente de curto-circuito é menor que a recomendada, já que para uma atuação correta do fusível necessita-se de uma corrente de 10 vezes a corrente nominal; para os bancos estrela isolada a corrente máxima de defeito é da ordem de 3 vezes a corrente nominal;

3. No caso de haver um curto-circuito em uma das fases onde o banco está instalado, ocorrerá sobretensão nas fases boas, podendo vir a danificar equipamentos ligados no mesmo barramento que o banco.

3.4 - CONEXÃO EM DUPLA-ESTRELA-ISOLADA

Vantagens:

1. Os distúrbios do sistema não se transmitem ao circuito de proteção do banco;

2. O banco é de baixo custo, principalmente no que diz respeito à proteção;

3. Não há via de escoamento de harmônicos de corrente de sequência zero de terceira ordem.

Desvantagens:

1. O número mínimo de unidades paralelas por grupo exige normalmente a formação de bancos com mais unidades que as exigidas por outras conexões;

2. Há necessidade de uma área maior, para a mesma capacidade, quando comparado com a estrela simples, assim como maior quantidade de barramentos e conexões;

3. O neutro deve ser isolado para o mesmo valor do nível de impulso do sistema, tal como qualquer banco ligado em estrela com neutro isolado.

3.5 - CONEXÃO DUPLA-ESTRELA-ATERRADA

Vantagens:

1. A proteção é simples e de baixo custo, principalmente no que diz respeito ao número de relés. A figura 21 mostra o esquema de proteção;

2. Capacitores ligados em estrela-aterrada fornecem uma via de escoamento de baixa impedância para as correntes de descargas atmosféricas;

3. Nos casos em que se torna necessário obter uma via de escoamento de baixa impedância para o controle do nível dos harmônicos de tensão do sistema, um banco aterrado fornece este caminho.

Desvantagens:

1. Os relés devem possuir filtros contra harmônicos de terceira ordem e seus múltiplos ímpares;

2. Pode haver interferência em circuitos de comunicação em virtude do fluxo de harmônicos de terceira ordem para a terra.

Observação: A utilização da conexão em dupla-estrela (aterrada ou não) com relação à estrela-simples está envolvida com o número de capacitores em paralelo por grupo. Se um banco de capacitores estrela-simples necessitar de mais que 3100 [kvar] por grupo, deverão ser utilizados capacitores com menor tensão nominal formando mais grupos série por fase com menos unidades capacitivas em paralelo por grupo. Esta situação pode levar a uma redução inaceitável de corrente no neutro do banco de capacitores, para uma atuação correta do sistema de proteção por relé de desequilíbrio. O banco de capacitores deverá ser rearranjado na configuração dupla-estrela, que permite uma maior sensibilidade para a atuação do relé de desequilíbrio (vide figura 14, Capítulo V). Conforme [46], bancos em dupla-estrela podem ser utilizados a partir de 1,5 [Mvar].

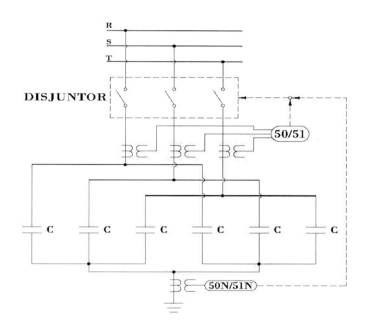

FIGURA 21 - ESQUEMA DE PROTEÇÃO DE NEUTRO DA CONEXÃO DUPLA-ESTRELA ATERRADA

4 - SOBRETENSÕES DEVIDO A PERDAS DE UNIDADES CAPACITIVAS

Conforme [46], deve-se determinar o número de unidades capacitivas em paralelo para evitar sobretensões superiores a 10% nas unidades capacitivas restantes, quando são eliminados uma ou mais unidades capacitivas de um banco de capacitores. O resultado da simulação na figura 23 para o esquema considerado na figura 22 mostra as sobretensões nas unidades restantes após a perda de unidades capacitivas.

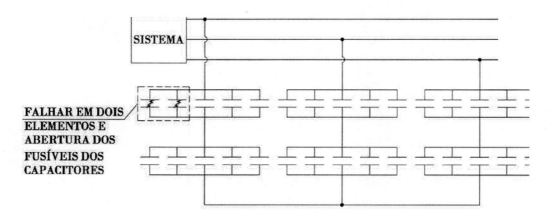

FIGURA 22 - ESQUEMA UTILIZADO PARA ANALISAR A SOBRETENSÃO DEVIDO A PERDA DE UNIDADES EM UM BANCO DE CAPACITORES

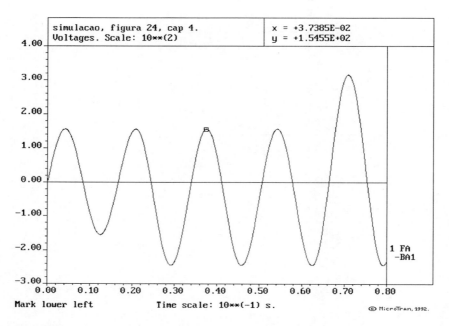

FIGURA 23 - SIMULAÇÃO MOSTRANDO A SOBRETENSÃO PARA O ESQUEMA DA FIGURA 22

4.1 - CONEXÃO TRIÂNGULO OU ESTRELA-ATERRADA

A figura 11 do Capítulo V ilustra o banco de capacitores conectado em triângulo (delta) com proteção por sobrecorrente de fase. Por outro lado, a figura 12 mostra um banco de capacitores conectado em estrela-aterrada com proteção por sobrecorrente de fase e desequilíbrio. O número de unidades capacitivas em paralelo que deve possuir um banco de capacitores para evitar uma sobretensão de 10%, quando são eliminadas NCE unidades capacitivas é dado por:

$$N_{MCP} = \frac{11 \cdot N_{CE} \cdot (N_{CE} - 1)}{N_{GS}} \qquad (1)$$

CAPÍTULO IV CONEXÕES DOS BANCOS DE CAPACITORES · **135**

Nesse caso, quando há somente um grupo de capacitores em série por fase e a proteção fusível de uma unidade capacitiva atuar, não ocorrerá sobretensão nas unidades remanescentes do grupo. Neste caso, $N_{GS} = 1$, resultando $N_{MCP} = 0$.

No caso de vários grupos série por fase, a tensão resultante nas demais unidades capacitivas em paralelo do mesmo grupo, quando da queima da proteção de N_{CC} capacitores, pode ser dada pela equação (2):

Para a determinação da tensão nos outros grupos série ($N_{CE} > 1$) da mesma fase, pode-se utilizar a equação (3):

$$U_{UR} = U_{FN} \cdot \left(\frac{N_{CP}}{N_{GS} \cdot \left(N_{CP} - N_{CE} \right) + N_{CE}} \right) \qquad (2)$$

Deve-se ter: $U_{UR} {}^3 U_C$

$$U_{GR} = U_{FN} \cdot \left(\frac{N_{CP} - N_{CE}}{N_{GS} \cdot \left(N_{CP} - N_{CE} \right) + N_{CE}} \right) \qquad (3)$$

Deve-se ter: $U_{GR} < U_C$

Se o banco está na conexão triângulo, a tensão tomada será entre fases, U_{FF} em vez de U_{FN}. A determinação da corrente que circula na fase afetada pela saída dos N_{CE} capacitores pode ser dada pela equação (4):

$$I_F = I_N \cdot \left(\frac{N_{GS} \left(N_{CP} - N_{CE} \right)}{N_{GS} \cdot \left(N_{CP} - N_{CE} \right) + N_{CE}} \right) \qquad (4)$$

A corrente que circula para a terra através do neutro do sistema quando são excluídos N_{CE} capacitores de um grupo tem o valor dado pela equação (5) a seguir:

$$I_T = I_N \cdot \left(\frac{N_{CE}}{N_{GS} \cdot \left(N_{CP} - N_{CE} \right) + N_{CE}} \right) \qquad (5)$$

Nas equações anteriores têm-se:

- N_{MCP}: Número mínimo de capacitores em paralelo em cada grupo série por fase;

- N_{GS}: Número de grupos série por fase;

- N_{CE}: Número de unidades capacitivas eliminadas de um único grupo série;

- U_C: Tensão em cada grupo, quando todas as unidades estão em operação;

- U_{FN}: Tensão entre fases e neutro do sistema, em [kV];

- N_{CP}: Número de capacitores paralelo em cada grupo série;

- U_{UR}: Tensão resultante nas unidades remanescentes do mesmo grupo com N_{CE} capacitores excluídos em [kV];

- U_{GR}: Tensão nos grupos em série [kV];

- I_N: Corrente nominal de fase do banco, em [A];

- I_T: Corrente fase-terra.

4.2 - CONEXÃO EM ESTRELA-ISOLADA

É ilustrado na figura 13 do Capítulo V o esquema da conexão estrela-isolada com proteção por sobrecorrente de fase e desequilíbrio. O número de unidades em paralelo, eliminadas em um mesmo grupo, de modo a não proporcionar uma sobretensão de 10 % nas unidades restantes, pode ser obtido através da equação (6):

$$N_{MCP} = \frac{11 \cdot N_{CE} \cdot (3 \cdot N_{GS} - 2)}{3 \cdot N_{GS}} \tag{6}$$

Para uma conexão onde há um ou mais grupos série por fase, contendo cada um deles uma determinada quantidade de capacitores ligados em paralelo, à queima de um elo fusível ou mais em uma ou mais unidades capacitivas acarreta um desequilíbrio no sistema, cuja tensão nas unidades capacitivas remanescentes do grupo considerado pode ser bastante elevada, de acordo com a equação (7).

$$U_{UR} = U_{FN} \cdot \left(\frac{3 \cdot N_{CP}}{3 \cdot N_{GS} \cdot (N_{CP} - N_{CE}) + 2 \cdot N_{CE}} \right) \tag{7}$$

Deve-se ter: $U_{UR} > U_C$

U_C é a tensão em cada grupo, quando este é operado com todas as suas unidades capacitivas. A tensão nos grupos restantes ($N_{GS} > 1$) da mesma fase pode ser obtido através da equação (8):

$$U_{UR} = U_{FN} \cdot \left(\frac{3 \cdot (N_{CP} - N_{CE})}{3 \cdot N_{GS} \cdot (N_{CP} - N_{CE}) + 2 \cdot N_{CE}} \right) \tag{8}$$

Deve-se ter: $U_{GR} < U_C$

Neste caso, a tensão é sempre inferior à tensão de neutro do grupo. A corrente que circula na fase afetada é dada pela equação (9):

$$I_D = I_N \cdot \left(\frac{3N_{GS} \cdot (N_{CP} - N_{CE})}{3 \cdot N_{GS} \cdot (N_{CP} - N_{CE}) + 2 \cdot N_{CE}} \right)$$ (9)

A tensão entre a fase neutro e a terra, com a queima de N_{CE} capacitores de um determinado grupo, pode ser obtido através da equação (10):

$$U_{NT} = U_{FN} \cdot \left(\frac{N_{CE}}{3 \cdot N_{GS} \cdot (N_{CP} - N_{CE}) + 2 \cdot N_{CE}} \right)$$ (10)

4.3 - CONEXÃO EM DUPLA-ESTRELA-ISOLADA

A figura 14 do Capítulo V mostra o esquema da conexão duplaestrela-isolada com proteção por sobrecorrente e desequilíbrio. O número mínimo de unidades em paralelo em um mesmo grupo, de modo que se evite uma sobretensão maior que 10% quando na saída de operação de N_{CE} unidades capacitivas é dada por:

$$N_{MCP} = \frac{11 \cdot N_{CE} \cdot (6 \cdot N_{GS} - 5)}{6 \cdot N_{GS}}$$ (11)

Assim, a tensão que resulta nas unidades subjacentes do mesmo grupo pode ser obtido através da equação (12):

$$U_{UR} = U_{FN} \cdot \left(\frac{6 \cdot N_{CP}}{6 \cdot N_{GS} \cdot (N_{CP} - N_{CE}) + 5 \cdot N_{CE}} \right)$$ (12)

Deve-se ter: $U_{UR} < U_C$

Consequentemente, a tensão em cada um dos demais grupos ($N_{GS} > 1$) da fase afetada é dada por:

$$U_{UR} = U_{FN} \cdot \left(\frac{6 \cdot N_{CP} (N_{CP} - N_{CE})}{6 \cdot N_{GS} \cdot (N_{CP} - N_{CE}) + 5 \cdot N_{CE}} \right)$$ (13)

Deve-se ter: $U_{GR} < U_C$

A corrente que circula entre os neutros após a eliminação de uma ou mais unidades capacitivas de um determinado grupo pode ser obtido através da equação (14):

$$I_D = I_{MF} \cdot \left(\frac{3 \cdot N_{CE}}{6 \cdot N_{GS} \cdot \left(N_{CP} - N_{CE} \right) + 5 \cdot N_{CE}} \right) \qquad (14)$$

Sendo:

- I_{MF}: Corrente que circula na meia fase do banco.

Se o neutro do banco de capacitores está a terra através de uma impedância elevada, a tensão que ocorre entre o neutro e a terra, após a eliminação de uma ou mais unidades capacitivas, pode ser obtido através da equação (15):

$$U_{ND} = U_{FN} \cdot \left(\frac{N_{CE}}{6 \cdot N_{GS} \cdot \left(N_{CP} - N_{CE} \right) + 5 \cdot N_{CE}} \right) \qquad (15)$$

4.4 - CONEXÃO EM DUPLA-ESTRELA-ATERRADA

A figura 15 do Capítulo V apresenta o esquema de proteção para banco de capacitores conectados em dupla-estrela-aterrada. Os cálculos realizados para a conexão estrela-aterrada podem ser utilizados na conexão dupla-estrela-aterrada aplicando-se as mesmas equações do item 4.1, devendo-se levar em consideração, cada seção (constitui metade do banco de capacitores) da dupla-estrela-aterrada como uma estrela-simples-aterrada

5 - CONEXÕES EM BAIXA TENSÃO ($\leq$ 1000 [V])

Considera-se baixa tensão, em corrente alternada, as tensões iguais ou inferiores e até 1000 [V].

Os bancos de capacitores de baixa tensão são normalmente empregados em conexão triângulo e são configurados com capacitores com classe de tensão fasefase [50].

6 - CONEXÃO EM ALTA TENSÃO (>1000[V])

Como regra básica e caso não haja problemas no sistema que proíba o uso de uma conexão ou outra (harmônicos, interferência em sistemas telefônicos, operação de fusíveis, etc.), a escolha do tipo de conexão a ser usada em bancos de capacitores com tensões acima de 1000 [V], depende da configuração do sistema, aterrado ou não. As regras básicas são aquelas mostradas no item 2.6. Em outras palavras:

"O banco de capacitores só deverá ser aterrado quando instalado em sistemas efetivamente aterrados [50]".

Vale salientar que os sistemas industriais em alta tensão (até 34,5 [kV]) são geralmente aterrados por resistores ou eventualmente indutores de alta impedância e por isso podem ser considerados como sistemas isolados. Logo, nesses casos, devem-se projetar bancos de capacitores com neutro-isolado (delta ou estrela-isolada). Os bancos de capacitores com estrela-isolada requerem um sistema de proteção mais simples, tornando-se assim, uma vantagem econômica sobre a conexão delta.

Em sistemas de alta tensão iguais ou superiores a 69 [kV], os bancos de capacitores normalmente utilizam a conexão estrela-aterrada devido à tensão de restabelecimento transitória (TRT), reignição de arco voltaico, etc.

A tensão de restabelecimento transitória é um fator importante para a determinação da capacidade de chaveamento da chave e a conexão estrela-aterrada possui uma capacidade de restabelecimento de menor amplitude que, em bancos de capacitores com neutro-isolado (item 3.2 deste Capítulo) e como a partir de 100 [kV], as diferenças nos custos das chaves de manobra são marcantes e como os bancos de capacitores em estrela-isolada necessitam utilizar chaves com maior capacidade de abertura por polo, a conexão em estrelaaterrada é certamente a mais utilizada (vide [52] e [60]).

CAPÍTULO V
PROTEÇÃO DOS BANCOS DE CAPACITORES

1 - INTRODUÇÃO

Os bancos de capacitores podem ser submetidos a defeitos de origem externa (sistema) ou interna (unidades capacitivas que compõem o banco de capacitores), logo é muito importante instalar sistemas de proteções a fim de se evitar danos às demais unidades capacitivas ou mesmo limitar os seus efeitos.

A proteção de banco de capacitores normalmente envolve fusíveis e relés, os quais são empregados em função da potência, localização no sistema, tipo de conexão, etc. As unidades capacitivas podem ser protegidas através de fusíveis, em cada unidade individual ou em grupo. Relés podem ser aplicados para a proteção do banco de capacitores de um modo geral.

Uma boa proteção da unidade capacitiva deve ser segura, rápida e sempre tentar ao máximo isolar a unidade capacitiva (capacitor) defeituosa, assegurando a continuidade de serviço, que é muito importante para o sistema produtivo.

Uma proteção incorreta pode provocar vários danos. Por exemplo, se um capacitor com proteção por fusível externo for submetido a curto-circuito, permanecendo além de tempos pré-determinados poderá ocasionar ruptura da caixa do capacitor devido ao aumento da pressão do gás oriundo da decomposição dos materiais dielétricos pela ação do arco voltaico na região de defeito. Quanto mais tempo durar a passagem dessa corrente de defeito, ou também quanto maior a intensidade dessa corrente, maior a probabilidade de ocorrer a ruptura da caixa. Os danos em capacitores mal protegidos vão desde um simples vazamento de líquido isolante até a explosão da caixa, cujos fragmentos podem danificar equipamentos e, o mais grave, acidentar pessoas.

Os tipos usuais de proteção dos bancos de capacitores estão descritos a seguir.

2 - FUSÍVEIS

Os fusíveis providenciam uma proteção adequada das unidades capacitivas e têm sido o principal meio usado nos esquemas de proteção.

A principal filosofia do uso dos fusíveis nos bancos de capacitores é que as unidades capacitivas, quando da ocorrência de um defeito interno, sejam retiradas de operação o mais rápido possível para que não sofram danos maiores.

É recomendado que, para uma atuação correta do fusível, o mesmo seja atravessado por uma corrente de defeito que não seja inferior a dez vezes a corrente nominal da unidade capacitiva [46]. Esta recomendação torna-se crítica no caso da conexão estrela-isolada, na qual a corrente máxima é limitada pelas fases que não estão sob falta.

142 · CAPACITORES DE POTÊNCIA E FILTROS DE HARMÔNICOS

Os fusíveis nos bancos de capacitores podem ser internos ou externos. Os fusíveis externos podem ser de expulsão ou limitadores de corrente podendo fornecer uma proteção individual ou de grupo.

As principais funções dos fusíveis individuais são:

a. Isolar do circuito o capacitor defeituoso antes que possam ocorrer danos maiores (danificar outros capacitores, ferir pessoas, etc.). O fusível deve limitar e interromper a corrente, de modo a impedir a decomposição do meio impregnante e o aparecimento de pressão anormal dentro do capacitor, pela formação de arco;

b. Permitir a continuidade de serviço do banco de capacitores em caso de falha de uma unidade, evitando-se assim a interrupção total do banco até que o defeito seja corrigido;

c. Identificar facilmente o capacitor defeituoso em um banco constituído por muitas unidades (identificação visual);

d. Indicar a presença de correntes anormais que poderão estar sendo causadas por condições de sobretensão ou por harmônicos, as quais poderiam causar superaquecimento e consequentemente a diminuição da vida útil do capacitor.

De um modo geral, os seguintes itens devem ser considerados ao selecionar uma proteção de sobrecorrente das unidades capacitivas, tanto para os fusíveis de grupo ou individual.

a. Corrente em regime permanente no fusível;
b. Transitório de corrente (inrush);
c. A corrente disponível de falta no banco;
d. Coordenação com a curva de ruptura do tanque;
e. Tensão nas unidades restantes após a perda de unidades capacitivas;
f. Descarga de energia das unidades capacitivas em paralelo.

2.1 - CORRENTE EM REGIME PERMANENTE NO FUSÍVEL

O fusível selecionado deve ser capaz de suportar continuamente um limite de corrente (sobrecarga). Este valor de corrente de sobrecarga ou de segurança é devido a possíveis condições de sobretensão, tolerância capacitiva e harmônicos.

2.2 - TRANSITÓRIO DE CORRENTE

Os fusíveis podem ser danificados devido a altos valores de corrente e frequência (transitórios de corrente). Os fusíveis quando corretamente especificados não podem atuar nestes casos, pois os mesmos estariam provocando uma operação indevida, ou seja, em condição sem defeito, logo esses devem ser dimensionados para suportar tal evento. As principais fontes de transitórios de corrente em sistemas industriais são os chaveamentos de bancos de capacitores e as descargas atmosféricas.

2.3 - CORRENTES DE FALTA

A corrente de falta nos bancos de capacitores é um importante fator para a seleção do tipo de fusível. A corrente pode sofrer variações conforme a conexão no banco de capacitores ou o número de capacitores em paralelo.

A corrente de curto-circuito em um capacitor com proteção externa pode ser encontrada utilizando-se as equações (1), (2), (3) e (4), conforme podem ser observadas em [46].

a - Para a conexão estrela isolada:

$$F = \frac{3 \cdot N_{CP} \cdot N_{GS}}{3 \cdot N_{GS} - 2}$$

(1)

b - Para a conexão estrela-aterrada ou delta:

$$F = \frac{N_{CP} \cdot N_{GS}}{N_{GS} - 1}$$

(2)

c - Para conexão dupla-estrela-isolada:

$$F = \frac{6 \cdot N_{CP} \cdot N_{GS}}{6 \cdot N_{GS} - 5}$$

(3)

Onde:

- N_{GS}: Número de grupos em série por fase;
- N_{CP}: Número de unidades capacitivas em paralelo por grupo;
- F: Fator de multiplicação da corrente nominal do capacitor para se determinar a corrente de falta.

Logo, a corrente que circula no capacitor no momento do defeito é dada por:

$$I_{FC} = I_{N} \cdot F$$

(4)

Onde:

- I_{FC}: Corrente de falta no capacitor;
- I_{N}: Corrente nominal do capacitor.

A corrente de defeito desejável para uma correta operação do fusível deve ser de dez vezes a corrente nominal [46]. Esta corrente pode ser facilmente encontrada em bancos de capacitores em estrela-aterrada ou delta, mas no caso da conexão estrela-isolada a corrente máxima é limitada pela impedância das fases boas e, se existir apenas um capacitor por fase, a máxima corrente alcançada no momento do defeito é de apenas três vezes a corrente nominal do capacitor.

Destaque importante: Quando existir apenas um grupo de capacitores por fase nas conexões estrela aterrada ou delta, deve-se verificar se o fusível possui capacidade de ruptura suficiente e se a corrente de curto-circuito não excede 4000 [A] para unidades de 25 ou 50 [kvar], 5000 [A] para unidades de 100 [kvar] e 6000 [A] para unidades acima de 100 [kvar]. Esta verificação deve ser feita quando existe apenas um grupo de capacitores por fase, pois nessas conexões no momento do curto-circuito no capacitor defeituoso, a corrente é limitada apenas pela impedância do sistema até o banco de capacitores. Assim sendo, bancos de capacitores próximos a subestações irão apresentar correntes de curto-circuito mais elevadas. Dependendo do caso é necessária a utilização de fusíveis limitadores de corrente. As configurações contendo apenas uma unidade capacitiva por fase nas conexões delta e estrela aterrada (simples e dupla), encontram-se nas figuras 1, 2 e 5 do capítulo IV.

Para aumentar a corrente de falta em uma unidade capacitiva defeituosa a fim de conseguir uma atuação rápida e mais segura dos fusíveis na conexão estrela-isolada, por exemplo, devem-se utilizar a maior quantidade possível de capacitores em paralelo em um mesmo grupo. A medida que se aumenta a quantidade de capacitores em paralelo contribuem para a operação do fusível do capacitor defeituoso torna-se mais eficiente, devido a descarga da energia armazenada das unidades não defeituosas, conforme mostra a figura 1. Como a corrente mínima para uma atuação segura do fusível é de 10 vezes a corrente nominal verifica-se que aumentando o número de capacitores em paralelo pode-se obter uma maior corrente de defeito, porém o custo do banco de capacitores aumentará, além de necessitar de um maior espaço físico, muitas vezes não disponível. Com isso, a troca de conexão do banco de capacitores pode ser mais simples e econômica.

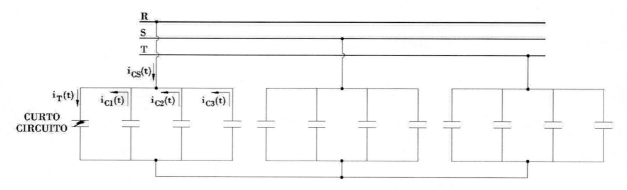

FIGURA 1 - COMPORTAMENTO DAS CORRENTES NA OCORRÊNCIA DE UM CURTO-CIRCUITO EM UMA UNIDADE CAPACITIVA

Notar na figura 1 que a corrente de falta que flui para a unidade capacitiva defeituosa $i_T(t)$ vem do sistema de suprimento de energia ($i_{CS}(t)$) que é somada às correntes das unidades capacitivas que não estão sob falha ($i_{C1}(t)$, $i_{C2}(t)$ e $i_{C3}(t)$) e estão em paralelo com a parte defeituosa. Logo, a corrente de falta na unidade defeituosa é dada pela equação a seguir:

$$i_T(t) = i_{CS}(t) + i_{C1}(t) + i_{C2}(t) + i_{C3}(t)$$

Exemplo 1: Considere o caso com um banco de capacitores que opera na conexão estrela-isolada, conforme mostra a figura 2, com os seguintes dados:

- U_{BCN} = 13,8 [kV] (fase-fase);
- Q_{BCN} = 1,2 [Mvar];
- Número de grupos em série por fase (N_{GS}) = 1;
- Número normal de capacitores em paralelo por grupo (N_{CP}) = 2;
- Potência nominal de cada unidade capacitiva = 200 [kvar].

CAPÍTULO V   PROTEÇÃO DOS BANCOS DE CAPACITORES

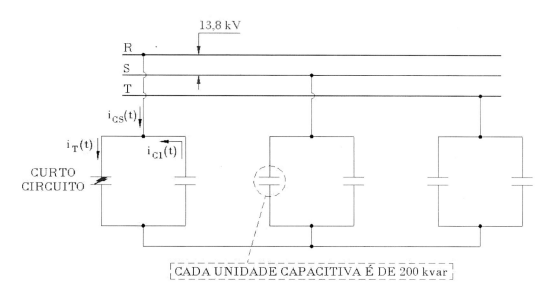

FIGURA 2 - ESQUEMA UTILIZADO NA SIMULAÇÃO PARA MOSTRAR O NÚMERO INCORRETO DE CAPACITORES EM PARALELO POR GRUPO PARA A CONEXÃO ESTRELA-ISOLADA

Com base na equação (1), deste capítulo, o fator multiplicativo (F) para determinar a corrente de falta é dado por:

$$F = \frac{3 \cdot 2 \cdot 1}{3 \cdot 1 - 2} = 6$$

A corrente nominal através de uma unidade capacitiva (200 [kvar], conforme mostra a figura 2 é dada por:

$$I_N = \frac{200}{(13,8/\sqrt{3})} = 25,10 [A]$$

Logo, a corrente de defeito na unidade capacitiva sob falta é calculada usando-se a equação (4) do capitulo IV.

$$I_{FC} = I_N \cdot F = 25,10 \cdot 6 = 150,60 \text{ [A]}$$

Como a corrente de defeito deve ser no mínimo de dez vezes a corrente nominal (25,10.10 = 251,00 [A]), no exemplo citado não poderia ser utilizada a conexão estrela-isolada protegida por fusível, pois a corrente de defeito alcançou algo da ordem de apenas 150 [A]. Neste caso, têm-se duas alternativas: aumentar o número de unidades em paralelo no grupo ou alterar a conexão do banco.

- Primeira alternativa: Aumentar o número de capacitores em paralelo de um grupo e ir diminuindo a potência das unidades capacitivas para manter a mesma potência do grupo de capacitores, o que irá proporcionar um aumento no custo do banco de capacitores, pois se deve sempre tentar preencher uma caixa capacitiva (capacitor) com a maior potência possível para reduzir o custo envolvido.

- Segunda alternativa: Utilizar a conexão delta, o que é mais viável, pois, a corrente de defeito seria a corrente de curto-circuito do sistema (fase-fase), obrigando a utilização de fusíveis limitadores de corrente, que tanto protegem as unidades capacitivas quanto o banco de capacitores contra falha na isolação.

Considerando o exposto é feita uma alteração na quantidade de unidades capacitivas em paralelo passando de duas (figura 2) para 4 (figura 3). Neste caso tem-se:

Alterando-se o número e a potência das unidades do grupo (primeira alternativa):
Número normal de capacitores em paralelo por grupo = 4;
Potência nominal de cada unidade capacitiva = 100 [kvar].

De posse da equação (1), tem-se:

$$F = \frac{3 \cdot 4 \cdot 1}{3 \cdot 1 - 2} = 12$$

A corrente nominal através de uma unidade capacitiva (100 [kvar]), conforme mostra a figura 2 é dada por:

$$I_N = \frac{100}{\left(13,8/\sqrt{3}\right)} = 12,55 [A]$$

Logo, com base na equação (4) a corrente de defeito da unidade capacitiva defeituosa é:

I_{FC} = 12,55.12 = 150,61 [A]

Embora a corrente de falta tenha sido praticamente a mesma (150 [A]) verifica-se que a corrente de defeito superou, neste caso, o valor mínimo de 125 [A] (dez vezes a nominal) logo, a conexão estrela-isolada pode ser utilizada desde que se instale no mínimo 4 unidades em paralelo. Observe que o exemplo comprova o número mínimo de capacitores em paralelo por grupos relacionados na tabela 1 para uma atuação correta do fusível individual.

Com base nas figuras 2 e 3 foi feita uma simulação para observar a evolução das correntes durante a falha da unidade capacitiva. Na figura 4 observa-se a evolução das correntes de defeito no capacitor sob falha para os dois exemplos anteriores (figuras 2 e 3). Verifica-se, na figura 4, que o valor máximo da corrente de falta é de 423,68 [A] ao considerar 4 unidades em paralelo por grupo e de 211,84 [A] quando se utiliza duas unidades em paralelo por grupo.

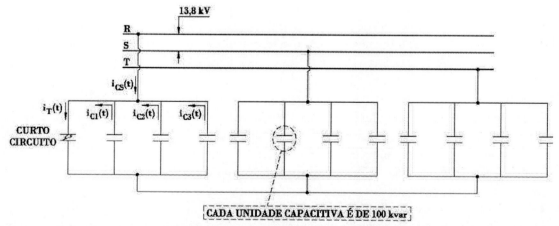

FIGURA 3 - ESQUEMA UTILIZADO NA SIMULAÇÃO MOSTRANDO O NÚMERO MÍNIMO DE CAPACITORES EM PARALELO POR GRUPO PARA UMA ATUAÇÃO CORRETA DO FUSÍVEL

CAPÍTULO V PROTEÇÃO DOS BANCOS DE CAPACITORES

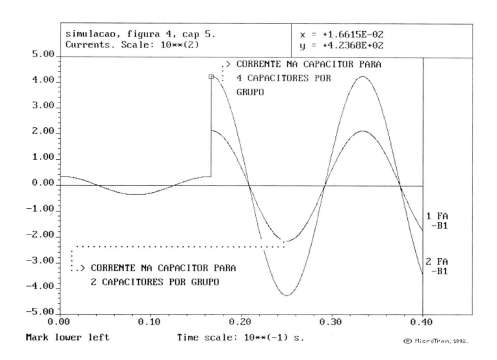

FIGURA 4 - RESULTADO DAS SIMULAÇÕES DAS FIGURAS 2 E 3

A tabela 1 já fornece o número de capacitores mínimos em paralelo por grupo de acordo com cada conexão para uma corrente de falta no capacitor defeituoso de no mínimo dez vezes a corrente nominal no capacitor, sendo cada capacitor com seu fusível individual. A tabela 1 foi montada a partir das equações (1), (2) e (3).

TABELA 1 - NÚMERO MÍNIMO DE CAPACITORES EM PARALELO POR GRUPO DE ACORDO COM CADA CONEXÃO (VIDE [46]) [1]			
NÚMERO DE GRUPOS SÉRIE POR FASE	NÚMERO MÍNIMO DE UNIDADES EM PARALELO		
	ESTRELA-ATERRADA OU TRIÂNGULO	ESTRELA-ISOLADA	DUPLA-ESTRELA-ISOLADA (SEÇÕES IGUAIS)
1	1	4	2
2	6	8	7
3	8	9	8
4	9	10	9
5	9	10	10
6	10	10	10
7	10	10	10
8	10	11	10
9	10	11	10
10	10	11	11
11	10	11	11
12	11	11	11

Nota: [1] Cada capacitor foi considerado com seu fusível individual.

2.4 - COORDENAÇÃO DA CURVA DE OPERAÇÃO DO FUSÍVEL COM A CURVA DE RUPTURA DA CAIXA

A curva de tempo-corrente do fusível deve ser seletiva com a curva de tempo corrente da caixa do capacitor. A coordenação é necessária para evitar a ruptura da caixa da unidade capacitiva e, dependendo do caso, a explosão da mesma. Logo, o fusível deve ser capaz de operar antes de a unidade capacitiva ser danificada. Portanto, o tempo total de interrupção do fusível (para a corrente de defeito) deve ser menor que o tempo de ruptura da caixa do capacitor defeituoso. Esta verificação pode ser realizada utilizando-se as curvas apresentadas na figura 8 (segundo [46]), para os capacitores de 25, 50, 100, 150, 200 [kvar].

2.5 - TENSÃO NAS UNIDADES RESTANTES APÓS FALHA EM UNIDADES CAPACITIVAS

Além do desequilíbrio nas correntes de fase, a falha em uma unidade capacitiva de um grupo de capacitores de um banco de capacitores provoca alteração nas tensões dos grupos da mesma fase ou alteração nas tensões das outras fases ou ambos.

Esta sobretensão que fica nos terminais dos capacitores após a falha de uma unidade capacitiva, deve ser levada em consideração no dimensionamento dos fusíveis. No caso de grandes bancos de capacitores, a queima de algumas unidades capacitivas não leva à retirada do banco de capacitores de operação. Tem-se por objetivo, assim, a continuidade de serviço. Com isso as unidades restantes do banco de capacitores ficam submetidas a uma determinada sobretensão. Na prática, normalmente 110% da tensão nominal da unidade capacitiva. Logo, os fusíveis das unidades restantes devem ser dimensionados para suportar esta sobretensão temporária.

Utilizam-se as equações (5), (6), (7) e (8) para a determinação do número mínimo de capacitores em paralelo por grupo para limitar em 10% o aumento de tensão nas unidades restantes, quando um capacitor é excluído (vide [46] entre outros).

a - Para bancos em estrela aterrada ou em triângulo:

$$N_{MCP} = N_{CE} \cdot \frac{11 \cdot (N_{GS} - 1)}{N_{GS}} \tag{5}$$

b - Para bancos em estrela isolada:

$$N_{MCP} = N_{CE} \cdot \frac{11 \cdot (3 \cdot N_{GS} - 2)}{3 \cdot N_{GS}} \tag{6}$$

c - Para bancos em dupla-estrela-isolada:

$$N_{MCP} = N_{CE} \cdot \frac{11 \cdot (6 \cdot N_{GS} - 5)}{6 \cdot N_{GS}} \tag{7}$$

Onde:

- N_{MCP}: Número mínimo de capacitores em paralelo em cada grupo série, necessário para limitar a sobretensão nos capacitores restantes em 10% da tensão nominal de operação do sistema (caso o número seja fracionado, arredondar para o número inteiro superior);
- N_{GS}: Número de grupos em série por fase;
- N_{CE}: Número de capacitores excluídos em um único grupo série.

Na tabela 2, tem-se o número mínimo de capacitores em paralelo por grupo para a conexão triângulo, estrela-aterrada, estrela-isolada e dupla-estrela-isolada, de forma a se obter uma sobretensão não maior que 10%, havendo a retirada de um capacitor por grupo de uma mesma fase, conforme [22].

TABELA 2- NÚMERO MÍNIMO DE CAPACITORES EM PARALELO POR GRUPO PARA VÁRIAS CONEXÕES (VIDE [46])				
NÚMERO DE GRUPOS SÉRIE POR FASE	UNIDADES RETIRADAS DO GRUPO DE UMA FASE	TRIÂNGULO OU ESTRELA-ATERRADA	ESTRELA-ISOLADA	DUPLA-ESTRELA-ISOLADA [1]
1	1	1	4	2
2	1	6	8	7
3	1	8	9	8
4	1	9	10	9
5	1	9	10	10
6	1	10	10	10
7	1	10	10	10
8	1	10	11	10
9	1	10	11	10
10	1	10	11	11
11	1	10	11	11
12	1	11	11	11
13	1	11	11	11
14	1	11	11	11
15	1	11	11	11
16	1	11	11	11

NOTA: [1] Duas estrelas idênticas com neutros solidamente interligados e não aterrados.

2.6 - DESCARGA DE ENERGIA DAS UNIDADES CAPACITIVAS EM PARALELO

O fusível e o capacitor defeituoso devem ser capazes de suportar a energia armazenada por outras unidades em paralelo do mesmo grupo. Sabe-se que quando um capacitor do grupo falha, toda a energia armazenada nos capacitores em paralelo será descarregada no capacitor defeituoso (ver figura 1). O cálculo da energia armazenada em paralelo não pode exceder a capacidade de energia do capacitor e do fusível. Excedendo essas classes de energia, pode ocorrer a não operação correta do fusível e/ou a ruptura da caixa da unidade capacitiva.

150 · CAPACITORES DE POTÊNCIA E FILTROS DE HARMÔNICOS

Historicamente a energia máxima absorvida pelos capacitores quando submetidos a uma sobretensão de 110% da tensão nominal, é de 10000 [J] para capacitores com dielétrico constituído de papel/filme e 15000 [J] para capacitores cujo dielétrico é apenas filme ("all-film"). Contudo, recentemente, avanços na tecnologia dos capacitores têm resultado em uma maior capacidade de energia, por exemplo, 30000 [J] sendo, no caso, protegidos com fusíveis de expulsão [58].

A energia armazenada em um capacitor pode ser calculada conforme equação (8).

$$E = \frac{1}{2} \cdot C \cdot U^2 \, [J] \tag{8}$$

Onde na equação (8) tem-se:

- E: Energia armazenada num capacitor ou grupo de capacitores, em [J];
- C: Capacitância do capacitor, em [F];
- U: Tensão do capacitor, em [V].

Utilizando-se a equação (9) e admitindo-se uma sobretensão de 1,1 [pu] a 60 [Hz], a potência de um grupo de capacitores em paralelo para 10000 [J], 15000 [J] e 30000 [J], é em torno de 3100 [kvar], 4650 [kvar] e 9300 [kvar], respectivamente.

> **Nota:** A energia armazenada em um grupo de capacitores em paralelo pode ser calculada pela equação (9).

$$E = \frac{Q \cdot U^2}{2 \cdot \pi \cdot f} \tag{9}$$

Onde:

- E: Energia armazenada num capacitor ou grupo de capacitores, em [kJ];
- Q: Potência do capacitor ou de um grupo de capacitores, em [kvar];
- U: Tensão do capacitor ou grupo de capacitores, em [kV];
- f: Frequência do capacitor ou do grupo de capacitores, em [Hz].

Quando os valores calculados de energia excedem as limitações dos fusíveis de expulsão, existem duas soluções possíveis:

1. Reprojetar o banco, reduzindo as unidades em paralelo ou aumentar o número de grupos de capacitores em série por fase;

2. Utilizar fusíveis limitadores de corrente.

2.7 - TIPOS DE FUSÍVEIS

Os tipos básicos de fusíveis para proteção dos capacitores são:

- Fusíveis externos (tipo expulsão);

- Fusíveis internos (capacitores com fusíveis internos).

2.7.1 - FUSÍVEIS PARA BAIXA TENSÃO (ATÉ 1000 [V])

Para unidades trifásicas ou monofásicas de baixa tensão, os fusíveis que devem ter alta capacidade de ruptura, retardadas, do tipo NH ou diazed [46] podem ser usados para a proteção de bancos de capacitores. Segundo [46], os fusíveis devem ser dimensionados para 1,65 vezes a corrente nominal da unidade capacitiva. Caso necessário, fusíveis limitadores de corrente podem ser utilizados em baixa tensão.

Naturalmente, podem ainda ser protegidos por disjuntores com disparo tipo retardados. As unidades capacitivas individuais dos bancos de capacitores em baixa tensão normalmente são protegidas por fusíveis internos.

2.7.2 - FUSÍVEIS PARA ALTA TENSÃO (SUPERIOR A 1000 [V])

Em alta tensão, são utilizados normalmente fusíveis do tipo expulsão, ou fusíveis limitadores de corrente. Na especificação dos fusíveis deve-se considerar que os capacitores normalmente suportam 135% da potência nominal se a tensão aplicada ao mesmo for de até 110% da nominal. Logo o fusível poderá permitir que circule continuamente uma corrente de até 1,23 vezes a corrente nominal do banco de capacitores.

2.7.3 - OS FUSÍVEIS DE EXPULSÃO

Consistem basicamente de um tubo especial de fibra de vidro e um elo fusível de distribuição (K ou T), alojado no seu interior. Este tubo proporciona um meio de extinção para o arco proveniente do elo fusível conforme mostram as curvas características dos fusíveis do tipo K e T, figuras 5 e 6, respectivamente

Os fusíveis de expulsão expelem um vapor proveniente da fusão do elemento do elo fusível, provocando um ruído (estampido) característico, quando interrompem uma corrente de falta. É usual instalar um fusível de expulsão de forma a proporcionar uma distância de seccionamento conveniente entre fusível e o capacitor por ele protegido.

Quando o fusível de expulsão é submetido a uma corrente superior a sua nominal, o elo fusível começa a se fundir. Quando a corrente passa por zero e o elo estiver fundido, ou seja, rompido, o fluxo de corrente será interrompido, e consequentemente o capacitor defeituoso será retirado de operação. Estes fusíveis não possuem ação limitadora de corrente e não podem "forçar um zero prematuro de corrente", como será visto adiante. Eles apenas introduzem uma resistência de arco, que faz a corrente decair a uma taxa mais rápida do que ocorreria sem a presença do fusível.

Uma proteção adequada que um elo fusível (K ou T) pode proporcionar é minimizar a energia dissipada pelo fusível no momento da fusão ($I^2.t$), que fluirá através de um capacitor defeituoso. Três condições devem ser satisfeitas antes de se chegar a uma decisão [56]:

a. Tentar minimizar o $I^2.t$ gerado por uma condição de falta a 60 [Hz];

b. Eliminar operações indesejáveis associadas à corrente de "inrush" e à descargas capacitivas devidas à falta nos barramentos ou entre unidades defeituosas;

c. Utilizar o menor elo fusível capaz de manter as suas características nominais na dissipação de $I^2.t$ (gerado, quando da circulação de sobrecorrentes de regime permanente devidas às sobretensões ou sobrecapacitâncias).

Elos fusíveis do tipo K (figura 5)são de atuação mais rápida que os do tipo T (figura 6), devido a isto, são historicamente mais utilizados na proteção de banco de capacitores. No entanto, os elos fusíveis do tipo T necessitam de uma energia maior para se fundirem. Esta característica pode ser utilizada onde há correntes transitórias de valor elevado e curta duração associadas a manobras do banco de capacitores ou transitórios na tensão do sistema. Mas, vale ressaltar que, a duração típica desses transitórios é geralmente menor que o tempo correspondente a um ciclo da frequência nominal do sistema e, durante tempos tão curtos, não há dissipação apreciável do calor produzido no elo fusível [60].

Para uma corrente nominal do fusível de 1,65 vezes a corrente nominal do capacitor, os aspectos **b** e **c** mencionados anteriormente serão satisfeitos, com isso, uma proteção individual dos capacitores com o elo fusível do tipo K, pode ser realizada [56].

Encontrado o fusível adequado a suportar a corrente nominal do capacitor, passa-se a determinação da corrente de defeito no capacitor defeituoso no momento da falta, para verificar se o fusível escolhido opera mais rapidamente que a caixa da unidade capacitiva possa a vir sofrer danos maiores que o normal (estofamento da caixa).

A figura 5 mostra uma foto de um banco de capacitores com fusíveis externos tipo expulsão.

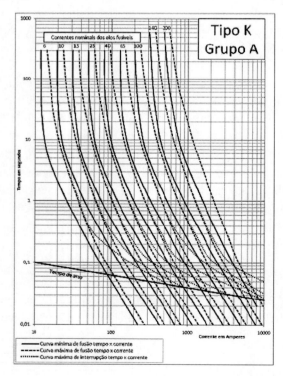
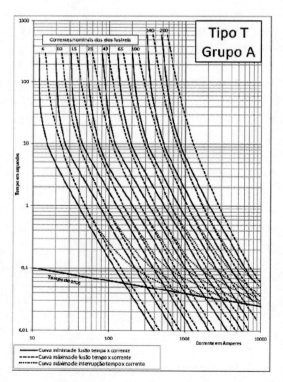

FIGURA 5 - CURVAS CARACTERÍSTICAS DOS ELOS FUSÍVEIS TIPO K

FIGURA 6 - CURVAS CARACTERÍSTICAS DOS ELOS FUSÍVEIS TIPO T

A figura 7 mostra uma fotografia de parte de um banco de capacitores monofásicos com fusíveis externo do tipo expulsão.

FIGURA 7 - BANCO DE CAPACITORES PROTEGIDO POR FUSÍVEL EXTERNO

A figura 8 mostra a curva de probabilidade de ruptura da caixa de um banco de capacitores (vide [46]). A corrente de defeito (I_{FC}) no capacitor defeituoso é determinada pela equação (4). Esta corrente de defeito deve ser levada na figura 8 para verificar se as curvas de probabilidade de ruptura da caixa com o fusível escolhido estão localizadas na zona segura. As curvas da figura 8 mostram que o tempo mínimo de interrupção dos fusíveis para efeito de uma coordenação segura é de 0,8 [ciclos].

- **Zona segura:** Segura na maioria das aplicações, usualmente não haverá maiores danos além da caixa ficar ligeiramente estufada (aumento de volume);

- **Zona 1:** Utilizável em lugares onde ruptura da caixa e/ou escorrimento do líquido isolante da unidade capacitiva não causará danos;

- **Zona 2:** Utilizável em lugares que tenham sido escolhidos após cuidadosas considerações quanto a possíveis consequências da ruptura violenta da caixa;

- **Zona prejudicial:** Perigoso na maioria das aplicações, a caixa facilmente pode ser rompida com suficiente violência para danificar unidades adjacentes ou até mesmo ferir pessoas com os estilhaços da caixa.

De um modo geral, recomenda-se que caso a corrente de defeito na unidade capacitiva for superior a 5 [kA], não se utilizar fusíveis de expulsão e sim fusíveis limitadores de corrente. A tabela 3 ilustra as aplicações com fusíveis de expulsão.

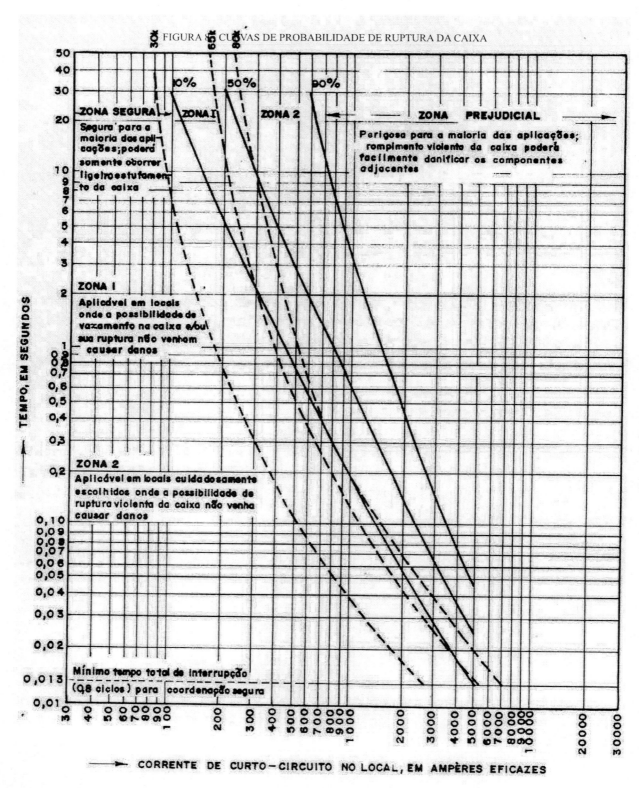

FIGURA 8 - CURVAS DE PROBABILIDADE DE RUPTURA DA CAIXA DE CAPACITORES DE 100 [kvar] EM CONJUNTO COM ELOS FUSÍVEIS DE 30, 65 E 80k (vide [46])

TABELA 3 - FUSÍVEIS DE EXPULSÃO PARA CAPACITORES COM PROTEÇÃO EXTERNA				
TENSÃO	POTÊNCIA	TIPOS DE LIGAÇÃO		
V	kvar	Estrela	Delta ou estrela	Estrela aterrada
2200	25	10K	12K	12K
	50	20K	20K	25K
	100	40K	40K	50K
	200	80K	80K	100K
2400	25	10K	10K	12K
	50	20K	20K	25K
	100	40K*	40K*	50K
	200	80K	80K	100K*
3800	25	6K	6K	8K
	50	12K	12K	15K
	100	25K	25K	30K
	200	50K	50K	65K
6640	25	5H	5H	6K
	50	8K	8K	8K
	100	15K	15K	15K
	200	30K	30K	30K
7620	25	5H	5H	5H
	50	6K	6K	8K
	100	12K	12K	15K
	200	25K	25K	30K
7960	25	5H	5H	8K
	50	6K	6K	8K
	100	12K	12K	15K
	200	25K	25K	30K
12700	25	3H	3H	3H
	50	5H	5H	6K
	100	5K	5K	5K
	200	15K	15K	15K
13200	25	3H	3H	3H
	50	5H	5H	6K
	100	8K	8K	8K
	200	15K	15K	15K
13800	25	3H	3H	3H
	50	5H	5H	5H
	100	6K	8K	8K
	200	15K	15K	15K
14400	25	2H	3H	3H
	50	5H	5H	5H
	100	6K	6K	8K
	200	12K	15K	15K

2.7.4 - FUSÍVEIS INTERNOS

Fusíveis internos têm como grande vantagem em relação aos fusíveis externos a continuidade de serviço, mas possui a desvantagem de não mostrar visualmente o capacitor defeituoso. O princípio de funcionamento com relação aos capacitores de fusível interno já foi comentado no Capítulo I. A figura 9.a apresenta a vista interna esquemática de um capacitor de alta tensão com fusíveis internos (FI) e figura 9.b uma fotografia de dez unidades com este dispositivo. Vale salientar que capacitores de baixa tensão também possuem fusíveis internos.

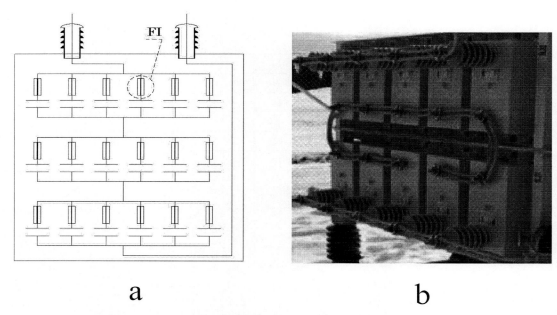

FIGURA 9 - FUSÍVEIS INTERNOS DE UNIDADES CAPACITIVAS EM ALTA TENSÃO

a - Diagrama esquemático da unidade capacitiva com fusíveis internos;
b - Fotografia de um banco de capacitores com fusíveis internos.

2.8 - FUSÍVEIS DE GRUPO

A prática de utilização de um fusível para proteger mais de um capacitor por fase é conhecida como proteção por grupo, ou então, fusível de grupo. A figura 10 mostra este tipo de proteção. Pequenos bancos de capacitores em linhas de distribuição usam frequentemente fusíveis de grupo, normalmente são chaves fusíveis para proteger e manobrar o capacitor. Em sistemas industriais com grandes bancos, grupos de dois ou mais capacitores podem ser conectados em paralelo ou série/paralelo e protegidos por fusíveis individuais. Fusíveis de grupo são considerados como um caso especial.

Os fusíveis de grupo devem suportar em regime permanente a corrente de todo grupo e possuir as características de não ruptura da caixa, logo deve-se verificar a curva de tempo-corrente do fusível de grupo com a curva de tempo-corrente da caixa, como no capacitor individual.

Os fusíveis de grupo possuem uma ação mais lenta com relação aos fusíveis individuais, devendo-se evitar utilizar, para uma operação segura (vide [46]), a utilização de mais de quatro capacitores em paralelo protegidos por um único fusível.

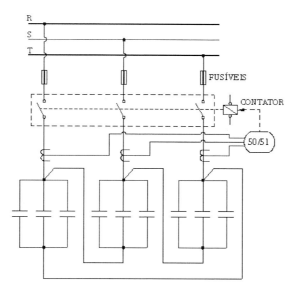

FIGURA 10 - CONEXÃO ESTRELA ISOLADA COM FUSÍVEL DE GRUPO

3 - RELÉS

Em adição à proteção individual dos capacitores através do uso de fusíveis individuais ou de grupo, têm-se os relés de sobrecorrente para o desligamento geral do banco de capacitores. Os tipos básicos de relés de proteção usados são os de sobrecorrente e de desequilíbrio. Esses relés devem ser ligados aos transformadores de potencial ou de corrente.

3.1 - UTILIZAÇÃO DOS RELÉS

Para grandes bancos de capacitores em que as três fases estão bem separadas uma da outra, um curto-circuito normalmente tem início como um curto de um único grupo série de uma fase; se o número de grupos série do banco de capacitores não for muito pequeno, este tipo de defeito produz uma sobrecorrente de fase muito reduzida e se for permitido o seu prosseguimento, irá envolver mais e mais grupos série da mesma fase, acarretando ao banco de capacitores danos que podem incluir vários capacitores com ruptura da caixa. Para evitar que isto ocorra, os relés de proteção são utilizados.

3.2 - PROTEÇÃO POR RELÉS DE SOBRECORRENTE

Os relés de sobrecorrente instalados na linha de alimentação do banco são essencialmente utilizados para proteção contra defeitos entre fases ou entre fases e terra que possam ocorrer em barramentos de alimentação entre os disjuntores e o banco de capacitores, ou entre grupos série de fases diferentes do banco.

Na aplicação de relés de sobrecorrente o elemento instantâneo não é geralmente usado, pois pode ser desnecessariamente operado pelas sobrecorrentes transitórias de energização. O relé de sobrecorrente deve ser ajustado para 1,25 a 1,35 vezes a corrente nominal do banco de capacitores.

3.3 - PROTEÇÃO DOS CAPACITORES POR RÉLE DE DESEQUILÍBRIO

A proteção do banco de capacitores como um todo contra sobretensões na linha de alimentação é feita por meio de relés convencionais de sobretensão associados a transformadores de potencial (TPs). A proteção utilizada deve proteger os capacitores restantes de um banco de capacitores contra as sobretensões neles resultantes do desequilíbrio ocasionado pela exclusão de alguns capacitores com defeito, exclusão esta realizada pelos fusíveis individuais de proteção destes capacitores. Os relés utilizados nestes casos são chamados de relés de desequilíbrio, pois estão localizados no neutro dos bancos de capacitores, na qual uma alteração da impedância ocorrida em uma ou mais fases (desequilíbrio) provoca uma circulação de corrente pelo neutro, logo acionando o relé de desequilíbrio do banco de capacitores.

Na maioria das instalações a escolha do esquema de proteção por desequilíbrio mais apropriado e mais econômico deve ser feita em conjunto com o projeto do próprio banco de capacitores, a coordenação dos fusíveis, as características dos relés a serem utilizados e o desequilíbrio inerente do banco (desequilíbrio completo, sem exclusão de capacitores).

O desequilíbrio inerente do banco de capacitores quer seja por desbalanço entre as tensões das três fases do sistema de alimentação ou pela diferença entre as capacitâncias das três fases ocasionada pela tolerância de fabricação dos capacitores unitários, pode, portanto, provocar operações indevidas do relé ou ainda impedir operações necessárias. Algumas considerações de ordem geral podem ser enfatizadas para a proteção por desequilíbrio.

a. A proteção por desequilíbrio deve ser coordenada com os fusíveis de proteção individual dos capacitores, de modo que esses fusíveis operem para desligar um capacitor com defeito antes que o banco de capacitores seja desligado pelo relé;

b. A proteção (com os TCs ou TPs associados) deve ser suficientemente sensível para dar um alarme quando for excluído um capacitor e desligar o banco quando for excluído um determinado número de capacitores, que ocasiona nos capacitores restantes sobretensão superior a 10% da nominal;

c. Os relés devem ser temporizados devido aos transitórios inerentes a qualquer banco de capacitores. A proteção por desequilíbrio deve possuir um tempo relativamente longo para evitar:

- Correntes de "inrush";
- Faltas ocorridas no sistema;
- Descargas atmosféricas;
- Chaveamento de equipamentos próximos ao banco de capacitores;
- Pequenos desequilíbrios de tensão e de variação da capacitância do capacitor se estiverem dentro dos limites aceitáveis;
- A não simultaneidade da operação dos polos do disjuntor ao energizar os bancos.
- Nas instalações, normalmente um tempo de retardo de 0,45 a 0,75 [s] é satisfatório para atender os casos mencionados;

d. A proteção não deve permitir o religamento automático do banco de capacitores.

4 - RELÉS TÉRMICOS

Relés térmicos são ocasionalmente usados, como suplemento a outros tipos de proteções dos bancos de capacitores. São usados para detectar operações anormais, tais como o aparecimento de harmônicos nos bancos de capacitores. Estes harmônicos poderão, dependendo de sua intensidade, provocar aquecimento excessivo na unidade capacitiva e uma correta operação do relé térmico deve ser efetuado antes de ocorrer as falhas.

Pode-se observar na figura 11, do capitulo I, que a medida que um elemento capacitivo no interior da unidade capacitiva, sem fusível interno, entra em falha a corrente, inicia um processo de elevação que certamente irá danificar progressivamente os elementos capacitivos e internos da caixa (invólucro). Para evitar esta condição adversa, de um modo geral pode-se utilizar um relé térmico ajustado em até 1,35 vezes a corrente nominal do banco de capacitores.

Atualmente já existem relés específicos para detectar harmônicos de corrente em unidades capacitivas e sua aplicação certamente é mais segura do que aquelas de sobrecarga (ANSI 49).

Destaca-se que os bancos de capacitores com fusíveis internos à medida que as unidades capacitivas entram em falha, a corrente diminui e, portanto, a proteção por desequilíbrio torna-se mais eficiente neste tipo de aplicação.

5 - PARA-RAIOS PARA PROTEÇÃO DE BANCO DE CAPACITORES

Os para-raios são equipamentos que contribuem para a confiabilidade, economia e continuidade de serviço nos sistemas de potência e operam para manter em valores satisfatórios as sobretensões provenientes de descargas atmosféricas, impulsos de manobra e por sobretensões na frequência industrial. Portanto, os para-raios atuam como limitadores de tensão, impedindo que tensões anormais alcancem o equipamento que está sendo protegido.

Duas características devem ser observadas na especificação dos para-raios: a tensão nominal e a capacidade de condução de corrente no momento do defeito.

As regras práticas para especificação da tensão nominal de operação contínua dos para-raios de óxido metálico (de zinco, normalmente) sem centelhadores estão a seguir.

5.1 - PARA SISTEMAS MULTIATERRADOS

A equação (10) apresenta a tensão nominal dos para raios a serem instalados em sistemas multiaterrados.

$$UN = (0,80 \text{ a } 0,85) * UFF \tag{10}$$

5.2 - PARA SISTEMAS ISOLADOS

A equação (11) apresenta a tensão nominal dos para raios a serem instalados em sistemas isolados.

$$UN = (1{,}10 \text{ a } 1{,}20) * UFF \tag{11}$$

Onde:

- U_N: Tensão nominal do para-raios;
- U_{FF}: Tensão fase-fase do sistema;

Por outro lado, a corrente de descarga de um para-raios, conforme [57], é dada por:

$$I_{DES} = \frac{2{,}4 \cdot U_I}{Z_L + Z_{PR}} \tag{12}$$

Onde:

- I_{DES}: Corrente de descarga do para-raios;
- U_I: Tensão suportável de impulso do sistema (BIL);
- Z_L: Impedância do surto;
- Z_{PR}: Impedância do para-raios.

Determinados os valores de tensão nominal e a corrente de descarga suportável do para-raios, consulta-se as tabelas dos fabricantes para encontrar os para-raios mais adequados.

6 - ESQUEMAS DE PROTEÇÃO DOS BANCOS DE CAPACITORES

As figuras 11, 12, 13, 14 e 15 mostram esquemas de ligações e proteções de algumas conexões de banco de capacitores (vide [46]).

Na figura 11, o banco de capacitores está na conexão delta, sendo protegido externamente pelos relés de sobrecorrente de fase temporizado (ANSI 50 e 51). Cada unidade capacitiva é protegida por seu fusível externo correspondente.

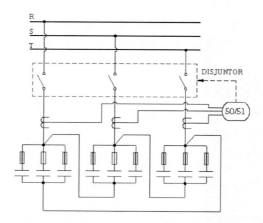

FIGURA 11 - ESQUEMA DE LIGAÇÃO TRIÂNGULO COM RELÉS DE SOBRECORRENTE

Na figura 12, o banco de capacitores está na conexão estrela-aterrada, sendo protegido pelos relés de sobrecorrente de fase e de neutro temporizado (ANSI 50 e 51N).

Destaca-se que pelo relé de neutro (51N) passam as correntes de terceiro harmônico e seus múltiplos ímpares além das de falta à terra remota. O ajuste desta função não é tão simples e recomenda-se incluir um retardo de tempo adequado entre 0,45 a 0,75 [s] para coordenar com outras funções de falta à terra existente no sistema onde o banco de capacitores encontra-se instalado.

A corrente de neutro deve ser calculada de modo a garantir que a retirada de determinadas unidades capacitivas não provoque sobretensões superiores a 10% nas unidades restantes.

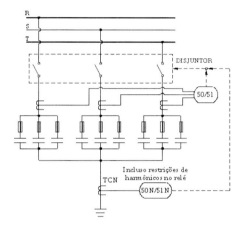

FIGURA 12 - ESQUEMA DA CONEXÃO ESTRELA-ATERRADA

A figura 13 mostra o caso de sistemas com neutro isolado em conexão estrela. Nestes casos é recomendado instalar entre o neutro e terra um transformador de potencial (TP), pois as falhas em unidades capacitivas normalmente resultam em tensões diferentes de zero entre o ponto neutro e terra. A figura 13 ilustra o esquema de proteção para esta aplicação. De um modo geral existe a proteção de sobrecorrente de fase e é instalado um relé de sobretensão (ANSI 59N) no secundário do TP, conforme indicado.

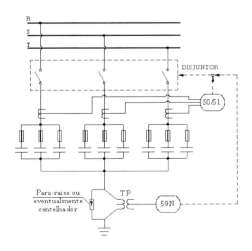

FIGURA 13 - ESQUEMA DE LIGAÇÃO EM ESTRELA-ISOLADA COM TP

Na figura 13, o sistema de proteção associado ao TP e aos TCs deve, em princípio, atender:

a. Transformador de potencial ligado em cada fase ou em cada grupo série por fase, nos bancos de capacitores ligados em estrela com neutro isolado, para identificar um desequilíbrio na fase ou no grupo;

b. Transformadores de corrente ou de potencial ligados entre os neutros de dois ou mais bancos de capacitores ligados em estrela com neutro isolado, os quais operarão com o desequilíbrio do banco;

c. Transformador de potencial ligado entre o neutro e a terra, em um banco ligado em estrela com neutro isolado, para detectar o deslocamento do neutro.

A conexão em dupla-estrela-isolada pode ser protegida pelo esquema da figura 14, onde o banco de capacitores é dividido em duas seções com os neutros interligados por meio de um transformador de corrente. O desequilíbrio de uma fase de uma das seções ocasiona a circulação de uma corrente pelo neutro, cujo secundário alimenta um relé de sobrecorrente (ANSI 51N), além das proteções de sobrecorrente de fase.

Destaque importante: Embora seja recomendado que os dois lados da dupla estrela apresentem a mesma quantidade de unidades capacitivas (9 de cada lado na figura 14), por vezes, pode-se encontrar na prática, unidades capacitivas em dupla estrela isolada com bancos de capacitores diferentes de cada lado da estrela, exemplo três grupos de um lado do TCN e dois grupos de outro. Neste caso o ajuste deve ser calculado para estes casos específicos.

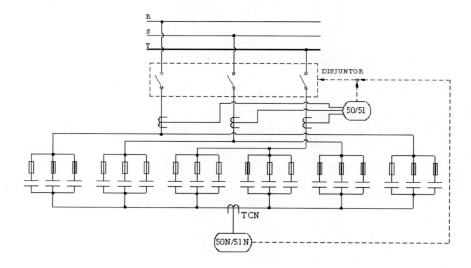

FIGURA 14 - ESQUEMA DE LIGAÇÃO DA CONEXÃO DUPLA-ESTRELA-ISOLADA COM PROTEÇÃO PELA CORRENTE CIRCULANTE ENTRE OS NEUTROS DAS DUAS SEÇÕES DO BANCO DE CAPACITORES

O esquema de proteção da conexão dupla-estrela-aterrada é mostrado na figura 15. O banco de capacitores é dividido em duas seções cujos neutros são aterrados em um ponto comum através de dois diferentes transformadores de corrente.

Os secundários dos dois TCs são ligados em oposição e alimentam um relé de sobrecorrente que opera com a diferença das mesmas ficando como se fosse um relé diferencial (87), não sendo sensível a falhas externas ao banco de capacitores. Este tipo de proteção detecta de modo eficiente quaisquer variações entre as capacitâncias envolvidas.

Para minimizar os efeitos do desequilíbrio inerente ao banco de capacitores devido ao desbalanço do sistema de alimentação e/ou à tolerância de fabricação dos capacitores, o sistema de proteção deve ter dois ajustes:

- Alarme: ajustado para operar com uma corrente de neutro ocasionada pelo desligamento de um capacitor; o retardo de tempo deve ser suficiente para evitar operações indevidas em caso de perturbações com origem externa (atraso 0,45 a 0,75 [s]);

- Desligamento: ajustado para operar com uma corrente de neutro que esteja entre a exclusão do capacitor crítico e a exclusão do capacitor imediatamente anterior; o capacitor crítico é aquele cuja exclusão provoca nos restantes uma sobretensão maior que a máxima admissível, normalmente 10% (ver equações (5), (6) e (7) e tabela 2).

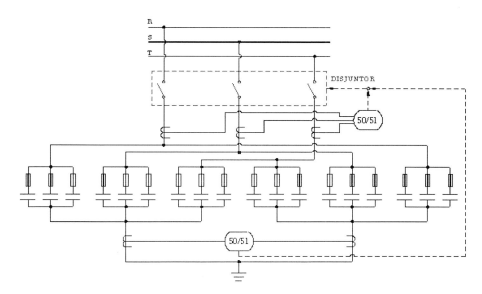

FIGURA 15 - ESQUEMA DE LIGAÇÃO DA CONEXÃO DUPLA-ESTRELA-ATERRADA COM PROTEÇÃO PELA DIFERANÇA ENTRE AS CORRENTES CIRCULANTES DOS NEUTROS

7 - RECOMENDAÇÕES

De um modo geral, utiliza-se um fator para ser multiplicado pela corrente nominal do banco de capacitores visando determinar a corrente nominal dos fusíveis, sendo entre 1,5 a 1,75 para o banco de capacitores em alta tensão e entre 1,25 a 1,35 para baixa tensão.

Todavia deve-se verificar através de simulação ou de cálculo para que o fusível não opere na energização do banco de capacitores, pois o objetivo deste dispositivo é efetuar a proteção do banco de capacitores tanto durante a queima de unidades capacitivas e, principalmente, durante curto-circuito (fase-terra ou fase-fase). Na conexão estrela-isolada não se deve utilizar fusíveis limitadores de corrente.

O fusível deve ter uma corrente nominal acima do valor da corrente nominal do banco de capacitores e ser dimensionado para suportar: a sobretensão admissível bem como a variação da capacitância do banco de capacitores estipulados por norma.

As correntes de curto-circuito são limitadas em até três vezes a corrente nominal dos bancos de capacitores ($I_{CC} \leq 3 * I_{NBC}$) quando eles estão conectados em estrela isolada, pois o curto-circuito em uma unidade capacitiva é limitado pela impedância dos capacitores não defeituosos (vide figuras 9 e 10 do Capítulo IV). Para os bancos de capacitores aterrados, as correntes de curto-circuito são dependentes do ponto de instalação que o mesmo se encontra em relação à subestação.

De um modo geral, o relé de sobrecorrente temporizado de fase (ANSI 51), figuras 11 a 15 deste Capítulo deve ser ajustado para operar (pick-up) conforme a seguir:

$I_{PICK-UP51} = (1,20\ a\ 1,35) * I_{NBC}$

- Retardo de tempo para atuação da função de sobrecorrente ANSI 51 = 0,50 a 0,75 [s].

Quando os bancos de capacitores são solidamente aterrados na configuração mostrada na figura 12, os ajustes recomendados para os relés de sobrecorrente temporizados de neutro (ANSI 51N) são os seguintes:

- $I_{PICK-UP51N} = (1,20\ a\ 1,35) * I_{NBC}$;
- Retardo de tempo para atuação da função de sobrecorrente ANSI 51N = 0,50 a 0,75 [s].

Para os bancos de capacitores na configuração mostrada na figura 13, os ajustes recomendados para os relés de sobretensão temporizados de neutro (ANSI 59N) são os seguintes:

- $U_{PICK-UP59N} = (0,5\ a\ 0,75) * U_{FN}$
- Retardo de tempo para atuação da função de sobrecorrente ANSI 59N = 0,25 a 0,75 [s].

Quando os bancos de capacitores são conectados em dupla estrela isolada na configuração mostrada na figura 14, os ajustes para os relés de sobrecorrente temporizados de neutro (ANSI 51N) dependem da quantidade de capacitores série e paralelo que formam o banco. Para determinar o ajuste desta corrente deve-se levar em conta o exposto no item 4, do Capítulo IV, e os itens 2.3 e 2.5 deste capítulo, de modo a evitar que as unidades que não estão sujeitas a defeito fiquem com sobretensões superiores a 10%.

Nas equações anteriores tem-se:

- I_{NBC}: Corrente nominal do banco de capacitores;
- $I_{PICK-UP51}$: Corrente de ajuste da função ANSI 51;
- $I_{PICK-UP51N}$: Corrente de ajuste da função ANSI 51N;
- $U_{PICK-59N}$: Tensão de ajuste da função ANSI 59N;
- U_{FN}: Tensão nominal entre fase e neutro do sistema elétrico.

As unidades instantâneas dos relés de sobrecorrentes (ANSI 50) quando aplicáveis aos bancos de capacitores, devem ser ajustadas entre 10 a 15% acima da corrente de energização ("inrush") do banco de capacitores.

CAPÍTULO V PROTEÇÃO DOS BANCOS DE CAPACITORES • **165**

Destaque Importante: Todos os fusíveis antes de serem aplicados a bancos de capacitores devem ser analisados caso a caso, conforme mostra o exemplo a seguir.

Exemplo: Considere um banco de capacitores em estrela isolada de 300 [kvar] instalado em 13,8 [kV] com corrente nominal de 12,6 [A]. Determinar o elo fusível mais adequado para esta aplicação.

Solução: Inicialmente serão testados os fusíveis com elo 12K e 12T:

- O uso do fusível 12K opera em 18 [s] e o 12T opera em 38 [s] para a corrente de curto-circuito de 37,8 [A] (3 * 12,6 [A]), ou seja, 3 vezes a nominal;

- A sobrecarga máxima destes capacitores segundo a norma é de 35% que perfaz uma corrente de regime permanente da ordem de 17,0 [A] (1,35 * 12,6 [A]);

- A fusão e a sobrecarga para os fusíveis com elo 12K e 12T são respectivamente de 2,5 * 12 = 30 [A] e 1,5 * 12 = 18 [A].

Portanto, o elo 12K consegue proteger os capacitores contra curtocircuito e não protege contra sobrecarga e o elo 12T não protege os capacitores contra curto-circuito e também não os protege contra sobrecarga.

Considerando os elos 10K e 10T verifica-se:

- O uso do fusível 10K opera em 4,5 [s] e o 10T opera em 14 [s] para a corrente de curto-circuito de 37,8 [A] (3 * 12,6 [A]), ou seja, 3 vezes a nominal;

- A sobrecarga máxima destes capacitores segundo a norma é de 35% que perfaz uma corrente de regime permanente da ordem de 17,0 [A] (1,35 * 12,6 [A]);

- A fusão e a sobrecarga para os fusíveis com elo 10K e 10T são respectivamente de 2,5 * 10 = 25 [A] e 1,5 * 10 = 15 [A].

Portanto, o elo 10K ou o elo 10T consegue proteger os capacitores contra curto-circuito e sobrecarga. Deve ser analisado se os fusíveis não operam durante a energização ("inrush"). A corrente de energização depende fundamentalmente da capacitância do banco, do seu tipo de conexão e da impedância do sistema "vista de seus terminais". O cálculo desta corrente encontra-se no Capítulo VI.

CAPÍTULO VI
CHAVEAMENTO DE BANCOS DE CAPACITORES

1 - INTRODUÇÃO

Este capítulo tem por objetivo efetuar a análise relativa ao chaveamento dos bancos de capacitores (energização e desenergização), visando identificar quais os fenômenos de sobrecorrente e sobretensão que podem causar danos tanto nas próprias unidades capacitivas que compõem o banco, como em outros equipamentos ligados ao sistema em questão.

Os fatores que influenciam a magnitude e a frequência dos transitórios associados às tensões e correntes envolvidos durante o chaveamento dos bancos de capacitores, entre outros, são:

- Tensão e potência do banco de capacitores;
- Indutância associada ao banco de capacitores (no caso de filtros de harmônicos);
- Indutância e capacitância das linhas de transmissão e/ou cabos entre a fonte e o banco de capacitores;
- Presença de mais de um banco de capacitores na mesma barra;
- Potência de curto-circuito da subestação que efetua o suprimento de energia ao banco de capacitores;
- Valor da tensão do sistema no instante de sua energização.

Neste capítulo, os fenômenos transitórios de chaveamento estão separados em dois itens:

a - Energização de bancos de capacitores;
b - Desenergização (desligamento) de bancos de capacitores.

2 - TRANSITÓRIOS CAUSADOS PELA ENERGIZAÇÃO DE BANCO DE CAPACITORES

No momento da energização de um banco de capacitores, a partir de uma fonte de corrente alternada, irá circular pelo circuito uma corrente elevada e oscilatória. Quando o banco de capacitores é energizado, a corrente circulante é limitada pela impedância da fonte (equivalente de Thevenin) e os cabos de alimentação e/ou linhas de transmissão existentes entre a referida fonte e o banco de capacitores. A parcela de maior amplitude desta corrente transitória oscilatória de alta frequência ocorre e termina em um pequeno intervalo de tempo (menor que um ciclo da frequência de operação). A amplitude atingida por este transitório é máxima quando a tensão da fonte passar pelo seu valor máximo (valor de pico), no instante da energização.

Para os bancos de capacitores trifásicos em estrela aterrada, com fonte também conectada em estrela-aterrada, as correntes transitórias possuem as mesmas características do caso de energização de banco de capacitores conectado entre fases e neutro (caso monofásico).

A figura 1 representa um diagrama unifilar típico para o estudo de transitórios e a figura 2 o diagrama de impedâncias na frequência fundamental. A reatância indutiva X_{THI} e a resistência R_{THI} representam o sistema elétrico equivalente "visto da barra B3", constituído, no caso pela fonte de energia, transformador e cabos (equivalente de Thevenin), sendo X_{CI} a reatância capacitiva do banco de capacitores propriamente dito.

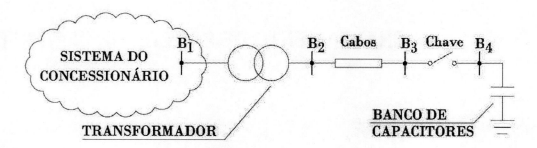

FIGURA 1 - DIAGRAMA UNIFILAR PARA ENERGIZAÇÃO DE UM BANCO DE CAPACITORES MONOFÁSICO

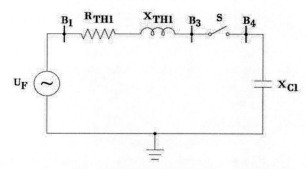

FIGURA 2 - DIAGRAMA DE IMPEDÂNCIAS EQUIVALENTE AO SISTEMA DA FIGURA 1

A máxima corrente de energização ("inrush") de um banco de capacitores em um sistema, admitindo-se que o circuito do banco de capacitores é energizado no instante em que acontece o pico da tensão (sem a presença de outros bancos de capacitores), é de modo simplificado apresentado na equação (1), onde desconsidera-se a resistência do sistema.

$$I_{MAX} = I_0 \cdot \left[1 + \sqrt{\frac{X_{C1}}{X_{TH1}}}\right] [A] \qquad (1)$$

Onde:

$$I_0 = \frac{U_{MÁX}}{X_{C1} - X_{TH1}} [A] \qquad (2)$$

E

$$X_{C1} = \frac{U_{BCN}^2}{Q_{BCN}} [\Omega] \qquad (3)$$

Visto que a potência de curto-circuito é geralmente conhecida nos vários pontos do sistema, o valor da impedância equivalente de Thevenin (X_{TH1}) pode ser calculado, a partir do ponto de interesse, através da equação (4):

$$X_{TH1} = \frac{U_1^2}{S_{CC}} [\Omega] \qquad (4)$$

E

$$U_{MAX} = \sqrt{\frac{2}{3}} \cdot U_1$$

Onde:

- I_{MAX}: Corrente de pico na energização do banco de capacitores;
- I_N: Corrente nominal do banco de capacitores;
- U_{MAX}: Tensão fase-neutro do sistema (valor de pico);
- X_{C1}: Reatância capacitiva do banco de capacitores na frequência fundamental;
- X_{TH1}: Reatância indutiva entre a fonte e o banco de capacitores na frequência fundamental (equivalente de Thevenin);
- S_{CC}: Potência de curto-circuito na barra no qual está conectado o banco de capacitores;
- Q_{BCN}: Potência nominal do banco de capacitores;
- U_{BCN}: Tensão nominal do banco de capacitores;
- U_1: Tensão fase-fase do sistema na frequência fundamental.

A frequência de oscilação da corrente transitória na energização do banco de capacitores pode ser calculada através da equação (5).

$$f_{MÁX} = f \cdot \sqrt{\frac{X_{C1}}{X_{TH1}}} \tag{5}$$

Onde:

- f_{MAX}: Frequência máxima de oscilação da corrente na energização do banco de capacitores;
- f: Frequência industrial.

Exemplo 1: Determinar a corrente máxima de energização considerando-se o sistema da figura 1 com os seguintes dados.

- A potência de curto-circuito do sistema do sistema da barra B3 (S_{CC}): 100 [MVA];
- Transformador: 138 / 13,8 [kV]; 10 [MVA]; X= 9% e R= 0,3%.
- Cabos: Comprimento: 15 [m]; Reatância Indutiva: 0,002685 [Ω] e Resistência: 0,006 [Ω].
- Banco de capacitores: 3 [Mvar], 13,8 [kV] (valores nominais).

Com base nos dados apresentados, a reatância capacitiva na frequência fundamental pode ser calculada conforme equação (3).:

$$X_{C1} = \frac{U_{BCN}^2}{Q_{BCN}} = \frac{13,8^2}{3} = 63,480\,[\Omega] \tag{6}$$

A reatância equivalente de Thevenin, vista da barra B3, considerando o sistema do concessionário, o transformado de entrada e os cabos na frequência fundamental, conforme (4) será de:

$$X_{TH1} = \frac{U_1^2}{S_{CC}} = \frac{13,8^2}{100} = 1,904\,[\Omega] \tag{7}$$

O valor de pico máximo da corrente transitória, calculada com base em (1), será:

$$I_{MAX} = \frac{7967 \cdot \sqrt{2}}{63,48 - 1,90}\left[1 + \sqrt{\frac{63,48}{1,90}}\right] = 1239,476\,[A]$$

A figura 3 mostra uma simulação com os valores expressos no exemplo 1 considerando o efeito resistivo e observa-se que a equação 1 apresenta uma boa aproximação para a determinação da corrente de "inrush" no momento da energização do banco de capacitores.

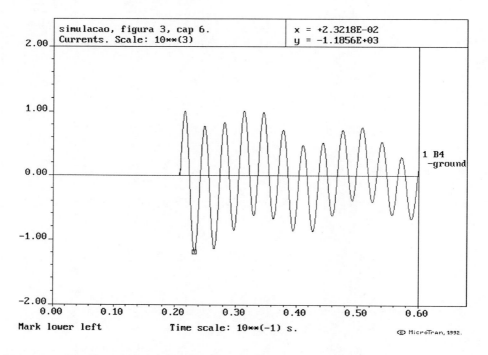

FIGURA 3 - FORMA DE ONDA DA CORRENTE DURANTE ENERGIZAÇÃO DE CAPACITORES PARA O CIRCUITO DA FIGURA 2

Analisando-se a figura 2, pode-se deduzir que a tensão máxima alcançada na energização de um banco de capacitores será:

$$U_{CMAX} = U_{C(0)} + 2 \cdot \left[U_{MAX} - U_{C(0)}\right] \tag{8}$$

Onde:

- $U_{C(0)}$: Tensão inicial no capacitor no instante de energização (tensão pré-carga);

- U_{MAX}: Tensão máxima instantânea da fonte.

Na equação (8), percebe-se que se o capacitor estiver inicialmente descarregado $U_{C(0)} = 0$, a tensão transitória máxima em seus terminais pode alcançar teoricamente duas vezes o valor de sua tensão em regime permanente no caso $U_{MAX} = 2 \cdot \sqrt{2} / \sqrt{3} \cdot 13,8 = 22,535$ [kV]. A figura 4 mostra a tensão máxima no momento da energização de um banco de capacitores descarregado, utilizando-se o exemplo 1.

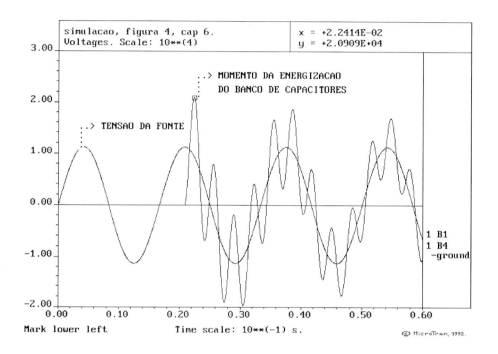

FIGURA 4 - SIMULAÇÃO DE ENERGIZAÇÃO DE UM BANCO DE CAPACITORES DESCARREGADO

Nota: As diferenças existentes entre os resultados obtidos com o uso das equações (1) e (8) com as simulações mostradas nas figuras 3 e 4 são da ordem de 5% em função dos efeitos resistivos considerados na simulação.

- I_{MAX} obtido na simulação da figura 3 = 1105,6 [A];
- U_{CMAX} obtido na simulação da figura 4 = 20,909 [kV].

Se o banco de capacitores estiver inicialmente carregado com o mesmo potencial e mesma polaridade que a tensão no instante do chaveamento, não ocorrerão transitórios de tensão. Por outro lado, se no momento da energização do banco de capacitores a tensão da fonte estiver com polaridade oposta à do banco de capacitores, a tensão transitória máxima nos terminais do banco de capacitores será de três vezes seu valor em regime permanente, conforme mostra a equação (8).

Utilizando-se o mesmo sistema do exemplo 1, os resultados das simulações mostram na figura 5 que não ocorreram transitórios de tensão no momento da energização do banco de capacitores carregado com tensão com a mesma polaridade da fonte. Já na figura 6, com o banco carregado com tensão oposta à da fonte, ocorreram transitórios de tensão no momento da energização e o valor do pico de tensão (U_{MAX}) foi de 31,818 [kV].

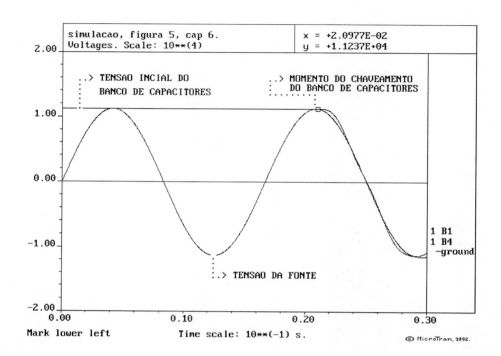

FIGURA 5 - SIMULAÇÃO DA ENERGIZAÇÃO DE CAPACITORES CARREGADOS INICIALMENTE COM MESMA POLARIDADE DA FONTE

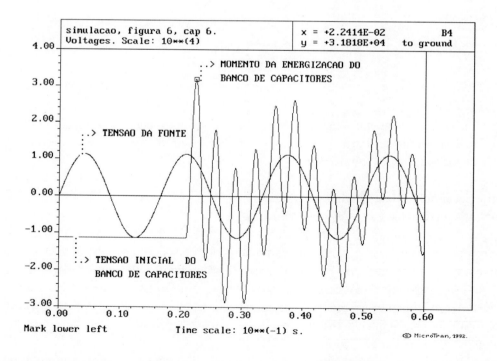

FIGURA 6 - SIMULAÇÃO DE ENERGIZAÇÃO DE CAPACITORES CARREGADOS INICIALMENTE COM POLARIDADE OPOSTA A DA FONTE

2.1 - ENERGIZAÇÃO DE BANCOS DE CAPACITORES EM PARALELO

Quando um banco de capacitores já se encontra energizado, e um segundo banco de capacitores é ligado, dois transitórios distintos ocorrem. O **primeiro** envolve a fonte e o banco de capacitores que está sendo energizado e o **segundo**, envolve os bancos de capacitores já energizados e o outro a ser ligado. O segundo efeito é mais relevante que o primeiro. Este segundo efeito é tão crítico que usualmente é costume considerar apenas o fenômeno de oscilação entre os dois bancos de capacitores. A figura 7 mostra o circuito em consideração.

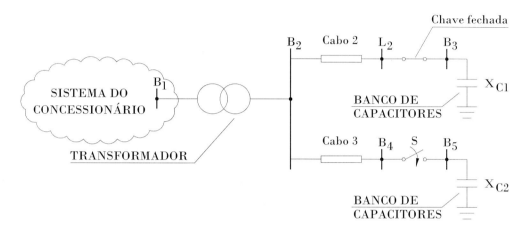

FIGURA 7 - CHAVEAMENTO DE BANCOS DE CAPACITORES EM PARALELO

O circuito equivalente de impedância para o sistema da figura 7 está apresentado na figura 8.

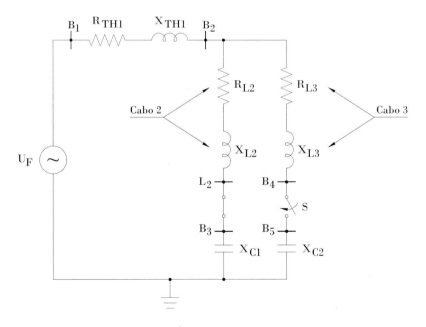

FIGURA 8 - DIAGRAMA DE IMPEDÂNCIA EQUIVALENTE AO SISTEMA DA FIGURA 7

174 · CAPACITORES DE POTÊNCIA E FILTROS DE HARMÔNICOS

Onde, na figura 8, têm-se:

- U_F: Tensão máxima da fonte entre fase e neutro;
- X_{L2}: Reatância indutiva dos cabos do banco de capacitores já energizado;
- R_{L2}: Resistência do cabo do banco de capacitores já energizado;
- X_{C2}: Reatância capacitiva do banco de capacitores já energizado;
- X_{L3}: Reatância indutiva dos cabos associados ao banco de capacitores a ser energizado;
- R_{L3}: Resistência do cabo associado ao banco de capacitores a ser energizado;
- X_{C3}: Reatância capacitiva do banco de capacitores a ser energizado.

Usualmente, as reatâncias indutivas X_{L2} e X_{L3} são bastante pequenas se comparadas ao valor de X_{TH1}, portanto, uma corrente de frequência e magnitude elevadas se estabelece entre os bancos de capacitores 1 e 2 (X_{C1} e X_{C2}). Posteriormente, o fenômeno é seguido por uma corrente transitória menor e de frequência mais baixa, que é o resultado da interação entre fonte e os bancos de capacitores. Este último fenômeno é de importância secundária e pode ser em alguns casos, ignorado.

A corrente máxima de energização de um banco de capacitores possuindo outros energizados pode ser dada pela equação (9). Todavia, os valores de C_E e L_E na equação (9) são obtidos calculando-se a indutância equivalente existente entre os dois bancos de capacitores e a capacitância equivalente dos bancos de capacitores, e desprezam-se os efeitos das resistências envolvidas.

$$I_{MÁX} = \frac{\sqrt{2} \cdot U_F}{\sqrt{\dfrac{L_E}{C_E}}}$$

(9)

Onde:

- C_E: Capacitância equivalente dos bancos de capacitores;
- L_E: Indutância equivalente existente entre os indutores;
- U_F: Valor eficaz de tensão fase neutro do sistema.

Utilizando o esquema da figura 8, considere que o banco de capacitor conectado à barra B3 seja de 3 [Mvar], em 13,8 [kV]. Determinar a corrente de energização ao ligar o banco de capacitores da barra B5, também de 3 [Mvar] ao fechar a chave entre as barras B4 e B5. Considere que os cabos 2 e 3 são idênticos e apresentam resistência ($R_{L2} = R_{L3}$) de 0,0060 [Ω] e reatância indutiva ($X_{L2} = X_{L3}$) de 0,0026 [Ω].CE = [1/ (63,480.2.π.60)]/2 = 20,893 [μF]

A corrente de energização de um segundo banco de capacitores próximo a um existente já energizado (efeito "back to back") é praticamente definida pela descarga do banco de capacitores já energizado sobre o que será ligado, no caso o banco com reatância capacitiva X_{C2}. Para determinar esta corrente utiliza-se a equação (9) com a tensão no capacitor já energizado (X_{C1}) no valor de pico (máximo). Para este cálculo não se faz necessário determinar a impedância equivalente de Thevenin ($R_{TH1} + jX_{TH}1$) vista da barra B2, em relação à fonte.

$L_2 = L_3 = 0,0026 / (2.π.60).10^3 = 0,0070$ [mH]

$$X_{C1} = X_{C2} = \frac{U_{BCN}^2}{Q_{BCN}} = \frac{13,8^2}{3} = 63,480[\Omega]$$

A capacitância de cada banco de capacitores será dada por:

$C_1 = C_2 = 10^6/(2.\pi.60.63,48000) = 41,7861$ [μF]

A Capacitância equivalente (C_E) que aparece na equação (9) corresponde a C_1 e C_2 ligadas em série

$C_E = 41,7861/2 = 20,8931$ [μF]

A Indutância equivalente (L_E) que aparece na equação (9) corresponde a L_2 e L_3 ligadas em série

$L_E = L_2 + L_3 = 2 \cdot 0,0070 = 0,014$ [mH]

Logo, com base na equação (9) têm-se,

$$I_{MÁX} = \frac{\sqrt{2}.7967,434}{\sqrt{\dfrac{0,0014.10^{-3}}{41,7861.10^{-6}}}}.10^3 = 13,76[kA]$$

No exemplo de simulação, figuras 9.1 e 9.2 será adotado $R_{L2} = R_{L3} = 0,006$ [Ω] e $X_{L2} = X_{L3} = 0,0026$ [Ω], todavia nos cálculos a seguir desprezam-se os efeitos resistivos.

As figuras 9.1 e 9.2 mostram o resultado da simulação para obter a corrente de energização do segundo banco de capacitores da figura 8. Verifica-se que o valor máximo (de pico) da corrente obtido através da simulação (FIGURA 9.2) é de I_{MAX} =13,652 [kA] o que difere em apenas 0,83% do cálculo a partir da equação (9) devido a consideração do efeito resistivo, bem como do equivalente de Thevenin visto da barra B2. A frequência de oscilação da corrente (vide FIGURA 9.2) é calculada tomando por base o instante inicial onde o primeiro ciclo ocorre nos instantes 0,208 [s] e o instante da passagem pelo segundo zero que corresponde a 0,020908 [s]. Logo a frequência de oscilação é dada por:

f=1/(0,020908-0,0208)= 9259,259 [Hz] (ou aproximadamente 9,26 [kHz]).

Para o cálculo manual da frequência de oscilação pode-se utilizar a expressão a seguir:

$$f = \frac{1}{2.\pi\sqrt{L_E.C_E}} = \frac{1}{2.\pi\sqrt{0,014.10^{-3}.20,8931,10^{-6}}} = 9259,3[Hz]$$

Ou aproximadamente 9,31 [kHz], o que representa uma diferença de aproximadamente 0,50% em relação ao resultado obtido na simulação que foi de 9,26 [kHz], devido aos efeitos resistivos, em como ao sistema de suprimento entre a fonte e a barra B3

176 · CAPACITORES DE POTÊNCIA E FILTROS DE HARMÔNICOS

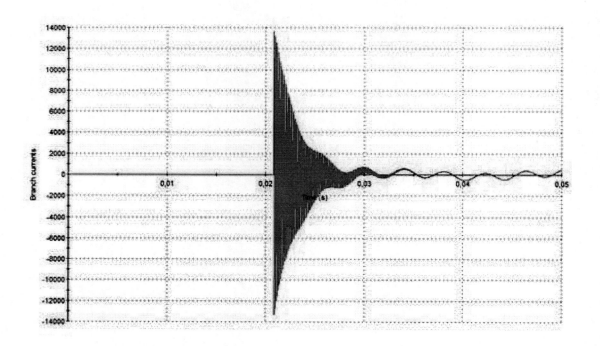

FIGURA 9.1 – SIMULAÇÃO DA CORRENTE DE ENERGIZAÇÃO DE CAPACITORES EM PARALELO

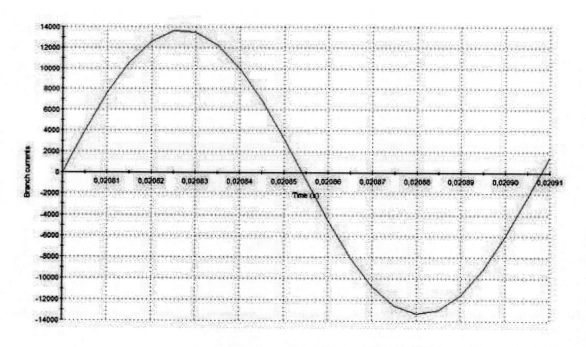

FIGURA 9.2 – AMPLIAÇÃO DO PRIMEIRO CICLO DA CORRENTE EM FUNÇÃO DO TEMPO MOSTRADA NA FIGURA 9.1

3 - TRANSITÓRIOS CAUSADOS PELO DESLIGAMENTO (DESENERGIZAÇÃO) DE BANCOS DE CAPACITORES

O desligamento de uma linha de transmissão longa ou de bancos de capacitores pode apresentar condições potencialmente perigosas.

No caso de um banco de capacitores ser desenergizado (no valor máximo de tensão da fonte), ele permanece carregado com tensão igual à da fonte e, em consequência, como a fonte é de corrente alternada, meio ciclo após a corrente se tornar nula a tensão entre os polos da chave ou disjuntor, ou outra abertura, atingirá o dobro da tensão da fonte.

A figura 10 ilustra uma simulação para o caso mencionado, tomando como base o circuito da figura 2, atingindo 22,987 [kV], pois na realidade a tensão entre os terminais de chave é ligeiramente superior ao dobro da tensão, porque a corrente que flui da fonte ao banco de capacitores faz com que o circuito apresente regulação negativa (vide figura 11 a seguir).

A figura 11 mostra o diagrama fasorial montado a partir da figura 2, omitindo-se a resistência e considerando que a chave (S) na figura 2 está fechada. Na figura 12 têm-se os resultados da simulação, onde se observa a tensão nos terminais do capacitor superior à tensão da fonte, similar ao efeito Ferranti que ocorre nas linhas de transmissão.

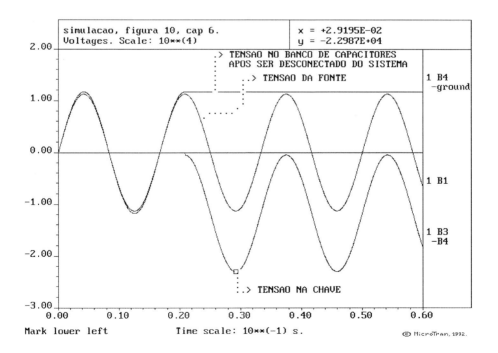

FIGURA 10 - COMPORTAMENTO DA TENSÃO DA FONTE E NOS TERMINAIS DA CHAVE E DO CAPACITOR DURANTE SUA DESENERGIZAÇÃO

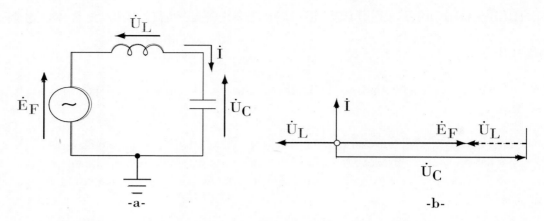

FIGURA 11 - DIAGRAMA FASORIAL DE UMA CARGA CAPACITIVA

a - diagrama de impedâncias;
b - diagrama fasorial.

Na figura 11 tem-se:

- $\dot{E}_F$: Valor eficaz da tensão na fonte;
- $\dot{U}_C$: Valor eficaz da tensão no capacitor;
- $\dot{U}_L$: Valor eficaz da diferença de potencial nos terminais do indutor;
- $\dot{I}$: Valor eficaz da corrente.

Notar que a tensão nos terminais do capacitor (figuras 11.a e 11.b) fica acima da tensão da fonte devido a regulação negativa. O efeito da regulação negativa não será levado em conta na análise seguinte, muito embora se saiba que ele existe e que pode ser importante em alguns casos.

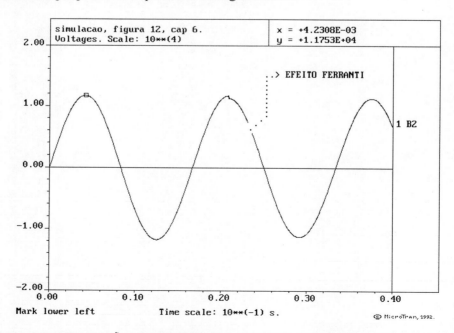

FIGURA 12 - DESENERGIZAÇÃO DE CAPACITORES, MOSTRANDO O EFEITO DA REGULAÇÃO NEGATIVA

CAPÍTULO VI CHAVEAMENTO DE BANCOS DE CAPACITORES · 179

Muitos disjuntores, quando interrompem uma corrente de defeito, não conseguem efetuar a extinção de arco na primeira vez em que a corrente torna-se zero; ao invés disso, esperam até que exista uma distância ("gap") entre os polos fixo e móvel suficientemente grande para melhorar a possibilidade de êxito na operação. No caso de chaveamento de capacitância, a corrente em geral é pequena, de forma que é frequente o disjuntor interromper a corrente no seu primeiro valor zero. Se isto ocorre logo após a separação dos contatos, aparecerá uma tensão de duas vezes a tensão da fonte entre eles, de modo que há possibilidade de reignição. Suponha que aconteça uma reignição precisamente quando a tensão atingir seu pico, isto equivale a tornasse a fechar a chave naquele instante. Como se trata de um circuito LC, espera-se que ele responda a esta perturbação através de uma oscilação da corrente à sua frequência natural, conforme a equação (10).

$$f_N = \frac{1}{2.\pi.\sqrt{L.C}}$$

(10)

Onde:

- f_N: Frequência natural;
- L: Indutância entre a fonte e a chave;
- C: Capacitância do banco de capacitores.

No caso, se existe energia armazenada inicialmente no banco de capacitores, a corrente na reignição será dada pela equação (11):

$$i(t) = \frac{\left(U_{MAX} - U_C(0)\right)}{Z_N} \, \text{sen}\left(\omega_N t\right)$$

(11)

Onde:

- Z_N: Impedância natural do circuito, dado por $Z_N = \omega_N.L$;
- U_{MAX}: Tensão de pico da fonte (entre fase e neutro);
- $U_C(0)$: Tensão inicial no capacitor (no instante da reignição).

Considere o circuito particular mostrado na figura 2 deste capítulo. Se no instante em que a tensão transitória atinge o seu pico, a corrente transitória passa por zero e se o disjuntor (representado pela chave S) abrir neste instante o valor de tensão será mantido nos terminais do capacitor. A tensão de alimentação continuará oscilando a 60 [Hz], de modo que 1/2 ciclo mais tarde a tensão nos terminais do disjuntor será de quatro vezes à tensão da fonte. Se isto provocar uma segunda ruptura do dielétrico do disjuntor (nova reignição), pode ocorrer uma segunda descarga. Mas como agora a tensão é duas vezes maior, haverá uma oscilação entre $+3U_{MAX}$ a $-5U_{MAX}$. A figura 13 mostra, através de uma simulação, o fenômeno descrito. Observa-se que toda vez que a corrente é interrompida, a tensão de reestabelecimento faz com que o disjuntor passe a conduzir novamente. A tensão armazenada nos terminais do banco de capacitores é maior que na ocorrência de reignição (recondução) entre os polos do disjuntor nos ciclos passados e, assim, a tensão vai crescendo até que danifique o capacitor ou aconteça uma descarga externa através dos polos do disjuntor ou mesmo o fato que a câmara de extinção do arco não suporte estas reignições e danifique o disjuntor. Este fenômeno é denominado de escalonamento de tensão.

Nota: Para obter o resultado de simulação mostrado na figura 13 considerou-se o sistema mostrado na figura 2 com os seguintes valores: UF=0,22 [kV] (entre fases), XTH1=0,00645 [Ω], XTH1=0,035 [Ω] e XC1=4,84 [Ω] (corresponde a um banco de capacitores de 10 [kvar] em 220 [V]). Na simulação a fonte de tensão mostrada na figura 2 foi considerada como sendo conectada entre fase e neutro com tensão eficaz de 127 [V]. A chave S foi simulada da seguinte forma:

- Fecha em t=0,020 [s] abre em 0,040 [s]
- Fecha em t=0,050 [s] abre em 0,066 [s]
- Fecha em t=0,075 [s] abre em 0,092 [s]
- Fecha em t=0,100 [s] abre em 0,166 [s]

Os disjuntores devem ser construídos de modo a evitar a reignição durante seu processo de abertura para evitar estas sobretensões, pois se as mesmas aparecerem, os danos serão irreversíveis. Este fenômeno também ocorre ao energizar transformadores com cabos entre eles e o disjuntor, vide figura 14. O resultado na medição mostrado na figura 14 foi obtido durante a energização de um transformador com meio isolante sólido (a seco) com tensão primária em 34,5 [kV] e conectado ao disjuntor com meio de extinção a vácuo correspondente através de cabos isolados com comprimentos da ordem de 100 [m].

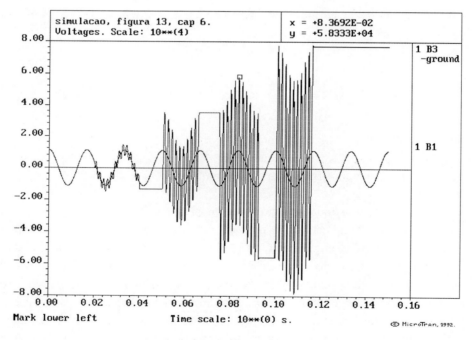

FIGURA 13 - CHAVEAMENTO DO CAPACITOR PARA SIMULAR A REIGNIÇÃO QUE OCORRE QUANDO A TENSÃO PASSA PELO SEU VALOR MÁXIMO (PICO)

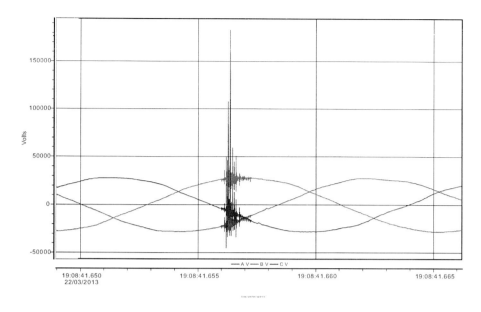

FIGURA 14 - TENSÕES INSTANTÂNEAS DURANTE A OCORRÊNCIA DE PRE-STRIKES (U_{MAX} = 183,3 [kV] FASE-TERRA)

4 - MÉTODO DA REDUÇÃO DAS CORRENTES DE "INRUSH"

A energização de bancos de capacitores se caracteriza por apresentar correntes bastante elevadas. No caso da energização de um único banco de capacitores, o uso de limitadores de corrente (tais como indutores ou resistores em série com o banco de capacitores) não são utilizados, pois devido à presença da própria reatância do sistema, o transitório de energização normalmente não apresenta maiores consequências [1]. Todavia, existem casos onde pode ser desejável ou necessário limitar ou reduzir o valor da corrente de energização ("inrush"), particularmente em bancos de múltiplos estágios utilizados para controlar o fator de potência e a tensão do sistema.

As Figuras 15.a e 15.b mostram duas situações para chaveamento de capacitores, uma utilizando resistor e outra indutor. Na figura 16 apresentam-se os resultados da simulação de energização de um banco de capacitores em três condições distintas sem limitadores de corrente, com resistências e indutores para limitar a corrente de "inrush". Observe que para um banco de capacitores de 60 [kvar] (em 0,38 [kV]), os resistores limitadores de corrente são mais eficientes que os indutores limitadores. As figuras 15.a e 15.b mostram os esquemas utilizados para a simulação. Foram utilizados resistores limitadores de corrente de 0,56 [Ω] e indutores limitadores de corrente de 6 [μH]. As figuras 17 e 18 mostram os diagramas trifilares utilizados para a inclusão dos dispositivos de limitação de corrente durante energização. Os resistores, como mostra o esquema da figura 18, devem ser retirados do sistema após a energização do banco de capacitores para evitar perdas e economizar energia, o que não acontece com os indutores limitadores que permanecem conectados ao banco de capacitores permanentemente.

Considerando apenas o aspecto das perdas de energia o uso dos indutores limitadores é mais econômico que os dos resistores, porém, os resistores amortecem os transitórios de tensão e corrente mais rapidamente que os indutores. O uso de resistências para amortecer os transitórios prevalece em sistemas de baixa tensão, enquanto que nos sistemas de alta tensão são utilizados indutores limitadores.

Observar na figura 16 que sem o uso de qualquer limitador o valor de pico da corrente de energização atingiu 20,313 [kA], por outro lado com o uso do indutor a corrente de energização fica inferior a 18 [kA] e com o uso de resistor de amortecimento o valor máximo do pico da corrente é menor que 6 [kA].

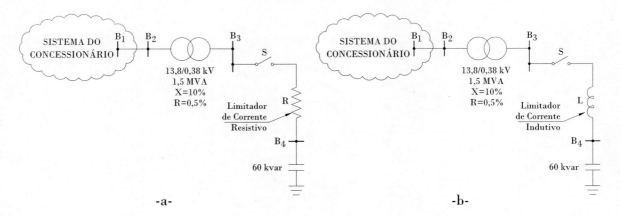

FIGURA 15 - ESQUEMAS UTILIZADOS PARA REDUZIR A CORRENTE DE "INRUSH"

a - Limitação através de resistores;
b - Limitação através de indutores.

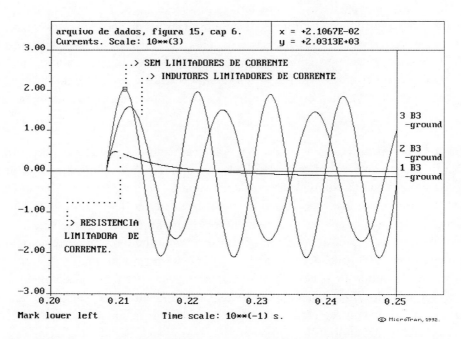

FIGURA 16 - SIMULAÇÃO DE ENERGIZAÇÃO DE CAPACITORES UTILIZANDO-SE LIMITADORES DA CORRENTE DE "INRUSH"

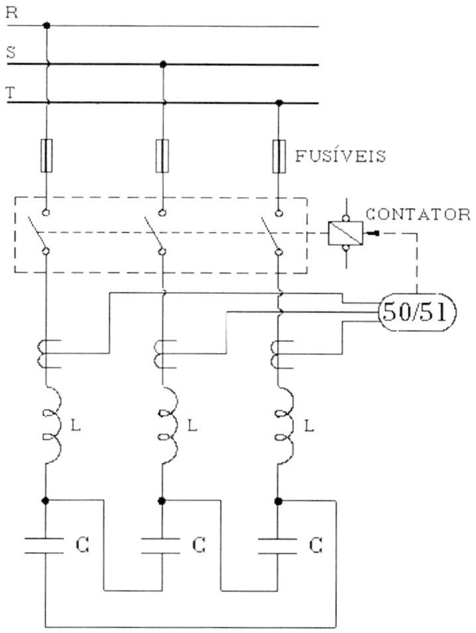

FIGURA 17 - ESQUEMA UTILIZADO PARA LIMITAR A CORRENTE DE "INRUSH" ATRAVÉS DE INDUTORES

Notar os dois contatores da figura 18. O primeiro contator K_1 que energiza o banco de capacitores tem corrente nominal menor que o segundo contator K_2 que irá manter o banco de capacitores operando em regime permanente. O intervalo de tempo recomendado para a transição de K_1 para K_2 deve ser da ordem de 0,5 a 1,0 [s].

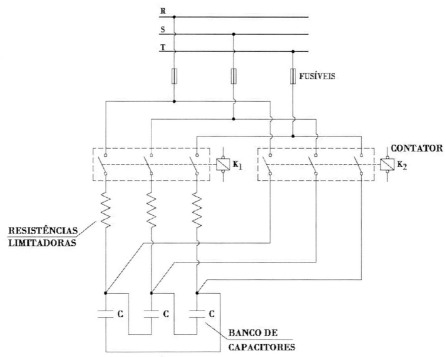

FIGURA 18 - ESQUEMA UTILIZADO PARA LIMITAR A CORRENTE DE "INRUSH" ATRAVÉS DE RESISTORES

5 - ENERGIZAÇÃO DE TRANSFORMADORES PRÓXIMOS A BANCO DE CAPACITORES

A energização de transformadores em barramentos onde haja outros transformadores com banco de capacitores no secundário poderá levar o sistema de proteção a atuar de modo indevido, conforme exposto a seguir.

5.1 - CURVA DE SATURAÇÃO DOS TRANSFORMADORES

Os materiais ferromagnéticos utilizados nos núcleos de transformadores apresentam em sua estrutura molecular grãos de silício que se assemelham a minúsculos ímãs contendo dois polos, um norte e um sul, dispostos de forma desordenada, consequentemente não produzindo um campo magnético resultante significativo. Quando estes materiais são submetidos a um campo magnético externo, uma bobina, por exemplo, os ímãs internos tendem a se alinhar, produzindo um campo magnético intenso no interior do material ferromagnético. A figura 19 mostra este conceito. À medida que se eleva a corrente na bobina, maior será a quantidade de "ímãs" internos alinhados e, consequentemente, maior será o campo magnético, até que, para acréscimos significativos de corrente, obtém-se pouco aumento do campo magnético. Nesta situação, diz-se então que o material atingiu a região de saturação. A figura 20 mostra a curva normal de magnetização (ciclo de histerese) utilizando-se um campo magnético (H) aplicado a um material ferromagnético na frequência de 50 [Hz].

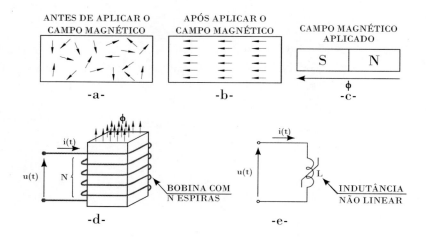

FIGURA 19 - EFEITO DA APLICAÇÃO DO CAMPO MAGNÉTICO EM UM MATERIAL FERROMAGNÉTICO

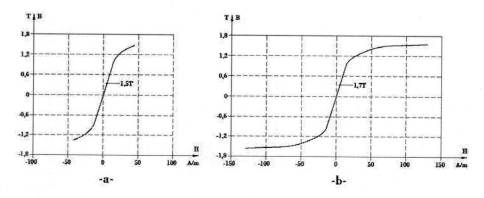

FIGURA 20 - FAMÍLIA DE CURVAS MÉDIA DO LAÇO DE HISTERESSE

Na figura 20 têm-se:

- B: Densidade de fluxo magnético em [T];
- H: Campo magnético em [A/m].

O fluxo magnético que se desenvolve no núcleo (material ferromagnético) pode ser aproximadamente relacionado com a tensão aplicada conforme a equação (12.1).

$$\phi \cong \frac{U_{RMS}}{4,44.f.N} \qquad (12.1)$$

A obtenção de corrente em função da tensão em um circuito puramente indutivo a partir da tensão nos terminais da bobina é dada pela equação (12.2):

$$u = L\frac{di}{dt} \qquad (12.2)$$

Onde:

$$u(t) = \sqrt{2}\,U_{RMS}sen(\omega t) \qquad (12.3)$$

$$\varphi = Li \qquad (12.4)$$

Estas relações indicam que:

$$L = f(N,\mathfrak{R})$$

Onde:

- f: Fluxo magnético [V.s];
- U_{RMS}: Tensão aplicada ao enrolamento do transformador (valor eficaz) em [V];
- f: Frequência da tensão aplicada ao enrolamento do transformador, em [Hz];
- L: Indutância não linear da bobina;
- I: Corrente na bobina;
- Â: Resistência do circuito magnético;
- N: Número de espiras do enrolamento do transformador (bobina).

Na equação (12.1) observa-se que o fluxo magnético é proporcional à tensão aplicada, com isso pode-se obter a curva de saturação em função da tensão e corrente aplicada ao enrolamento do transformador.

À medida que a tensão varia de magnitude, a reatância de magnetização também varia, reduzindo-se de valor à medida que o fluxo no núcleo do enrolamento do transformador entra na região de saturação. Dependendo da amplitude da tensão aplicada ao transformador, este pode atingir a região de saturação. O valor da tensão que leva o transformador normalmente a trabalhar na região de saturação é de 107% a 112% da tensão nominal [1].

5.2 - CORRENTE DE ENERGIZAÇÃO DE UM TRANSFORMADOR ("INRUSH")

Os transformadores de potência são projetados de modo que a corrente necessária para manter a sua magnetização sob operação normal em regime permanente seja uma pequena fração da corrente nominal. Porém, no período transitório (energização) entre o instante da aplicação de tensão ao transformador e o estabelecimento eventual de uma condição de regime permanente, a corrente atinge um valor de pico inicial denominado de corrente de magnetização ("inrush"), que é várias vezes superior ao da corrente nominal do transformador, podendo atingir valores entre 10 a 14 vezes a sua corrente nominal [1]. Esta situação momentânea pode ocasionar queda de tensão e até a atuação indevida dos relés instantâneos. O valor atingido de regime transitório depende:

- Do instante que o disjuntor será fechado em relação ao ciclo da tensão;
- Das condições iniciais magnéticas do núcleo, incluindo a intensidade e a polaridade do fluxo residual.

A curva de saturação do transformador é obtida aumentando-se progressivamente a tensão em um lado do transformador (primário ou secundário) estando o outro lado sem carga (a vazio) e mede-se o par de valores de tensão e corrente. Haverá um momento em que a corrente cresce mais que o aumento da tensão, sendo este o ponto a partir do qual o transformador satura. A figura 21 ilustra uma curva de saturação típica que no caso é utilizada para os transformadores T1 e T2 mostrados na figura 22.

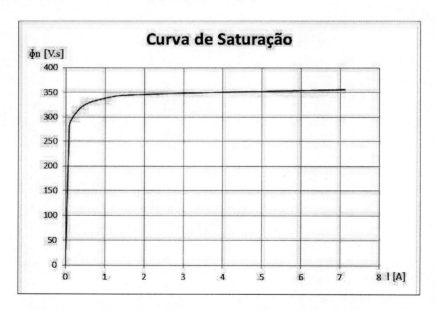

FIGURA 21 - CURVA DE SATURAÇÃO DOS TRANSFORMADORES T1 E T2 DA FIGURA 22

5.3 - SISTEMA EM ANÁLISE

A figura 22.a mostra o diagrama unifilar do sistema em análise envolvendo dois transformadores. No lado secundário de cada um dos transformadores T1 e T2 existe um banco de capacitores BC1 e BC2, respectivamente. Na figura 22.b é mostrado o diagrama de impedâncias para obter os resultados de simulação, onde se analisa o efeito do banco de capacitores que está instalado no lado secundário de um dos transformadores durante a energização do outro.

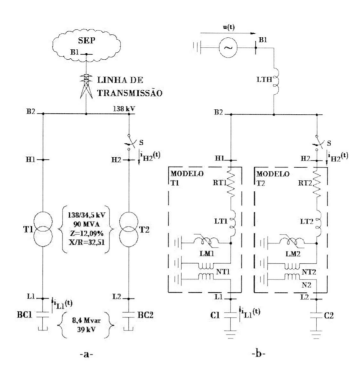

FIGURA 22 - ESQUEMA UTILIZADO NA SIMULAÇÃO

a. Diagrama unifilar;
b. Diagrama de impedâncias utilizado para simulação (transformadores T1 e T2 representados como equivalentes monofásicos).

Na figura 22 adotou-se:

- A potência de curto-circuito na barra B2 (já incluindo o efeito da linha de transmissão (LT)) foi de 3 [GVA]. Desprezou-se os efeitos resistivos. Logo XTH = 6,348 [Ω] (ou LTH = 16,839 [mH]);
- Trecho B2-H1: foi considerado como barramento e, portanto, a impedância é considerada insignificante;
- Tensão nominal do sistema (barra B2): 138 [kV];
- RT1 = RT2 = 0,3717%;
- XT1 = XT2 = 12,0843%;
- Bancos de capacitores BC1 e BC2: C1 = C2 = 14,649 [µF];
- Relação de transformação (NT1 = NT2 = 4,00).
- Curva de saturação do transformador T2 está mostrada na figura 21.

As figuras 23.a e 23.b mostram os resultados da simulação no caso da energização do transformador T2 considerando o transformador T1 e os bancos de capacitores BC1 e BC2 desligados. Observar as formas de onda de tensão na barra B2 (simulada com 10% acima da nominal do transformador) e da corrente a vazio durante a energização ("inrush") no primário do transformador T2 ($i_{H2}(t)$) quando o mesmo é representado pelo seu equivalente monofásico. Notar ainda que mudando o instante de fechamento da chave S a forma de onda da corrente de "inrush" se modifica em amplitude e simetria.

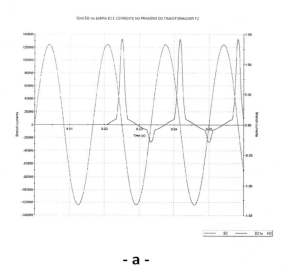
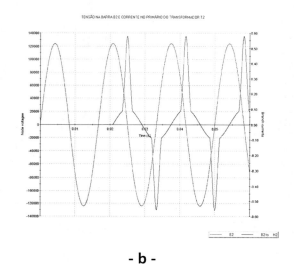

- a -   - b -

FIGURA 23 - FORMAS DE ONDA DA TENSÃO E CORRENTE DURANTE A ENERGIZAÇÃO DO TRANSFORMADOR T2 DA FIGURA 22.b COM BANCOS DE CAPACITORES E TRANSFORMADOR T1 DESLIGADOS.

a - Instante do fechamento da chave S da figura 23.a = 20,70 [ms];
b - Instante do fechamento da chave S da figura 23.b = 20,83 [ms].

Por outro lado, a energização de um determinado transformador (T2 mostrado no diagrama de impendâncias na figura 22.b) quando eletricamente próximo a outro (T1) que possui bancos de capacitores em seu lado secundário fornece uma condição que por vezes pode provocar o desligamento do elemento de sobrecorrente instantânea de relés de proteção de modo indevido.

Pode-se observar que, no momento do chaveamento do transformador T2 (fechamento do disjuntor representado pela chave S na figura 22.b), estando o transformador T1 operando em regime permanente com um banco de capacitores em seu secundário (BC1) aparece uma elevada corrente de energização ($i_{H2}(t)$) que tem dois componentes: um vindo do próprio sistema elétrico e outro do banco de capacitores instalado no secundário do transformador T1, identificada como ($i_{L1}(t)$). A corrente de energização provoca uma oscilação de tensão no barramento do transformador que está sendo energizado. Esta oscilação de tensão (no caso sobretensão) pode levar o transformador a saturar ainda mais, aumentando a corrente de energização, tanto em amplitude como em duração. A figura 24 ilustra os resultados obtidos para o sistema da figura 22.b. Com isto, a contribuição de corrente ($i_{L1}(t)$) a partir do banco de capacitores para a energização do transformador T1 torna-se elevada, fazendo com que possa ocorrer a saída de operação do banco de capacitores ligado ao transformador T1, devido à atuação do sistema de proteção. A figura 23 ilustra as formas de onda de tensão e corrente ao energizar o transformador T2, estando T1 fora de operação e o banco de capacitores BC2 desligado.

Destaca-se que os resultados das simulações a seguir consideram que o sistema de alimentação dos transformadores (barra B2) está operando com tensão acima da nominal dos transformadores e, portanto, a corrente de "inrush" será mais elevada que aquela obtida nas figuras 22.a e 22.b quando a tensão aplicada ao transformador é a nominal.

Foram simuladas também várias situações que envolvem o fenômeno, tais como, variação da tensão da fonte, magnetismo residual do transformador T2 e ângulo do ciclo da tensão da fonte. Essas situações têm por objetivo observar a oscilação de tensão na barra onde está situado o transformador em energização e a corrente que atravessa o banco de capacitores BC1, bem como a corrente de energização do transformador T2.

A figura 24 ilustra os resultados obtidos para o sistema da figura 22.b. Com isto, a contribuição de corrente (iL1(t)) a partir do banco de capacitores para a energização do transformador T1 torna-se elevada, fazendo com que possa ocorrer a saída de operação do banco de capacitores ligado ao transformador T1, devido à atuação do sistema de proteção.

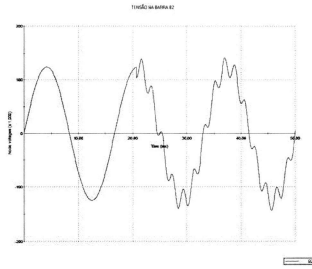

FIGURA 24 - SIMULAÇÃO DO ESQUEMA DA FIGURA 22.b, MOSTRANDO A TENSÃO NA FASE A DA BARRA B2 ENTRE FASE E NEUTRO (NOTAR VALOR MÁXIMO DA TENSÃO DE 141,70 [kV] QUE OCORRE EM 37,02 [ms]).

Na figura 25 observa-se que a amplitude da corrente no banco de capacitores instalado no secundário do transformador T1 (iL1(t)) no momento da energização do transformador T2 é elevada, o que implica em cuidados especiais no ajuste dos relés de proteção dos bancos de capacitores visando evitar a operação indevida.

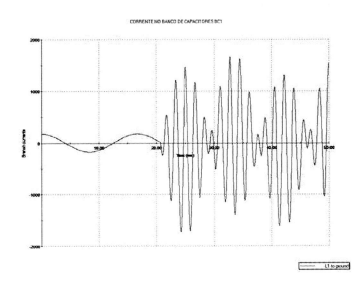

FIGURA 25 - SIMULAÇÃO DO ESQUEMA DA FIGURA 22.b, MOSTRANDO A CORRENTE $i_{L1}(t)$ FASE A (L1 to ground) ATRAVÉS DO BANCO DE CAPACITORES (NOTAR VALOR MÁXIMO DA CORRENTE DE 1733,0 [A] QUE OCORRE EM 24,17 [ms]).

A figura 26 ilustra a forma de onda da corrente no lado primário do transformador T2 observa-se que a amplitude da corrente no banco de capacitores instalado no secundário do transformador T1 (iL1(t)) no momento da energização do transformador T2 é elevada, o que implica em cuidados especiais no ajuste dos relés

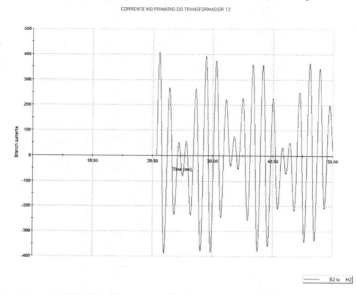

FIGURA 26 - SIMULAÇÃO DO ESQUEMA DA FIGURA 22.b, MOSTRANDO A CORRENTE $i_{H2}(t)$ FASE A (B2 to H2) NO DISJUNTOR (REPRESENTADO PELA CHAVE S) (NOTAR VALOR MÁXIMO DA CORRENTE DE 407,8 [A] QUE OCORRE EM 21,12 [ms]).

A tabela 1 mostra os valores máximos envolvendo a tensão no barramento B2, a corrente no banco de capacitores do transformador T1 ($i_{L1}(t)$) e a corrente no primário do transformador T2 ($i_{H2}(t)$).

CASOS	TENSÃO u(t) EM [pu] DA NOMINAL	ÂNGULO DE CHAVEAMENTO DA ONDA DA TENSÃO (1)	MAGNETISMO RESIDUAL (inicial)	TENSÃO (B2) EM [kV] (valor pico)	CORRENTE $i_{L1}(t)$ EM [A] (valor pico)	CORRENTE $i_{H2}(t)$ EM [A] (valor pico)
1	1,00	30°	0	120,06	753,77	231,93
2	1,05	30°	0	126,89	782,06	217,30
3	1,10	30°	0	116,48	835,80	278,60
4	0,95	30°	0	126,79	683,06	200,81
5	1,00	0°	0	113,39	1493,4	359,21
6	1,00	90°	0	132,89	209,30	132,93
7	1,05	90°	0	133,99	1566,90	379,00
8	1,10	90°	0	136,99	1618,60	400,00
9	1,10	90°	i=0,09 [A] F=284 [V,S]	136,99	1627,75	398,80
10	1,10	90°	i=0,168 [A] F=299 [V,S]	136,99	1648,97	398,80
11	1,10	90°	i=0,298 [A] F=313 [V,S]	136,99	1658,87	398,80

Nota (1): Considera-se que a chave S fecha no ângulo indicado quando a tensão da fase **A** estiver no semi-ciclo positivo.

6 - FENÔMENO DA AUTOEXCITAÇÃO

Quando um capacitor é instalado junto a um motor de indução, a chave de comando do motor, normalmente, manobra simultaneamente o banco de capacitores, conforme mostra a figura 27.

Existe uma limitação quando for corrigido o fator de potência de um motor de indução, e esta limitação é devida à autoexcitação do motor. Esta limitação tem como fundamento o fato de que, quando o motor de indução é desligado da rede e seu rotor ainda continua em movimento por alguns instantes e, devido à inércia do rotor e do sistema acionado, o motor irá operar como gerador durante alguns ciclos. Ademais, o capacitor após ser desligado da rede, juntamente com o motor, mantém uma determinada quantidade de energia armazenada em seu dielétrico por alguns instantes, o que resulta em uma tensão em seus terminais. Nestas condições, pode ocorrer ressonância entre os efeitos indutivos que ocorrem no motor e o banco de capacitores.

6.1 - CORREÇÃO DO FATOR DE POTÊNCIA EM MOTORES DE INDUÇÃO

Uma das cargas mais importantes de um sistema industrial é o motor de indução trifásico. Desta forma, apresentam-se a seguir, considerações a respeito da definição da potência do banco de capacitores para compensação individual do fator de potência em motores de indução trifásico com rotor de tipo gaiola de esquilo.

No caso específico de motores de indução, o banco de capacitores deve ter a sua potência limitada em aproximadamente 90% da potência reativa do motor em operação sem carga que pode ser determinada a partir da corrente a vazio. Esta limitação é feita para evitar a autoexcitação. O capítulo VII, item 5.1, ilustra a metodologia de correção da potência efetiva do banco de capacitores para evitar a autoexcitação.

A figura 27 ilustra um banco de capacitores conectado em paralelo com o motor de indução trifásico. Esta configuração tem um interesse particular pois pode provocar autoexcitação ao abrir o contator.

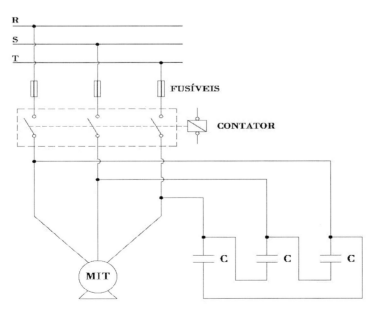

FIGURA 27 - BANCO DE CAPACITORES NOS TERMINAIS DE UM MIT (MOTOR DE INDUÇÃO TRIFÁSICO)

Para mostrar o aparecimento da autoexcitação utilizou-se, em laboratório, o sistema indicado na figura 27, considerando os seguintes dados do motor de indução trifásico:

U_N = 220 [V]; I_N = 7,99 [A]; P_N = 2,24 [kW]; FP = 0,80; n_N = 1680 [rpm]; R_{END} = 0,92. A corrente a vazio (I_0) obtida em laboratório foi de I_0 = 3,8 [A].

Para determinar as formas de onda da tensão nos terminais do motor foram considerados os seguintes casos:

CASO 1: Sem banco de capacitores.

CASO 2: Com banco de capacitores cuja potência reativa foi determinada conforme a seguir.

$$Q_{BC} = \sqrt{3} * U_N * I_0 * 0,9 = \sqrt{3} * 0,22 * 3,8 * 0,9 = 1,3 [k\,var]$$

CASO 3: Com banco de capacitores com potência reativa superior a do CASO 2 para forçar o efeito da autoexcitação. O valor utilizado para a potência reativa foi de 4,1 [kvar].

As figuras 28, 29 e 30 mostram as formas de onda das tensões entre fases obtidas em laboratório para os CASOS 1, 2 e 3, respectivamente. No registros observam-se:

- Figura 28: Ao desligar o contator a tensão nos terminais do motor é reduzida progressivamente:
- Figura 29: Ao desligar o contator a tensão nos terminais do motor fica preticamente a mesma, ou seja, é mantida mesmo com o motor desligado da rede.
- Figura 30: Ao desligar o contator existe uma sobretensão nos terminais do motor da ordem de 21%, ou seja, nestas condições confirma-se a autoexcitação.

Efetuando-se a simulação do sistema mostrado na figura 27 (vide figura 31) para os dados do capacitor conforme caso 3 obteve-se a sobretensão também em torno de 21%. Isto quer dizer que, efetivamente, a potência reativa limite para o banco de capacitores que permanece em paralelo quando o motor é desligado do sistema de suprimento de energia deve ser determinada de modo adequado.

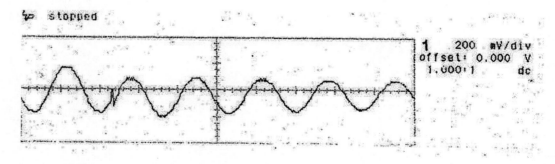

FIGURA 28 - ONDA DE TENSÃO PARA O CASO 1, SEM BANCO DE CAPACITORES

CAPÍTULO VI   CHAVEAMENTO DE BANCOS DE CAPACITORES   • 193

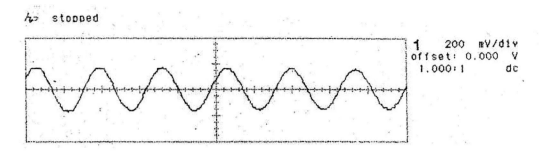

FIGURA 29 - ONDA DE TENSÃO PARA O CASO 2, COM BANCO DE CAPACITORES DE 1,3 [kvar] (TRIFÁSICO)

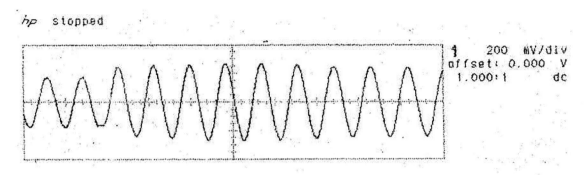

FIGURA 30 - ONDA DE TENSÃO PARA O CASO 3, COM BANCO DE CAPACITORES DE 4,1 [kvar] (TRIFÁSICO)

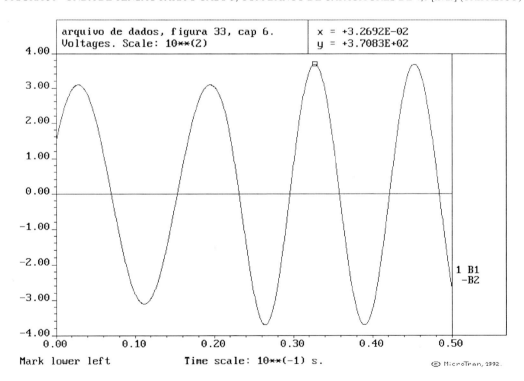

FIGURA 31 - SIMULAÇÃO DO FENÔMENO DA AUTOEXCITAÇÃO

7 - EQUIPAMENTOS DE MANOBRA DE BANCOS DE CAPACITORES

Como foi observado anteriormente, no momento da energização de um banco de capacitores, este se apresenta para o sistema como sendo praticamente um curto-circuito, pois absorve uma corrente elevada, limitada apenas pela impedância da rede de suprimentos de energia. Por outro lado, o desligamento de banco de capacitores é menos severo em relação à corrente, porém o efeito da tensão que permanece em seus terminais deve ser analisado cuidadosamente.

Quando o capacitor é desconectado do sistema através de um dispositivo de manobra (disjuntor, chave seccionadora, fusível, contator, etc.), ele retém uma tensão em seus terminais (conforme mostrado no item 3 deste capítulo) que pode resultar em uma reignição do arco elétrico que surge entre os contatos no momento de sua abertura.

Desta forma, os contatos das chaves de manobra, ao ligar um banco de capacitores, são extremamente solicitados pela corrente inicial, e, portanto, o dimensionamento deve considerar a máxima corrente que se faz presente durante a energização. O fechamento dos contatos do dispositivo de manobra envolvendo capacitores trifásicos deve ser o mais simultâneo possível, para se evitar tensões elevadas que propiciam a formação de arco, reduzindo a vida útil dos contatos e provocando o fenômeno de pré-ignição.

Conforme [22], os equipamentos de manobra associados a bancos de capacitores devem ser projetados para suportar permanentemente uma corrente de 1,3 vezes a corrente nominal dada para uma tensão senoidal de valor eficaz igual à tensão nominal, na frequência fundamental (50 ou 60 [Hz]). Como o capacitor pode ter variação na capacitância de até 1,1 vezes a capacitância nominal, esta corrente pode ter um valor de até 1,43 vezes a corrente nominal.

7.1 - BANCOS EM BAIXA TENSÃO (menor que 1000 [V])

Os bancos de capacitores em baixa tensão podem ser manobrados basicamente através dos seguintes equipamentos.

a. Contator;
b. Chave seccionadora;
c. Disjuntor termomagnético.

7.1.1 - Contator

Os contatores são dispositivos de atuação magnética, destinado à interrupção de um circuito em carga ou a vazio. Os contatores são normalmente usados para manobrar bancos de capacitores à distância ou quando se deseja manobrar diversas seções de um banco de capacitores automático.

Uma das principais características dos contatores é o elevado número de manobras que eles podem efetuar, sem que seja exigida a revisão ou substituição das partes mecânicas. Naturalmente, os contatores não conseguem interromper elevadas as correntes de curto-circuito.

Conforme [46], os contatores devem ser projetados com uma corrente nominal mínima dada pela equação (13):

$$I_{CO} = 1{,}35.I_C \tag{13}$$

Onde: I_{CO} é a corrente nominal mínima que o contator deve possuir e I_C é a corrente nominal do banco de capacitores a ser manobrado.

7.1.2 - Chave seccionadora

A principal função das chaves seccionadoras é permitir que seja feita uma manutenção segura em uma determinada seção do sistema elétrico e, de um modo geral, salvo em condições específicas, não são utilizadas para abertura sob carga.

Por outro lado, existem chaves seccionadoras especiais providas de câmaras de extinção de arco e de um conjunto de molas capazes de imprimir uma velocidade elevada, principalmente durante a abertura de seus contatos. Todavia, apresentam o inconveniente de se exigir uma manutenção mais cuidadosa e mais frequente, sendo necessário inclusive substituir as câmaras de extinção após certo número de operações. Alguns fabricantes constroem chaves seccionadoras específicas para bancos de capacitores, onde os contatos da mesma estão imersos em óleo isolante ou em gás hexafluoreto de enxofre (SF6).

Segundo [46], a chave secionadora deve ser dimensionada para uma corrente nominal mínima dada pela equação (14).

$$I_{CH} = 1{,}65.I_C \tag{14}$$

Onde I_{CH} é a corrente nominal mínima que a chave seccionadora deve possuir e I_C é a corrente nominal do banco de capacitores a ser manobrado.

7.1.3 - Disjuntor termomagnético

É um equipamento de manobra para circuitos de baixa tensão, cuja finalidade é operar em condições de carga e interromper correntes de sobrecarga e curto-circuito.

Os disjuntores termomagnéticos são dotados de disparadores térmicos e eletromagnéticos. Os disjuntores de baixa tensão têm uma alta capacidade de corrente de interrupção, podendo alcançar algo da ordem de 100 [kA]. Recomenda-se que, a corrente de ajuste da unidade térmica do disjuntor deve seja dada pela equação (15).

$$I_{AJ} = 1{,}35.I_C \tag{15}$$

Onde I_{AJ} é a corrente mínima de ajuste que o elemento térmico do disjuntor deve possuir e I_C é a corrente nominal do banco de capacitores a ser manobrado. Naturalmente, a corrente I_{AJ} deve ser maior ou igual à corrente nominal (I_N) do disjuntor.

Um cuidado especial deve ser levado em conta quando um motor de indução trifásico em paralelo com um banco de capacitores é acionado através de uma chave estrela-triângulo. O banco de capacitores deve permanecer ligado ao motor durante a manobra de comutação da chave, isto é, da posição estrela para a posição final em triângulo.

7.2 - BANCO DE CAPACITORES EM ALTA TENSÃO

Em alta tensão os bancos de capacitores são chaveados normalmente por disjuntores ou eventualmente por chaves seccionadoras especiais cujos contatos estão imersos em óleo ou em SF6.

Os disjuntores são dispositivos de manobra com capacidade suficiente para fazer frente às solicitações que ocorrem durante a energização ou desligamento de bancos de capacitores ou outros equipamentos ou partes da instalação em estado normal de funcionamento ou sob defeito e, em especial sobre condições de curto-circuito. Os disjuntores normalmente usados são:

a.   Disjuntores com meio de extinção do arco voltaico a óleo;
b.   Disjuntores com meio de extinção do arco voltaico a vácuo;
c.   Disjuntores com meio de extinção do arco voltaico a gás SF6.
d.   Disjuntores com meio de extinção a ar (seco).

7.2.1 - Disjuntores com meio de extinção do arco voltaico a óleo

Os disjuntores a óleo podem ser caracterizados de acordo com seu volume de óleo, ou seja, os disjuntores de grande volume de óleo (GVO) e disjuntores de pequeno volume de óleo (PVO).

Nos disjuntores com meio isolante a óleo, o processo de extinção do arco que aparece na separação dos contatos é conseguido através do óleo existente na câmara de extinção. Como o arco elétrico apresenta uma temperatura excessivamente elevada, as primeiras camadas de óleo que tocam o arco são decompostas e gaseificadas, resultando na liberação de certa quantidade de gases, compostos em sua maioria por hidrogênio, associado a uma percentagem de acetileno e metano. A tendência dos gases é elevar-se para a superfície do óleo; nesta trajetória levam consigo o próprio arco, que se alonga e resfria ainda nas imediações dos contatos, extinguindo-se normalmente logo na primeira passagem da corrente pelo zero natural.

Nos sistemas de alta tensão utilizam-se os disjuntores a pequeno volume de óleo devido ao seu baixo custo, robustez de construção, simplicidade operativa e reduzidas exigências de manutenção, dominando o mercado até o início da década de 90. Após isso, os disjuntores com meio extinção a vácuo e em SF_6 vêm se tornando mais utilizados.

7.2.2 - Disjuntores com meio de extinção do arco voltaico a vácuo

Alguns dispositivos de manobra possuem seus contatos principais inseridos no interior de uma ampola onde se faz vácuo cuja pressão é da ordem de 10^8 [torr] (corresponde a uma pressão negativa de $1,3595 * 10^{-7}$ [kg/m²]).

Os interruptores com meio de extinção a vácuo podem ser utilizados para manobras de bancos de capacitores, porém requerem alguns critérios e cuidados especiais para o seu correto dimensionamento.

Particularmente, os disjuntores com meio de extinção a vácuo apresentam um curto intervalo de tempo de arco, boa capacidade para executar religamentos rápidos e pouco desgaste nos contatos, porém apresentam a ignição antecipada do arco elétrico, durante o fechamento dos contatos, denominada de **pre-strike,** bem como durante a abertura ocorrem as denominadas reignições (**re-strike**). Os disjuntores a vácuo também apresentam como desvantagem o corte prematuro das correntes de baixa intensidade indutivas ou capacitivas fora do zero natural "chopping current".

Normalmente, as manobras de abertura e fechamento dos disjuntores a vácuo provocam sobretensões transitórias de alta intensidade devido à interação com o sistema elétrico (indutâncias e capacitâncias). Estas sobretensões são observadas em manobras de energização e desenergização de transformadores de potência, bancos de capacitores, cabos e linhas de transmissão sem carga, motores, fornos a arco, etc. As sobretensões citadas são funções das correntes transitórias de alta frequência que ocorrem na manobra de energização de pré-ignições (**pre-strike**) durante energizações (fechamento do disjuntor) e a corrente de corte fora do zero natural ("chopping"), múltiplas reignições (**re-strike**) na abertura e escalonamento de tensão durante desenergizações (abertura do disjuntor).

De um modo geral, estas sobretensões apresentam amplitude (ou valor de pico ou ainda magnitude - $U_{máx}$) e taxas de crescimento (du/dt) elevadas, que podem acarretar em falhas nos isolamentos dos equipamentos que são energizados ou desenergizados através do disjuntor a vácuo.

Assim sendo, a especificação dos dispositivos de manobra com meio de extinção a vácuo, além da capacidade de interrupção da corrente, é fundamental determinar a tensão que ficará em seus terminais no instante da abertura, tanto no período transitório (Tensão de Restabelecimento Transitória- TRT), como no regime permanente.

7.2.3 - Disjuntores com meio de extinção do arco voltaico a gás SF6 (Hexafluoreto de Enxofre)

Disjuntores a gás hexafluoreto de enxofre (SF_6) tiveram sua produção comercial a partir de 1940, embora este gás tenha sido sintetizado em 1904. Sua utilização é adequada para altas e baixas correntes nas mais diversas classes de tensão. Todavia, o vazamento do gás faz com que estes disjuntores fiquem inoperantes. O fenômeno de **re-strike,** descrito anteriormente, não é específico do disjuntor a vácuo e também se faz presente, em menor escala, no disjuntor com meio de extinção do arco em SF_6.

O hexafluoreto de enxofre (SF_6) é um gás com resistência dielétrica 2,5 vezes a do ar, à pressão atmosférica. Esta alta rigidez dielétrica permite que pequenas aberturas entre os contatos suportem altas tensões de restabelecimento reduzindo ao mínimo os efeitos de reignição devido ao surgimento do arco voltaico. Na eventualidade de uma reignição o gás absorve o efeito "explosivo" gerado pelo surto de corrente, reduzindo a possibilidade de danos ao disjuntor.

O princípio básico de interrupção em SF_6 se fundamenta em sua capacidade de levar rapidamente a condutibilidade elétrica do arco a zero, absorvendo os elétrons livres na região do mesmo, e restabelecer com extrema velocidade a sua rigidez dielétrica depois de cessados os fenômenos que motivaram a formação do arco. Isto porque o SF6 é um gás eletronegativo, o que lhe propicia facilidades de capturar elétrons livres presentes no plasma de um arco elétrico, reduzindo, portanto, a sua condutividade à medida que a corrente tende ao seu zero natural.

Por ser um gás extremamente pesado e incolor deve-se tomar cuidado ao manipulá-lo em ambientes fechados, pois, caso haja vazamento, o SF_6 se acumula em regiões inferiores do ambiente, substituindo o ar e provocando asfixia nos seres humanos quando atingir um determinado nível.

Uma propriedade interessante do SF_6 é a de que sua rigidez dielétrica não é seriamente afetada quando se mistura com o ar em proporções não superiores a 1/5 [3].

À medida que se pressiona o SF_6, a sua rigidez dielétrica aumenta substancialmente. Para cerca de 2 [kg/cm²], a sua rigidez dielétrica é a mesma do óleo mineral de boa qualidade. Para se precaver da perda de pressão, os disjuntores são providos de sistema de sinalização contra perda de gás e os correspondentes intertravamentos para evitar sua operação sob baixa pressão de gás.

A especificação destes disjuntores normalmente é feita para manobras de grandes bancos de capacitores ou filtros de harmônicos, mas de qualquer forma também é fundamental determinar, além da corrente necessária à operação adequada do mesmo, a tensão que ficará em seus terminais no instante da abertura tanto no período transitório (Tensão de Restabelecimento Transitória- TRT) como no regime permanente.

7.2.4 - Disjuntores com meio de extinção a ar (seco)

São assim denominados os disjuntores que utilizam o princípio da força eletromagnética para conduzir o arco elétrico até a "câmara de extinção", onde o arco é dividido, seccionado e finalmente extinto. Neste tipo de disjuntor a interrupção é feita no meio ambiente contido na câmara de extinção, ou seja, na pressão natural. O arco a ser conduzido para o interior da câmara sofre um processo de alongamento que faz aumentar sensivelmente a sua resistência elétrica e, consequentemente, a tensão do arco. Ao penetrar o interior da câmara, o arco é seccionado por um sistema de placas paralelas, ao mesmo tempo em que é resfriado ao contato com as paredes da câmara mencionada.

Os disjuntores a sopro magnético estão sujeitos a uma operação desfavorável quando a corrente a ser interrompida é de pequeno valor, cerca de 150 [A] ou menor [3]. Nesta condição, o campo magnético, impulsionador do arco para o interior da câmara, é muito fraco devido ao baixo valor da corrente elétrica. Com isso, o tempo de extinção do arco é muito longo, ocasionando um aquecimento exagerado na câmara de extinção.

Estes tipos de disjuntores não devem ser utilizados em locais sujeitos a umidade elevada, salinização, poeira ou partículas em suspensão em quantidades anormais [3]. Também estão sujeitos a operarem com reignição de arco, quando de manobras em bancos de capacitores [1]. Estes tipos de disjuntores em alta tensão são de tecnologia superada, porém, atualmente (2017), ainda existem unidades em funcionamento.

7.2.5 - Chaves a gás

As chaves a gás SF_6 são apropriadas a manobras de bancos de capacitores e utilizam maneiras distintas para interromper e fechar o circuito.

A interrupção é feita por contatos inseridos em uma câmara selada, com gás SF_6 e uma chave de ar utilizada para o fechamento do circuito.

As chaves a gás apresentam uma baixa erosão dos contatos e operação silenciosa, o que pode vir a ser um fator importante em zonas de densidade elevada de habitantes.

7.2.6 - Chaves a óleo

Chaves a óleo são normalmente utilizadas até a classe de 15 [kV] (sistemas de distribuição dos concessionários de energia). Alguns tipos têm a capacidade para interromper correntes de defeito, além de manobrar bancos de capacitores. No entanto, quando há necessidade de várias manobras diárias, apresentam erosão dos contatos, desgaste do mecanismo de acionamento e deterioração do óleo isolante. Seu uso nestes casos está condicionado a um rigoroso controle e inspeção destas partes.

Alguns tipos de chaves a óleo utilizam na operação de bancos de capacitores uma operação de dois estágios, na qual o primeiro é a inserção de resistência no circuito antes da abertura final, conseguindo assim evitar as elevadas amplitudes e frequências das correntes de energização e uma redução da possibilidade de reignição na abertura dos contatos.

8 - RECOMENDAÇÃO

Diversos fabricantes utilizam fatores de segurança para especificar o equipamento de manobra do banco de capacitores. A corrente nominal destes equipamentos (I_{EQ}) deve ser calculada utilizando-se um fator de segurança multiplicativo que, dependendo da margem utilizada, fica entre no mínimo de 1,15 vezes a corrente nominal dos bancos de capacitores (I_{BC}) e não deve ser inferior a 1,35 para bancos de capacitores com neutro isolado ou em delta. Isto quer dizer que a corrente nominal do dispositivo de manobra é sempre superior à corrente nominal do banco de capacitores. Como critério geral, recomenda-se que $I_{EQM} > 1,35\ I_{BCN}$, onde:

I_{EQM}: Corrente do equipamento de manobra;
I_{BCN}: Corrente nominal do banco de capacitores.

O equipamento de manobra deve ser capaz de energizar o banco de capacitores e suportar a corrente transitória. Os dispositivos de manobra utilizados na operação de banco de capacitores com a finalidade, entre outras, de controlar a tensão do sistema através de reguladores automáticos requerem condições especiais de uso, por exemplo, a diminuição forçada da corrente de energização, obrigando-se assim o uso de limitadores de corrente.

CAPÍTULO VII

CORREÇÃO DO FATOR DE POTÊNCIA EM INSTALAÇÕES CONVENCIONAIS

1 - INTRODUÇÃO

A correção do fator de potência traz benefícios tanto para os concessionários como para os consumidores de um modo geral que utilizam a energia elétrica. Os concessionários e consumidores quando corrigem o fator de potência liberam (aliviam) a capacidade de transmissão dos equipamentos tais como cabos, transformadores de potência, etc., além de melhorar o perfil da tensão ao longo do sistema. Por outro lado, os consumidores também são obrigados a manter o fator de potência acima de determinados limites, como prescreve a resolução 456 da ANEEL (vide [23] e [71]). Se os limites mínimos não forem atendidos, existem multas estabelecidas que estão previstas na referida resolução.

Denomina-se neste texto "INSTALAÇÕES CONVENCIONAIS", aquelas nas quais as formas de onda de tensão e corrente são senoidais e o sistema elétrico opera de forma equilibrada. Neste caso, a compensação do fator de potência é feita de modo que os seguintes objetivos sejam atingidos individualmente ou em conjunto:

- O fator de potência mínimo deve ser aquele exigido pela legislação vigente;
- O perfil de tensão será melhorado, ficando próximo à tensão nominal do sistema;
- Haverá o alívio de corrente dos transformadores, cabos, transformadores de corrente, chaves secciona-doras e demais equipamentos presentes no circuito;
- A quantidade de capacitores a ser instalada deve manter as características indutivas do circuito "visto" pelas fontes de energia.
- Reduz as perdas desde a fonte até o local da instalação dos capacitores;
- Diminui a corrente circulante, portanto, ocorre a redução da temperatura de operação de disjuntores, TCs, cabos, etc.;
- Disponibiliza potência reativa somente no local necessário.

2 - CAUSAS DO BAIXO FATOR DE POTÊNCIA

O fator de potência baixo, entre outras, é devido às seguintes condições:

- Motores operando em vazio (rotor livre) ou superdimensionados;
- Transformadores operando a vazio ou com pequenas cargas;
- Tensão de operação acima da nominal;
- Uso de lâmpadas de descarga com reatores de baixo fator de potência;
- Uso de lâmpadas led e eletrônica;
- Grande quantidade de motores de pequena potência;
- Fornos de indução ou a arco;
- Máquinas de solda.

3 - MEDIÇÃO DO FATOR DE POTÊNCIA

A medição do fator de potência pode ser realizada ou obtida através de três situações:
- Utilizando-se wattímetros, amperímetros e voltímetros;
- Através de analisadores de energia;
- Medição do concessionário de energia (memória de massa).

3.1 - WATTÍMETRO, AMPERÍMETRO E VOLTÍMETRO

Atualmente, as instalações existentes já apresentam medidores microprocessados que conseguem determinar com grande facilidade as potências ativa, reativa e aparente, os valores eficazes das tensões e correntes, os consumos de energia ativa, as demandas ativas e reativas, a potência média horária ativa e reativa, o fator de potência, entre outros.

Todavia, para determinar o fator de potência, o mínimo necessário é a medição da potência ativa utilizando-se um wattímetro que determina a potência ativa (P) no circuito e um amperímetro que permite verificar a corrente (I) no circuito com a tensão nominal de operação (U) do sistema elétrico. Com base nestas duas grandezas o fator de potência em um determinado ponto do sistema elétrico pode ser calculado de modo aproximado, conforme a seguir:

$$FP = \frac{P}{S}$$

$S = \sqrt{3}.U.I$ (para sistema trifásico);
$S = U.I$ (para sistema monofásico).

3.2 - ANALISADOR DE ENERGIA

Os analisadores de energia recebem normalmente os sinais de tensão e corrente dos secundários dos Transformadores de Corrente (TCs) e dos Transformadores de Potencial (TPs). Posteriormente, estes resultados são tratados matematicamente, utilizando-se "softwares" específicos, sendo então traçados os gráficos e compostas as tabelas de resultados envolvendo normalmente as seguintes grandezas elétricas: tensão, corrente, potência ativa, potência aparente, potência reativa, fator de potência, harmônicos, flutuação de tensão (flicker), energia, etc. A tabela 1 mostra um resultado típico da medição de energia em uma instalação industrial utilizando-se um analisador.

TABELA 1 - MEDIÇÃO COM UM ANALISADOR DE ENERGIA FEITA EM 04/07/2012									
Hora	Ua [V]	Ub [V]	Uc [V]	Ia [A]	Ib [A]	Ic [A]	S [kVA]	P [kW]	Q [kvar]	FP
11:50	7814,0	7816,0	7797,5	230,9	219,0	223,1	3034,0	2578,9	1598,3	0,85
11:51	7828,4	7830,8	7811,9	245,2	233,4	237,2	3233,1	2780,5	1649,8	0,86
11:52	7835,6	7838,5	7819,3	246,7	235,4	239,4	3262,5	2838,4	1608,6	0,87
11:53	7828,9	7831,4	7812,6	220,9	210,3	214,2	2915,7	2565,8	1384,9	0,88
11:54	7830,7	7833,9	7814,5	219,6	209,5	213,3	2903,0	2525,6	1431,3	0,87
11:55	8205,8	8203,0	8197,3	262,8	250,1	256,1	3641,8	3168,4	1795,6	0,87
11:56	8362,0	8359,0	8356,4	259,2	246,5	253,0	3661,3	3185,3	1805,2	0,87
11:57	8374,9	8371,6	8369,1	245,9	233,2	239,8	3474,5	2988,1	1773,0	0,86
11:58	8356,1	8375,9	8357,6	251,8	240,9	241,6	3545,4	3049,1	1809,2	0,86
11:59	8377,1	8375,4	8371,9	245,7	233,9	239,4	3476,4	2954,9	1831,3	0,85

CAPÍTULO VII CORREÇÃO DO FATOR DE POTÊNCIA EM INSTALAÇÕES CONVENCIONAIS • **203**

Notar que as medições foram feitas a cada minuto medindo-se a tensão entre fase e terra (Ua, Ub e Uc) de um sistema trifásico, as correntes nas fases (Ia, Ib e Ic) e as potências aparente (S), ativa (P) e reativa (Q) que já são as totais. Nos resultados pode-se observar também o fator de potência (FP) obtido durante a medição.

3.3 - MEMÓRIA DE MASSA

A memória de massa é um termo utilizado, na prática, pelos concessionários de energia para designar os dados que estão disponíveis nos medidores de energia elétrica instalados na unidade consumidora. Alguns concessionários cobram para disponibilizar esses dados, o que não deveria. Na memória de massa encontram--se, normalmente, os dados de tensão, potência, energia e fator de potência através de planilhas eletrônicas que ficam disponibilizadas para serem utilizadas pelo usuário. A tabela 2, a seguir, ilustra a memória de massa obtida de um concessionário para um período de 4 horas aproximadamente. O resultado, de um modo geral, é disponibilizado a cada 15 minutos, coincidindo com a demanda, embora, na maioria dos casos, o resultado disponível no equipamento de medição se dá com a média determinada a cada 5 minutos.

Registro	Data	Hora	Canal 1	kW	Canal 2	kvar-IND	Canal 3	kvar-CAP	SH	SR	Fat. Pot.
3	11/11/2003	09:45:00	465	402	231	200	0	0	F	L	0,90
6	11/11/2003	10:00:00	472	408	236	204	0	0	F	L	0,89
9	11/11/2003	10:15:00	484	418	244	211	0	0	F	L	0,89
12	11/11/2003	10:30:00	492	425	253	219	0	0	F	L	0,89
15	11/11/2003	10:45:00	497	429	267	231	0	0	F	L	0,88
18	11/11/2003	11:00:00	505	436	276	238	0	0	F	L	0,88
21	11/11/2003	11:15:00	514	444	286	247	0	0	F	L	0,87
24	11/11/2003	11:30:00	505	436	278	240	0	0	F	L	0,88
27	11/11/2003	11:45:00	504	435	280	242	0	0	F	L	0,87
30	11/11/2003	12:00:00	489	422	274	237	0	0	F	L	0,87
33	11/11/2003	12:15:00	489	422	281	243	0	0	F	L	0,87
36	11/11/2003	12:30:00	472	408	276	238	0	0	F	L	0,86
39	11/11/2003	12:45:00	473	409	275	238	0	0	F	L	0,86
42	11/11/2003	13:00:00	473	409	271	234	0	0	F	L	0,87
45	11/11/2003	13:15:00	488	422	282	244	0	0	F	L	0,87
48	11/11/2003	13:30:00	550	475	325	281	0	0	F	L	0,86
51	11/11/2003	13:45:00	542	468	316	273	0	0	F	L	0,86
54	11/11/2003	14:00:00	556	480	324	280	0	0	F	L	0,86

TABELA 2 - RELATÓRIO MEMÓRIA DE MASSA FORNECIDA POR UM CONCESSIONÁRIO EM 10/12/2013 PARA UMA UNIDADE INDUSTRIAL DE PEQUENO PORTE

No caso da tabela 2, o fator de potência é indutivo em todo o período (indicado por L na coluna SR e pela indicação kvarIND). Notar que a potência ativa (kW) e a potência reativa (kvarIND) estão associadas a seus respectivos canais (Canal 1 e Canal 2). O resultado do Canal 3, que identifica a potência reativa com característica capacitiva, foi nulo durante todo o período mostrado.

4 - CORREÇÃO DO FATOR DE POTÊNCIA

Apresenta-se a seguir uma metodologia para definição do banco de capacitores com a finalidade de compensação do fator de potência, de modo que o valor mínimo exigido pela legislação vigente seja alcançado.

Equipamentos elétricos, como por exemplo, motores de indução trifásicos, têm seu circuito elétrico equivalente formado por uma associação envolvendo resistência ôhmica R e indutância L. Assim, junto com a potência ativa P, existe a denominada potência reativa Q, e a soma fasorial dessas potências tem como resultado a potência aparente S. O ângulo j entre os fatores que representam a potência ativa e a potência aparente é denominado ângulo de deslocamento e a relação entre a potência ativa e a potência aparente (cosj) é denominada fator de deslocamento.

Para o caso em análise, como as formas de onda de corrente e tensão no circuito são senoidais o fator de deslocamento coincide com o "fator de potência".

A potência reativa (Q) em excesso aumenta consideravelmente a corrente solicitada pela carga e, portanto, sobrecarrega os geradores, as linhas de transmissão, os transformadores, etc., além de provocar quedas de tensão e perdas nos circuitos.

Os valores do Fator de Potência de Referência (FP_R) encontram-se no item 8 do Capítulo II.

5 - CONCEITUAÇÃO SOBRE A REDUÇÃO DA POTÊNCIA APARENTE DEVIDO A INSTALAÇÃO DE BANCOS DE CAPACITORES

Os bancos de capacitores quando instalados em um sistema elétrico reduzem a potência aparente que deveria ser fornecida pelas fontes de suprimento de energia, transformadores de potência, cabos, etc., através da redução da corrente elétrica do alimentador. As figuras 1.a e 1.b ilustram de modo esquemático o comportamento das potências ativa e reativa vinda da fonte antes e após a instalação do banco de capacitores.

O fator de potência mínimo exigido pode ser obtido através da instalação de bancos de capacitores em paralelo com os consumidores com características indutivas. As figuras 1.a e 1.b mostram o efeito da instalação do banco de capacitores e a figura 2 mostra as relações entre as potências ativa P, reativa Q e aparente S.

Na figura 1.b observa-se que as correntes nos ramos do capacitor $i_{BC}(t)$ e do motor em $i_m(t)$ não estão em fase. Assim sendo, a corrente no ramal do alimentador $i_F(t)$ será uma composição destas duas correntes e, de um modo geral, se o capacitor for bem dimensionado, a corrente do ramal alimentador será reduzida e, como consequência, a potência aparente também, liberando assim (disponibilizando mais) a potência aparente para o transformador e o cabo entre o capacitor e o motor, entre outros.

CAPÍTULO VII CORREÇÃO DO FATOR DE POTÊNCIA EM INSTALAÇÕES CONVENCIONAIS

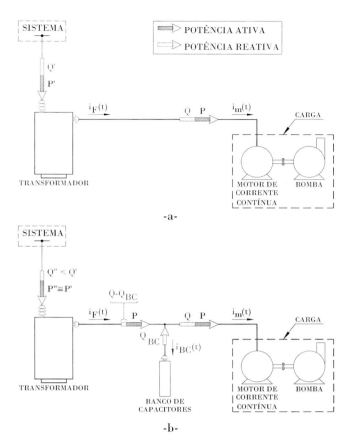

FIGURA 1 - ALIMENTAÇÃO DE MOTOR ATRAVÉS DE TRANSFORMADOR COM E SEM BANCO DE CAPACITORES

a. Sem banco de capacitores;
b. Com banco de capacitores.

Observar que ao se comparar a figura 1.b com a figura 1.a, o fluxo de potência reativa no primário do transformador fica reduzido após a instalação do banco de capacitores, porém, a potência ativa praticamente se mantém. Os denominados triângulos de potência para os casos com ou sem bancos de capacitores estão mostrados nas figuras 2.a e 2.b. Nota-se que a intensidade da potência reativa na carga (P e Q) é a mesma antes e após a instalação do banco de capacitores, porém o fluxo de reativo na fonte é reduzido passando de Q para $Q-Q_{BC}$

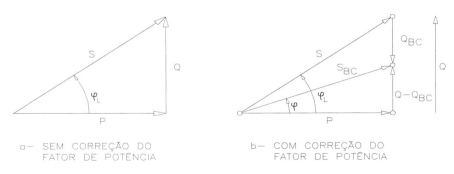

FIGURA 2 - POTÊNCIAS ATIVA, REATIVA E APARENTE

a. Sem correção do fator de potência;
b. Com correção do fator de potência.

Na figura 2.a, que corresponde ao triângulo de potência para a figura 1.a, tem-se:

- $FP_L = \cos \varphi_L = P/S$;
- $\operatorname{sen} \varphi_L = Q/S$;
- $\operatorname{tag} \varphi_L = Q/P$;
- φ_L: Ângulo de deslocamento antes da correção.

Na figura 2.b, que corresponde ao triângulo de potência para a figura 1.b, tem-se:

- $FP = \cos \varphi = P/S_{BC}$: Fator de potência após a correção;
- $\operatorname{sen} \varphi = (Q-Q_{BC})/S_{BC}$;
- $\operatorname{tag} \varphi = (Q-Q_{BC})/P$;
- φ: Ângulo de deslocamento após a correção.

Notar que a inserção do banco de capacitores reduziu o ângulo de deslocamento de j $_L$ para j e, portanto, o fator de potência aumentou.

A potência do banco de capacitores deve ser tal que o fator de potência da instalação aumente de cosjL para cosj. O valor do fator de potência após a instalação do banco de capacitores (cosj) deve atender a legislação vigente, conforme item 7.1 do Capítulo II.

$$\cos \varphi_L = \frac{P}{S} \tag{1}$$

$$\cos \varphi = \frac{P}{S_{RC}} \tag{2}$$

A potência do banco de capacitores em função de suas características pode ser escrita como:

$$Qc = \frac{U^2}{X_{C1}} = U^2 \cdot \omega \cdot C = U^2 \cdot 2 \cdot \pi \cdot f \cdot C \tag{3}$$

$$X_{C1} = \frac{1}{2 \cdot \pi \cdot f \cdot C} \tag{3.1}$$

$$\omega = 2.\pi.f \tag{3.2}$$

Onde nas expressões anteriores tem-se:

- U: Valor eficaz da tensão de operação;
- X_{C1}: Reatância capacitiva do banco de capacitores na frequência fundamental;
- ω: Frequência angular;
- f: Frequência industrial (50 ou 60 [Hz]);
- C: Capacitância.

A figura 3 mostra o efeito da instalação de um banco de capacitores em paralelo com o consumidor. É importante que se evite a sobrecompensação, que ocorre quando a potência do banco de capacitores (Q_{BC}) é maior que o "consumo" de potência reativa (Q_L) da carga, pois também neste caso os efeitos de sobrecarga nos componentes do sistema elétrico serão os mesmos que antes da compensação. A figura 4 mostra ainda que a sobrecompensação pode resultar em uma elevação de tensão no consumidor.

A partir do diagrama mostrado na figura 2.b, ou das equações (1) e (2) pode-se concluir que a potência do banco de capacitores para correção do fator de potência de $\cos\varphi_L$ para $\cos\varphi$ para uma carga com potência ativa P, é dada pela equação (4):

$$Q_{BC} = P(tg\varphi_L - tg\varphi) \tag{4}$$

A potência reativa também pode ser calculada com base no valor do fator de potência conforme expressão a seguir:

$$Q_{BC} = P * \{tg\,[acos\,(FP)] - tg\,[acos\,(FPL)]\} \tag{4.1}$$

$FP = \cos(\varphi_L)$
$FPL = \cos(\varphi)$

Onde:

φ_L: Ângulo conforme figura 2.a (sem correção do fator de potência);
φ: Ângulo conforme figura 2.b (com correção do fator de potência);

Com base na figura 3 e na equação (4), pode-se observar que o ângulo φ pode assumir os valores de φ_1, φ_2, φ_3 ou φ_4 em função do interesse de se efetuar uma compensação normal (φ_1 ou φ_2) ou sobre compensação (φ_3 ou φ_4).

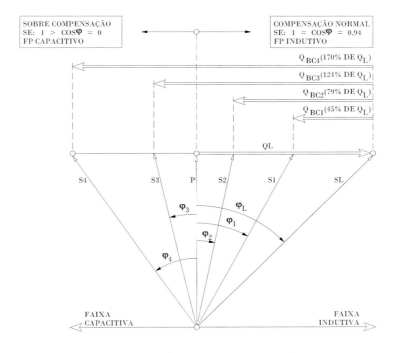

FIGURA 3 - MODIFICAÇÃO DO FATOR DE POTÊNCIA COM A INSTALAÇÃO DE BANCO DE CAPACITORES

A figura 4 ilustra o efeito da compensação na corrente da fonte de suprimento de energia.

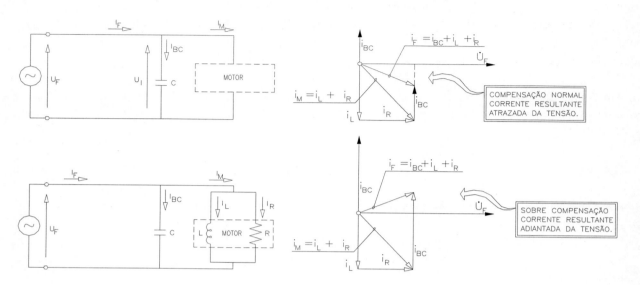

FIGURA 4 - EFEITO DA COMPENSAÇÃO DO FATOR DE POTÊNCIA ATRAVÉS DE CAPACITORES

Observa-se na figura 4 que a corrente I_F é determinada pela carga e pelas características do banco de capacitores. Quanto maior a potência nominal do banco de capacitores menor será a corrente I_F enquanto $\cos \varphi \leq 1$ com característica indutiva e, portanto, se houver uma situação onde a corrente I_F fique adiantada da tensão U_F ocorre a sobrecompensação do fator de potência provocando variações indesejáveis na rede de energia elétrica.

A determinação da potência reativa do banco de capacitores para a correção do fator de potência também pode ser feita usando a expressão (4) ou a tabela 3.

Exemplo 1: Em uma instalação de 1600 [kW] o fator de potência existente (atual) é de $\cos\varphi_1 = 0{,}70$. Pretende-se instalar bancos de capacitores para se obter um novo fator de potência de $\cos\varphi_2 = 0{,}92$. Determinar a potência do banco de capacitores.

A partir da tabela 3, verifica-se que para 0,70 (fator de potência atual) e para 0,92 (fator de potência desejado) o número correspondente (FATOR) é de 0,594.

Logo:

Q_{BC} = FATOR * P;

Q_{BC} = 0,594 . 1.600 @ 950 [kvar].

Pela expressão (4) tem-se:

Q_{BC} = 1600.{tg [acos(0,70)] - tg [acos(0,92)]} = 950,7294 [kvar]

Ou seja, para fins práticos, os valores podem ser considerados similares para a aplicação.

CAPÍTULO VII CORREÇÃO DO FATOR DE POTÊNCIA EM INSTALAÇÕES CONVENCIONAIS • 209

TABELA 3 - DETERMINAÇÃO DA POTÊNCIA DO BANCO DE CAPACITORES										
FP atual	**FATOR DE POTÊNCIA DESEJADO**									
	0,800	**0,810**	**0,820**	**0,830**	**0,840**	**0,850**	**0,860**	**0,870**	**0,880**	**0,890**	**0,900**
0,50	0,982	1,008	1,034	1,060	1,086	1,112	1,139	1,165	1,192	1,220	1,248
0,51	0,937	0,963	0,989	1,015	1,041	1,067	1,093	1,120	1,147	1,174	1,202
0,52	0,893	0,919	0,945	0,971	0,997	1,023	1,049	1,076	1,103	1,130	1,158
0,53	0,850	0,876	0,902	0,928	0,954	0,980	1,007	1,033	1,060	1,088	1,116
0,54	0,809	0,835	0,861	0,887	0,913	0,939	0,965	0,992	1,019	1,046	1,074
0,55	0,768	0,794	0,820	0,846	0,873	0,899	0,925	0,952	0,979	1,006	1,034
0,56	0,729	0,755	0,781	0,807	0,834	0,860	0,886	0,913	0,940	0,967	0,995
0,57	0,691	0,717	0,743	0,769	0,796	0,822	0,848	0,875	0,902	0,929	0,957
0,58	0,655	0,681	0,707	0,733	0,759	0,785	0,811	0,838	0,865	0,892	0,920
0,59	0,618	0,644	0,670	0,696	0,723	0,749	0,775	0,802	0,829	0,856	0,884
0,60	0,583	0,609	0,635	0,661	0,687	0,714	0,740	0,767	0,794	0,821	0,849
0,61	0,549	0,575	0,601	0,627	0,653	0,679	0,706	0,732	0,759	0,787	0,815
0,62	0,515	0,541	0,567	0,593	0,620	0,646	0,672	0,699	0,726	0,753	0,781
0,63	0,483	0,509	0,535	0,561	0,587	0,613	0,639	0,666	0,693	0,720	0,748
0,64	0,451	0,477	0,503	0,529	0,555	0,581	0,607	0,634	0,661	0,688	0,716
0,65	0,419	0,445	0,471	0,497	0,523	0,549	0,576	0,602	0,629	0,657	0,685
0,66	0,388	0,414	0,440	0,466	0,492	0,519	0,545	0,572	0,599	0,626	0,654
0,67	0,358	0,384	0,410	0,436	0,462	0,488	0,515	0,541	0,568	0,596	0,624
0,68	0,328	0,354	0,380	0,406	0,432	0,459	0,485	0,512	0,539	0,566	0,594
0,69	0,299	0,325	0,351	0,377	0,403	0,429	0,456	0,482	0,509	0,537	0,565
0,70	0,270	0,296	0,322	0,348	0,374	0,400	0,427	0,453	0,480	0,508	0,536
0,71	0,242	0,268	0,294	0,320	0,346	0,372	0,398	0,425	0,452	0,480	0,508
0,72	0,214	0,240	0,266	0,292	0,318	0,344	0,370	0,397	0,424	0,452	0,480
0,73	0,186	0,212	0,238	0,264	0,290	0,316	0,343	0,370	0,396	0,424	0,452
0,74	0,159	0,185	0,211	0,237	0,263	0,289	0,316	0,342	0,369	0,397	0,425
0,75	0,132	0,158	0,184	0,210	0,236	0,262	0,289	0,315	0,342	0,370	0,398
0,76	0,105	0,131	0,157	0,183	0,209	0,235	0,262	0,288	0,315	0,343	0,371
0,77	0,079	0,105	0,131	0,157	0,183	0,209	0,235	0,262	0,289	0,316	0,344
0,78	0,052	0,078	0,104	0,130	0,156	0,183	0,209	0,236	0,263	0,290	0,318
0,79	0,026	0,052	0,078	0,104	0,130	0,156	0,183	0,209	0,236	0,264	0,292
0,80	0,000	0,026	0,052	0,078	0,104	0,130	0,157	0,183	0,210	0,238	0,266
0,81		0,000	0,026	0,052	0,078	0,104	0,131	0,157	0,184	0,212	0,240
0,82			0,000	0,026	0,052	0,078	0,105	0,131	0,158	0,186	0,214
0,83				0,00	0,026	0,052	0,079	0,105	0,132	0,160	0,188
0,84					0,000	0,026	0,053	0,079	0,106	0,134	0,162
0,85						0,000	0,026	0,053	0,080	0,107	0,135
0,86							0,000	0,027	0,054	0,081	0,109
0,87								0,000	0,027	0,054	0,082
0,88									0,000	0,027	0,055
0,89										0,000	0,028
0,90											0,000

TABELA 3 - DETERMINAÇÃO DA POTÊNCIA DO BANCO DE CAPACITORES (Continuação)

FP atual	FATOR DE POTÊNCIA DESEJADO									
	0,910	0,920	0,930	0,940	0,950	0,960	0,970	0,980	0,990	1,000
0,50	1,276	1,306	1,337	1,369	1,403	1,440	1,481	1,529	1,590	1,732
0,51	1,231	1,261	1,291	1,324	1,358	1,395	1,436	1,484	1,544	1,687
0,52	1,187	1,217	1,247	1,280	1,314	1,351	1,392	1,440	1,500	1,643
0,53	1,144	1,174	1,205	1,237	1,271	1,308	1,349	1,397	1,458	1,600
0,54	1,103	1,133	1,163	1,196	1,230	1,267	1,308	1,356	1,416	1,559
0,55	1,063	1,092	1,123	1,156	1,190	1,227	1,268	1,315	1,376	1,518
0,56	1,024	1,053	1,084	1,116	1,151	1,188	1,229	1,276	1,337	1,479
0,57	0,986	1,015	1,046	1,079	1,113	1,150	1,191	1,238	1,299	1,441
0,58	0,949	0,979	1,009	1,042	1,076	1,113	1,154	1,201	1,262	1,405
0,59	0,913	0,942	0,973	1,006	1,040	1,077	1,118	1,165	1,226	1,368
0,60	0,878	0,907	0,938	0,970	1,005	1,042	1,083	1,130	1,191	1,333
0,61	0,843	0,873	0,904	0,936	0,970	1,007	1,048	1,096	1,157	1,299
0,62	0,810	0,839	0,870	0,903	0,937	0,974	1,015	1,062	1,123	1,265
0,63	0,777	0,807	0,837	0,870	0,904	0,941	0,982	1,030	1,090	1,233
0,64	0,745	0,775	0,805	0,838	0,872	0,909	0,950	0,998	1,058	1,201
0,65	0,714	0,743	0,774	0,806	0,840	0,877	0,919	0,966	1,027	1,169
0,66	0,683	0,712	0,743	0,775	0,810	0,847	0,888	0,935	0,996	1,138
0,67	0,652	0,682	0,713	0,745	0,779	0,816	0,857	0,905	0,966	1,108
0,68	0,623	0,652	0,683	0,715	0,750	0,787	0,828	0,875	0,936	1,078
0,69	0,593	0,623	0,654	0,686	0,720	0,757	0,798	0,846	0,907	1,049
0,70	0,565	0,594	0,625	0,657	0,692	0,729	0,770	0,817	0,878	1,020
0,71	0,536	0,566	0,597	0,629	0,663	0,700	0,741	0,789	0,849	0,992
0,72	0,508	0,538	0,569	0,601	0,635	0,672	0,713	0,761	0,821	0,964
0,73	0,481	0,510	0,541	0,573	0,608	0,645	0,686	0,733	0,794	0,936
0,74	0,453	0,483	0,514	0,546	0,580	0,617	0,658	0,706	0,766	0,909
0,75	0,426	0,456	0,487	0,519	0,553	0,590	0,631	0,679	0,739	0,882
0,76	0,400	0,429	0,460	0,492	0,526	0,563	0,605	0,652	0,713	0,855
0,77	0,373	0,403	0,433	0,466	0,500	0,537	0,578	0,626	0,686	0,829
0,78	0,347	0,376	0,407	0,439	0,474	0,511	0,552	0,599	0,660	0,802
0,79	0,320	0,350	0,381	0,413	0,447	0,484	0,525	0,573	0,634	0,776
0,80	0,294	0,324	0,355	0,387	0,421	0,458	0,499	0,547	0,608	0,750
0,81	0,268	0,298	0,329	0,361	0,395	0,432	0,473	0,521	0,581	0,724
0,82	0,242	0,272	0,303	0,335	0,369	0,406	0,447	0,495	0,556	0,698
0,83	0,216	0,246	0,277	0,309	0,343	0,380	0,421	0,469	0,530	0,672
0,84	0,190	0,220	0,251	0,283	0,317	0,354	0,395	0,443	0,503	0,646
0,85	0,164	0,194	0,225	0,257	0,291	0,328	0,369	0,417	0,477	0,620
0,86	0,138	0,167	0,198	0,230	0,265	0,302	0,343	0,390	0,451	0,593
0,87	0,111	0,141	0,172	0,204	0,238	0,275	0,316	0,364	0,424	0,567
0,88	0,084	0,114	0,145	0,177	0,211	0,248	0,289	0,337	0,397	0,540
0,89	0,057	0,086	0,117	0,149	0,184	0,221	0,262	0,309	0,370	0,512
0,90	0,029	0,058	0,089	0,121	0,156	0,193	0,234	0,281	0,342	0,484

| TABELA 3 - DETERMINAÇÃO DA POTÊNCIA DO BANCO DE CAPACITORES (Continuação) ||||||||||
| FP atual | FATOR DE POTÊNCIA DESEJADO |||||||||
	0,910	0,920	0,930	0,940	0,950	0,960	0,970	0,980	0,990	1,000
0,91	0,000	0,030	0,060	0,093	0,127	0,164	0,205	0,253	0,313	0,456
0,92		0,000	0,031	0,063	0,097	0,134	0,175	0,223	0,284	0,426
0,93			0,000	0,032	0,067	0,104	0,145	0,192	0,253	0,395
0,94				0,000	0,034	0,071	0,112	0,160	0,220	0,363
0,95					0,000	0,037	0,078	0,126	0,186	0,329
0,96						0,000	0,041	0,089	0,149	0,292
0,97							0,000	0,048	0,108	0,251
0,98								0,000	0,061	0,203
0,99									0,000	0,142
1,00										0,000

5.1 - COMPENSAÇÃO DO FP EM MOTORES DE INDUÇÃO TRIFÁSICOS

Como já dito anteriormente (item 6.1 no capítulo VI) as cargas mais importantes no sistema elétrico industrial são de um modo geral os motores de indução trifásicos. Desta forma, apresentam-se a seguir considerações a respeito da definição da potência do banco de capacitores para compensação individual do fator de potência em motores de indução trifásicos com rotor do tipo gaiola, como mostra a figura 5.

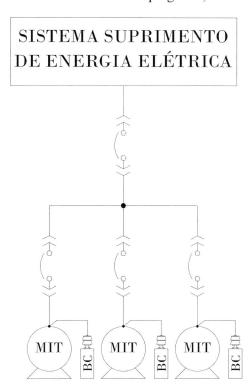

FIGURA 5 - COMPENSAÇÃO INDIVIDUAL DE MOTORES DE INDUÇÃO TRIFÁSICOS

212 · CAPACITORES DE POTÊNCIA E FILTROS DE HARMÔNICOS

O banco de capacitores é, geralmente, ligado nos terminais do motor, sendo ligado e desligado simultaneamente com o motor. De modo a evitar sobrecompensação ("fornecimento" em excesso de potência reativa), quando o motor estiver operando com cargas menores que a nominal, deve-se compensar até no máximo 90% da potência reativa de operação a vazio do motor. Desta forma, obtém-se um fator de potência adequado para operação com carga nominal e menor que 1 (um) para operação com carga baixa ou a vazio (com rotor livre).

A potência reativa para operação a vazio Q_0 pode ser calculada a partir do ângulo de deslocamento φ_0, da corrente a vazio (com rotor livre) I_0 e da tensão U aplicada ao motor:

$$Q_0 = \sqrt{3} \cdot U \cdot I_0 \cong \sqrt{3} \cdot U_N \cdot I_0 \tag{5}$$

A potência reativa do banco de capacitores deve ser limitada conforme a inequação mostrada a seguir:

$$Q_{BC} \leq 0,9.Q_0 \tag{5.1}$$

Nas expressões anteriores (5) e (5.1) tem-se:

- Q_{BC}: Potência reativa do banco de capacitores;
- Q_0: Potência reativa para a operação do motor a vazio (com rotor livre);
- U: Tensão do sistema elétrico onde o motor se encontra instalado;
- U_N: Tensão nominal do motor;
- I_0: Corrente a vazio do motor.

A corrente a vazio (com rotor livre) do motor pode ser calculada de forma aproximada pela equação (6).

$$I_0 = I_N \cdot \left[\operatorname{sen}\varphi_N - \frac{S_N}{S_K} \cdot \cos\varphi_N \right] \tag{6}$$

Onde:

$$S_N = \frac{n_1 - n_2}{n_1} \tag{7}$$

$$S_K = S_N \cdot \left[M_K + \sqrt{(M_K)^2 - 1} \right] \tag{8}$$

Onde, nas equações (6), (7) e (8) tem-se:

- I_0: Corrente a vazio do motor;
- I_N: Corrente nominal do motor;
- φ_N: Ângulo de deslocamento nominal;
- s_N: Escorregamento nominal do motor;
- s_K: Escorregamento correspondente ao conjugado máximo do motor;
- M_K: Relação entre os conjugados máximo e o nominal do motor.

CAPÍTULO VII   CORREÇÃO DO FATOR DE POTÊNCIA EM INSTALAÇÕES CONVENCIONAIS   • **213**

Existe ainda a possibilidade da determinação direta da potência reativa a vazio do motor, a partir da tabela 4, a qual é válida para um determinado fabricante de motor e que tem sido obtida usando-se valores médios para um grande número de medições em motores com rotor do tipo gaiola [17].

Exemplo 2: Determinar a potência do banco de capacitores para compensação do fator de potência de um motor de indução trifásico de 45 [kW] com quatro polos. Os dados característicos do motor devem ser obtidos a partir de catálogos do fabricante.

Solução: A partir do catálogo de um fabricante obtém-se para um motor tetrapolar de 45 [kW] (60 [HP]) os seguintes dados característicos:

I_N = 74 [A]; n_1 = 1800 [RPM]; n_N = 1775 [RPM]; U_N = 440 [V];
$\cos\varphi_N$ = 0,88 e .

A partir das equações anteriores, obtém-se então:

s_N = 0,01389 (calculado a partir da expressão (7));
s_K = 0,07521 (calculado a partir da expressão (8));
I_0 = 23,13 [A] (calculado a partir da expressão (6));

Considerando as equações (5) o valor da potência reativa do banco de capacitores a ser instalado junto ao motor é dado por:

$Q_0 = \sqrt{3}.440.23,12 = 17,62$ [Kvar]

Todavia com a potência reativa calculada anteriormente (Q0), pode ocorrer a autoexcitação, portanto a mesma deve ser reduzida de acordo com a equação (5.1), sendo o valor adequado da potência reativa do banco de capacitores (QBC) a ser instalado junto ao motor dado por:

$Q_{BC} = 0,9.17,62 = 15,25$ [Kvar]

Assim sendo, o banco de capacitores padronizado mais próximo em baixa tensão, conforme tabela 4 deste capítulo, será de 20 [kvar] para tensão nominal de 460 [V], ou seja, ligeiramente superior a tensão nominal do motor, logo na tensão de operação do motor a potência reativa, calculada de acordo com a expressão (14) será de $20.(440/460)^2$ = 18,299 [kvar], ou seja, aproximadamente o valor calculado anteriormente (17,62 [kvar]).

Utilizando-se a tabela 4 para o motor de 45 [kW] (60 [HP]), o banco de capacitores é de Q_{BC} = 20 [kvar] (igual ao anterior). Neste caso, a redução da corrente de operação do motor será de 15% (vide Red. I% na tabela 4).

Os motores de indução trifásicos quando acionados por chaves compensadoras tipo estrela triângulo, podem ocasionar que o banco de capacitores entre em operação logo no fechamento da conexão do motor em estrela, portanto, auxiliando na diminuição da queda de tensão no momento da partida.

Em motores com acionamento dos denominados sistemas de partida suave ("soft-start"), o banco de capacitores deve ser conectado em paralelo com o motor após o processo de partida do motor de modo a evitar possíveis ressonâncias entre o banco de capacitores e o sistema de distribuição de energia (vide Capítulo VIII).

TABELA 4 - RELAÇÃO ENTRE A POTÊNCIA REATIVA DE BANCOS DE CAPACITORES EM [kvar] E A POTÊNCIA NOMINAL EM [HP] DE MOTORES DE INDUÇÃO [17]

P_N MIT (HP)	NÚMERO DE POLOS E ROTAÇÃO SÍNCRONA (n_1) DO MOTOR (RPM)											
	2 polos ou 3600 RPM		4 polos ou 1800 RPM		6 polos ou 1200 RPM		8 polos ou 900 RPM		10 polos ou 720 RPM		12 polos ou 600 RPM	
	Q_{BC} kvar	Red. I%	Q_{BC} kvar	Red. I%	Q_{BC} kvar	Red. I%	Q_{BC} kvar	Red. I%	Q_{BC} kvar	Red. I%	Q_{BC} kvar	Red. I%
2	1	14	1	24	1,5	30	2	42	2	40	3	50
3	1,5	14	1,5	23	2	28	3	38	3	40	4	49
5	2	14	2,5	22	3	26	4	31	4	40	5	49
7,5	2,5	14	3	20	4	21	5	28	5	38	6	45
10	4	14	4	18	5	21	6	27	7,5	36	8	38
15	5	12	5	18	6	20	7,5	24	8	32	10	34
20	6	12	6	17	7,5	19	9	23	10	29	12,5	30
25	7,5	12	7,5	17	8	19	10	23	12,5	25	17,5	30
30	8	11	8	16	10	19	15	22	15	24	20	30
40	12,5	12	15	16	15	19	17,5	21	20	24	25	30
50	15	12	17,5	15	20	19	22,5	21	22,5	24	30	30
60	17,5	12	20	15	22,5	17	25	20	30	22	35	28
75	20	12	25	14	25	15	30	17	35	21	40	19
100	22,5	11	30	14	30	12	35	16	40	15	45	17
125	25	10	35	12	35	12	40	14	45	15	50	17
150	30	10	40	12	40	12	50	14	50	13	60	17
200	35	10	50	11	50	11	70	14	70	13	90	17
250	40	11	60	10	60	10	10	80	90	13	100	17
300	45	11	70	10	75	12	100	14	100	13	120	17
350	50	12	75	8	90	12	120	13	120	13	135	15
400	75	10	80	8	100	12	130	13	140	13	150	15
450	80	8	90	8	120	10	140	12	160	14	160	15
500	100	8	120	9	150	12	160	12	180	13	180	15

5.2 - COMPENSAÇÃO DO FP EM TRANSFORMADORES

Os transformadores necessitam, geralmente, de 3 a 7% de sua potência nominal como potência de magnetização. Se a compensação é individual, pode-se adotar 10% da potência nominal do transformador como potência a ser compensada, sem que exista o risco de elevação de tensão.

A correção do fator de potência dos transformadores quando operando em vazio ocorre muitas vezes quando a empresa desliga suas cargas às 17:30 h, por exemplo. Neste caso, normalmente saem todos os bancos de capacitores automáticos ou manuais, mas até às 24:00 h, ocorre a cobrança de fator de potência indutivo havendo a necessidade então de uma correção do fator de potência do transformador a vazio.

CAPÍTULO VII CORREÇÃO DO FATOR DE POTÊNCIA EM INSTALAÇÕES CONVENCIONAIS · **215**

Para a correção do fator de potência de transformadores operando a vazio, o banco de capacitores é selecionado de acordo com a corrente em vazio do transformador, pois bancos de capacitores em excesso geram sobretensão danificando o próprio capacitor. A potência reativa necessária é dada pela equação (9):

$$Q_{BC} = I_0 \cdot S_N \qquad (9)$$

Onde:

- Q_{BC}: Potência do banco de capacitores em [kvar];
- S_N: Potência aparente nominal do transformador em [kVA];
- I_0: Corrente em vazio em % da corrente nominal do transformador.

Na tabela 5, apresentam-se alguns valores orientadores da corrente a vazio em por cento da nominal ($I_0\%$) para cada potência aparente nominal (S_N) de transformadores trifásicos do tipo de distribuição com tensão nominal primária em 13,8 [kV]. Nesta tabela está indicada a potência do banco de capacitores (Q_{BC}) necessária. Destaca-se que deve-se procurar nos catálogos dos fabricantes de banco de capacitores a potência padronizada mais próxima a ser utilizada.

S_N [kVA]	VALORES ORIENTADORES		
TABELA 5 - BANCO DE CAPACITORES PARA TRANSFORMADORES OPERANDO A VAZIO EM 13,8 [kV]			
	$I_{0min}\%$	$I_{0max}\%$	Q_{BC} [kvar]
15	4,32	5,28	0,72
30	3,69	4,51	1,23
45	3,33	4,07	1,67
75	2,79	3,41	2,33
112,5	2,52	3,08	3,15
150	2,34	2,86	3,90
225	2,07	2,53	5,18
300	1,98	2,42	6,60
500	1,35	1,65	7,50
750	1,17	1,43	9,75
1000	1,08	1,32	12,00
1500	0,90	1,10	15,00

5.3 - COMPENSAÇÃO DO FP POR GRUPOS

A compensação do FP por grupo de equipamento (motores de indução, lâmpadas, etc.) deve ser precedida de uma análise detalhada, principalmente se o banco de capacitores for fixo pois pode ocorrer sobrecompensação no caso de equipamentos ficarem fora de operação.

5.3.1 - GRUPO DE MOTORES DE INDUÇÃO

Para um conjunto de motores de indução trifásicos menores que 15 [CV] em baixa tensão, é mais conveniente instalar um banco de capacitores de forma a corrigir o grupo de motores como um todo. O banco de capacitores deve ser instalado junto ao quadro de distribuição do Comando e Controle dos Motores (CCM) conforme apresentado na figura 6. Neste caso o procedimento mais adequado para definir o banco de capacitores nesta aplicação é efetuar a medição com analisador de energia, para verificar o comportamento do sistema ao longo do dia. Se for um sistema novo (a implantar), verificar o fator de potência do projeto e a demanda prevista, corrigindo-se o fator de potência em função desses dois valores, utilizando-se a tabela 3 ou equação (4).

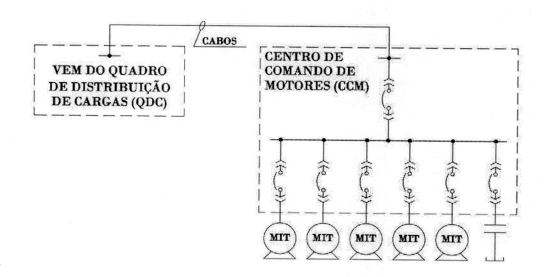

FIGURA 6 - COMPENSAÇÃO POR GRUPO DE MOTORES DE INDUÇÃO TRIFÁSICOS

De um modo geral, a compensação em grupo tem como vantagem a exigência de potência menor para o banco de capacitores do que aquela para compensação individual.

Como exemplo, para compensação do fator de potência de um motor de indução trifásico de 5 [kW] com dois polos é necessário um banco de capacitores da ordem de 2 [kvar], portanto, a compensação individual de 10 motores iguais de 5 [KW] cada um, a potência total será de 20 [kvar]. Porém, se em operação normal apenas cinco motores estão simultaneamente ligados, a compensação em grupo permite instalar a potência reativa de 10 [kvar], ou seja, a metade da potência do banco no caso do sistema de compensação individual.

Por outro lado, se 6 ou 7 motores operam simultaneamente, a potência do banco corrigida por grupo não será suficiente. Já no caso da operação de apenas dois motores haverá sobrecompensação. Desta forma, a compensação em grupo de motores de indução trifásicos, que podem operar individualmente, não é recomendada, sem um adequado sistema de controle (vide itens 6.1 e 6.2 deste capítulo) e o arranjo híbrido (parte fixo por grupo e parte controlada) como mostrado na figura 7.

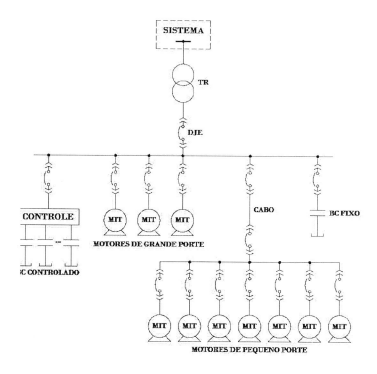

FIGURA 7 - COMPENSAÇÃO EM GRUPO DE MOTORES DE INDUÇÃO TRIFÁSICOS

5.3.2 - GRUPO DE LÂMPADAS

Para lâmpadas fluorescentes, a compensação em grupo, conforme mostra a figura 8, é vantajosa em função da utilização de um único banco para uma grande quantidade de lâmpadas.

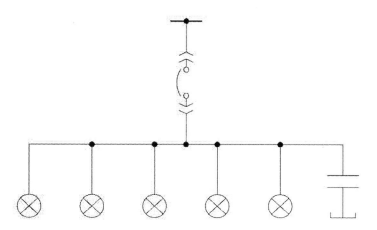

FIGURA 8 - COMPENSAÇÃO EM GRUPO DE LÂMPADAS FLUORESCENTES

A tabela 6, a seguir, fornece valores de referência para bancos de capacitores, em função da potência das lâmpadas fluorescentes.

218 · CAPACITORES DE POTÊNCIA E FILTROS DE HARMÔNICOS

TABELA 6 - POTÊNCIA DO BANCO DE CAPACITORES PARA COMPENSAÇÃO EM GRUPO DE LÂMPADAS FLUORESCENTES			
Tensão da rede de alimentação [V]	Potência da lâmpada [W]	Capacitância [mF]	Potência do Capacitor [var]
220	10	2,0	36
220	2 x 15	3,5	66
220	16	2,5	48
220	20	5,0	96
220	25	3,5	66
220	40	4,5	84
220	2 x 20	4,5	84
220	65	7,0	132
127	20	8,0	36

Exemplo 3: Determinar a potência do banco de capacitores para compensação do fator de potência de um conjunto de lâmpadas com as seguintes potências:

- 25 lâmpadas com 20 [W] cada em 220 [V];
- 90 lâmpadas com 40 [W] cada em 220 [V].

De acordo com a tabela 6, a potência reativa de compensação é dada por:

- 25 x 96 = 2.400 [var];
- 90 x 84 = 7.560 [var];
- Total = 9.960 [var].

5.4 - LIBERAÇÃO DE CAPACIDADE DO SISTEMA

Os bancos de capacitores quando estão em operação em um sistema elétrico, reduzem a corrente no circuito desde a fonte geradora de energia elétrica até o local onde o banco de capacitores está instalado (vide figura 4). Menor corrente significa menos potência aparente (em [kVA]) nos transformadores, cabos dos alimentadores e/ou circuitos de distribuição. Isto quer dizer que capacitores podem ser utilizados para reduzir a sobrecarga existente ou, caso não haja sobrecarga, permitir a ligação de cargas adicionais. Assim, cargas adicionais podem ser ligadas aos circuitos existentes, melhorando também o fator de potência. Esta liberação de capacidade será identificada a seguir por S_L, ou seja, "potência aparente liberada".

A determinação de S_L, como consequência da correção do fator de potência não é simples, já que as cargas adicionais podem ter fatores de potência característicos diferentes entre si. Assim, de modo simplificado e com aproximação razoável, considera-se no cálculo a seguir que o fator de potência da carga a ser adicionada é igual ao da carga original já existente.

A figura 9 mostra o diagrama fasorial básico para se determinar a potência aparente S_L (em [kVA]) a ser liberada após a instalação de banco de capacitores. Na figura 9 a potência reativa Q_{BC} é a do banco de capacitores a ser instalado.

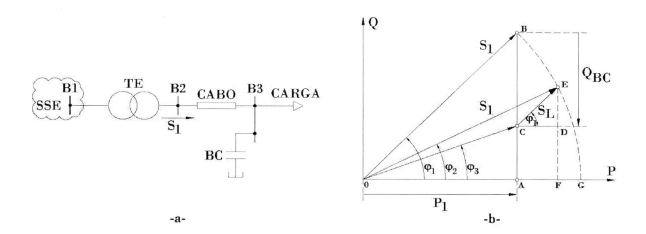

FIGURA 9 - DIAGRAMA PARA OBTENÇÃO DA POTÊNCIA APARENTE LIBERADA (S_L)

Na figura 9 tem-se:

- $\cos(\varphi_1)$ é o fator de potência original (triângulo 0AB);
- $\cos(\varphi_3)$ é o fator de potência da carga original, corrigido com Q_{BC} (triângulo 0AC);
- $\cos(\varphi_2)$ é o fator de potência final, das cargas combinadas.

Como a potência aparente em [kVA] total não deve exceder seu valor original (trecho), o arco de círculo BG estabelecerá estes limites. A determinação do valor S_L deve ser calculada com base na geometria apresentada na figura 9.

Exemplo 4: Qual a potência a ser liberada em um transformador de 1000 [kVA] que efetua o suprimento para uma carga também de 1000 [kVA] sob fator de potência de 0,85 quando se instala um banco de capacitores (BC) figura 9.a para corrigir o fator de potência para 0,92.

Solução: A potência ativa para o fator de potência de 0,85 é de 850 [kW] e a reativa é de 527 [kvar]. Para o fator de potência de 0,92, a potência ativa permitida para manter os mesmos 1000 [kVA] é de 920 [kW] e a potência reativa é de 392 [kvar]. Isto quer dizer que haverá uma liberação de aproximadamente 70 [kW] para uma nova carga a ser implantada. Se o fator de potência para esta nova carga também for de 0,85, a potência S_L liberada será de:

$$S_L = \frac{70}{0,85} = 82,3\,[\text{kVA}]$$

A figura 10.b apresenta a potência ativa após a correção do fator de potência. Se comparada com a figura 10.a antes da correção do fator de potência verifica-se que a potência ativa pode aumentar em 70 [kW] mantendo a potência aparente em 1000 [kva].

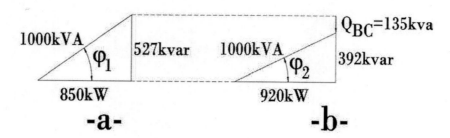

FIGURA 10 - REPRESENTAÇÃO DA LIBERAÇÃO DE POTÊNCIA AO CORRIGIR O FATOR DE POTÊNCIA

a - carga de 850 [kW] com fator de potência de 0,85 ($\cos\varphi_1$ = 0,85);
b - carga de 920 [kW] com fator de potência de 0,92 ($\cos\varphi_2$ = 0,92).

5.5 - MELHORIA DA TENSÃO

Os sistemas elétricos quando operam com tensões abaixo da nominal provocam, entre outros, a redução no torque desenvolvido pelos motores de indução fazendo com que os mesmos operem em menor velocidade e, portanto maior perda no circuito do rotor.

Ao se utilizar bancos de capacitores para corrigir o fator de potência ocorre a elevação natural da tensão devido à redução da corrente no alimentador entre a fonte de suprimentos de energia e o local onde o banco de capacitores está instalado. Entretanto, não é comum instalar banco de capacitores com a finalidade específica de estabilizar a tensão, mas sim para corrigir o fator de potência. A melhoria de tensão deve ser considerada como um benefício adicional da implantação dos capacitores.

Todavia, para controlar especificamente a tensão em um determinado ponto do sistema a prática recomenda mudar a posição de tapes do transformador de potência da subestação, desde que a regulação do sistema o permita, ou se instalar compensadores estáticos. No entanto, nas redes de distribuição dos concessionários é comum a instalação de banco de capacitores como um meio de elevar o perfil de tensão do sistema e aliviar a corrente nos condutores, podendo, neste caso, ser utilizados bancos de capacitores, tanto fixos como automáticos.

A tensão em qualquer ponto de um circuito elétrico é igual a da fonte geradora menos a queda de tensão até aquele ponto. Assim, se a tensão da fonte geradora e as diversas quedas de tensão forem conhecidas, a tensão em qualquer ponto do sistema elétrico pode ser facilmente determinada. Como a tensão na fonte é conhecida, o problema consiste apenas na determinação das quedas de tensão.

A fim de simplificar o cálculo das quedas de tensão, a fórmula geralmente utilizada está apresentada a seguir:

$$\Delta U = R.I.\cos\varphi \pm X.I.\sen\varphi \tag{10}$$

Onde:

- ΔU: Queda de tensão [V];
- R: Resistência equivalente de Thevenin "vista" do ponto onde o banco de capacitores será instalado

[Ω];
- I: Corrente total [A];
- φ: Ângulo do fator de potência;
- X: Reatância indutiva equivalente de Thevenin "vista" do ponto onde o banco de capacitores será instalado [Ω];
- (+): Para cargas com fator de potência indutivo (atrasado);
- (-): Para cargas com fator de potência capacitivo (adiantado).

Os valores de ΔU, R e X são valores por fase. A queda de tensão entre fases para um sistema trifásico seria ΔU . $\sqrt{3}$

A expressão (10) mostra que a parcela da corrente relativa à potência reativa (I.senφ) altera apenas a queda de tensão associada à reatância. Como esta corrente é reduzida pelos capacitores, a queda de tensão total é então reduzida de um valor, aproximadamente, igual a corrente do capacitor multiplicada pela reatância. Portanto é apenas necessário conhecer a potência nominal do banco de capacitores e a reatância indutiva equivalente de Thevenin para se conhecer, aproximadamente, a elevação de tensão ocasionada pelos bancos de capacitores.

Nos estabelecimentos industriais com sistemas de distribuição com apenas um transformador, a elevação de tensão proveniente da instalação de bancos de capacitores para corrigir o fator de potência é da ordem de 2% a 5%. Assim sendo a escolha da tensão e potência reativa do banco de capacitores devem ser feitas de acordo com critérios específicos conforme mostra o item 8 deste capítulo.

5.6 - REDUÇÃO DAS PERDAS

A redução das perdas em um sistema elétrico em função da melhoria ou correção de fator de potência devido a instalação de bancos de capacitores é um assunto controverso. Por exemplo a referência [17] informa que o lucro financeiro anual da ordem de 15% do valor do investimento feito com a instalação dos capacitores. Deve-se ter um extremo cuidado ao considerar a redução das perdas ao instalar bancos de capacitores.

Na realidade, a correção do fator de potência reduz apenas as perdas no sistema de transmissão em função da redução de uma parcela da corrente desde a fonte de suprimento de energia até o ponto de instalação do banco de capacitores. Considerando que na maioria dos sistemas de distribuição industriais, as perdas por efeito Joule em função da corrente circulando nos alimentadores (RI2) variam de 2,5% a 7,5% do total de energia ([kWh]) consumida (carga), dependendo das horas de trabalho a plena carga, bitola dos condutores e comprimento dos alimentadores e circuitos de distribuição

Como as perdas são proporcionais ao quadrado da corrente e como a corrente é reduzida em função da melhoria do fator de potência, as perdas são inversamente proporcionais ao quadrado do fator de potência como mostra a equação a seguir:

$$\frac{\Delta P}{P_1} = 1 - \frac{\left(FP_1\right)^2}{\left(FP_2\right)^2} \tag{11}$$

Onde:

- ΔP: Redução das perdas;
- P_1: Potência ativa do alimentador
- FP_1: Fator de potência original;
- FP_2: Fator de potência final, após a correção.

A figura 11 está baseada na consideração de que a potência original da carga permanece constante com a instalação dos bancos de capacitores. Se o fator de potência for melhorado para liberar a capacidade do sistema e, em vista disso, for ligada a carga máxima permitida, a corrente total é a mesma, de modo que as perdas serão também as mesmas.

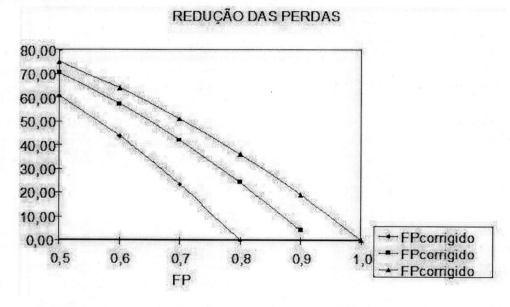

FIGURA 11 - REDUÇÃO PERCENTUAL DAS PERDAS EM FUNÇÃO DO FATOR DE POTÊNCIA

Por outro lado, os bancos de capacitores aumentam a tensão onde os mesmos são instalados, o que eleva por consequência as perdas nos dielétricos, perdas a vazio nos transformadores e nos motores.

Pelo exposto financeiramente é muito difícil estimar qual será a redução no custo da energia elétrica com a instalação de bancos capacitores ou filtros de harmônicos.

Exemplo 5 (proposto): Considere um transformador com os seguintes dados característicos:

- S_N: potência nominal do transformador = 1000 [kVA];
- U_{1N}: tensão nominal do primário do transformador = 13,8 [kV];
- U_{2N}: tensão nominal do secundário do transformador = 0,46 [kV];
- Z: impedância percentual do transformador = 5,00%;
- R: resistência percentual do transformador = 0,50%;
- FP: fator de potência indutivo da carga = 0,75;
- P: potência ativa da carga = 400 [kW].

Admitindo que a tensão no lado primário do transformador é fixa em 13,8 [kV] (independente da carga), determinar:

a. A tensão de operação no secundário, para a carga indicada;
b. Calcular a potência disponível (liberada) se o fator de potência for corrigido para 0,92;
c. Determinar qual seria o banco de capacitores a ser instalado para acrescentar 430 [kW] de carga, sob fator de potência de 0,75 de modo que o transformador não opere em sobrecarga.

6 - CONTROLADORES DE FATOR DE POTÊNCIA

Algumas instalações industriais e/ou comerciais utilizam controladores automáticos para corrigir o fator de potência. Esses controladores podem apresentar entre 6 e 12 estágios de saída que são constituídos por bancos de capacitores com determinada potência reativa que somados irão propiciar a correção adequada do fator de potência. Cada unidade industrial utiliza uma determinada maneira para compensar o fator de potência de modo automático, sendo os mais simples indicados a seguir.

6.1 - BANCOS AUTOMÁTICOS COM BASE EM MEDIÇÃO

A figura 12 ilustra um diagrama unifilar simplificado de um banco de capacitores em baixa tensão com controle automático (podendo ser manual). Alguns modelos já dispõem de medição de grandezas elétricas como tensão, corrente, frequência, fator de potência, distorção de tensão devido aos harmônicos, bem como as potências ativa, reativa e aparente.

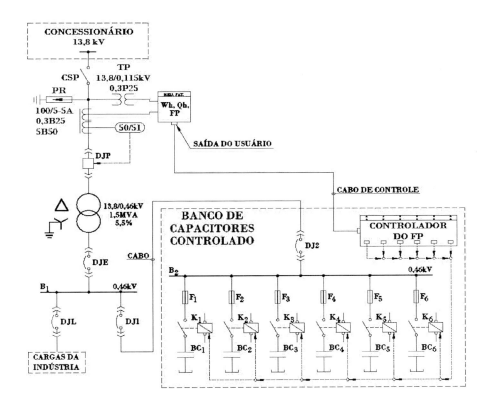

FIGURA 12 - DIAGRAMA UNIFILAR SIMPLIFICADO DE UM CONTROLADOR DE FATOR DE POTÊNCIA EM BAIXA TENSÃO

Os contatores para manobra de capacitores em baixa tensão para correção do fator de potência são especiais para suportar os transitórios de energização e conforme discutido no item 4 do Capítulo VI, para redução da corrente de energização "inrush" deve-se incluir resistores (R), conforme mostra a figura 13.

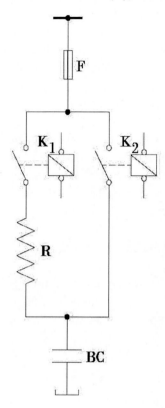

FIGURA 13 - CONTATORES COM RESISTÊNCIAS DE PRÉ-INSERÇÃO

Os bancos de capacitores para correção do fator de potência em baixa tensão podem ter tamanhos diferentes em formatos únicos ou modulados. O banco de capacitores modulados permite trocar apenas sua unidade quando danificada do banco. A tabela 7, a seguir, ilustra de modo orientador as potências típicas para os bancos de capacitores em baixa tensão encontrados no mercado.

Muitas vezes os bancos de capacitores em baixa tensão possuem dimensões elevadas e não cabem dentro dos quadros padronizados disponíveis no mercado. O recurso, nesse caso, é utilizar prateleiras feitas em estruturas metálicas (racks) para colocar os capacitores, ficando o quadro somente com a unidade de controle, chaveamento e proteção.

Os bancos de capacitores devem ter uma proteção geral utilizando preferencialmente disjuntor de entrada (vide DJ1 e DJ2 na figura 12) ou eventualmente fusíveis no lugar de DJ1 visando à proteção dos cabos que saem do quadro de distribuição geral (B_1) desde o secundário do transformador de entrada até o banco de capacitores, vide figura 12.

Se cada célula capacitiva (B_{C1} a B_{C6}) é protegida por fusíveis, o ideal é existir um disjuntor de entrada DJ2 para proteger o sistema e garantir uma substituição segura dos fusíveis quando danificados.

TABELA 7 - BANCOS DE CAPACITORES ENCONTRADOS NO MERCADO		
U_{BCN} (V)	Bancos fixos em [kvar]	Composição para bancos controlados em [kvar]
220V	10	3 x 2,5 + 3 x 0,83
	12,5	3 x 2,5 + 3 x 1,67
	15	6 x 2,5
	17,5	6 x 2,5 + 3 x 0,83
	20	6 x 2,5 + 3 x 1,67
	22,5	9 x 2,5
	25	9 x 2,5 + 3 x 0,83
	27,5	9 x 2,5 + 3 x 1,67
	30	12 x 2,5
	35	12 x 2,5 + 3 x 1,67
	37,5	15 x 2,5
380V ou em **440V** ou em **460V** ou em **480V**	17,5	3 x 5,0 + 3 x 0,83
	20	3 x 5,0 + 3 x 1,67
	22,5	3 x 5,0 + 3 x 2,5
	25	3 x 5,0 + 3,33
	27,5	6 x 3,33 + 3 x 2,5
	30	6 x 5,0
	35	6 x 5,0 + 3 x 1,67
	40	6 x 5,0 + 3 x 3,33
	50	9 x 5,0
	45	9 x 5,0 + 3 x 1,67
	60	12 x 5,0
	75	15 x 5,0

6.2 - BANCOS AUTOMÁTICOS TEMPORIZADOS

Este tipo de correção é feito em pequenos estabelecimentos, que normalmente utilizam 1, 2 ou 3 bancos de capacitores de pequenos portes com 5, 10 ou 20 [kvar] cada banco, no máximo. Estas empresas, normalmente, interrompem o seu processo produtivo ao final do dia e iniciam novamente os trabalhos no outro dia. Para não utilizar controladores de fator de potência que apresentam custos mais elevados utilizam um temporizador de modo a ligar os bancos por volta das 06:30 h da manhã e desligam no período da tarde, por exemplo, às 17:30 h.

7 - DETERMINAÇÃO DA POTÊNCIA NECESSÁRIA PARA A CORREÇÃO DO FATOR DE POTÊNCIA

Para determinar a potência reativa necessária para a correção do fator de potência nas instalações existentes é fundamental efetuar a medição da potência e do fator de potência das cargas instaladas. As formas de medição, entre outras, estão mostradas a seguir.

7.1 - UTILIZANDO MEDIDORES DE ENERGIA

A utilização de medidores de energia em locais estratégicos do sistema elétrico permite a determinação da potência ativa nas três fases obtendo a potência trifásica e fator de potência médio. A medição deve ser realizada por um período de uma semana, no mínimo, desde que a empresa não esteja operando com carga sazonal.

Utilizando uma planilha eletrônica pode-se determinar qual é o banco de capacitores necessários para corrigir o fator de potência. A tabela 8, a seguir, ilustra o resultado de uma medição cujo fator de potência deve ser corrigido, no mínimo, para 0,92. Como critério normal recomenda-se corrigi-lo para 0,94, tendo assim uma folga da ordem de 0,02 pontos como margem de segurança.

O procedimento é feito da seguinte forma:

1. O resultado da medição além das outras grandezas indicadas disponibiliza o fator de potência em cada fase e o médio (FP) e a potência ativa total (P) em [W] a cada 15 minutos;
2. A potência reativa necessária (Q_{BC}) a cada 15 minutos em [kvar] pode ser calculada de acordo com a expressão (4.1):

$$Q_{BC} = P * \left\{ tg \left[a \cos(FP) - tg \left[a \cos(0,94) \right] \right] \right\} \tag{12}$$

3. Calcular a potência reativa a cada 15 minutos. No caso da tabela 6 a potência reativa calculada (Q_{BC}) ficou entre 14 e 15 [kvar]. Neste caso, como a carga é praticamente constante pode-se concluir que um banco de capacitores de 15 [kvar] é suficiente para corrigir o fator de potência no período demonstrado.

Nota: No caso em questão as potências ativas medidas em cada fase (Pa, Pb e Pc) estão em [W], assim como a potência total (P). A potência Q_{BC} calculada está em [kvar].

TABELA 8 - EXEMPLO DA CORREÇÃO DO FATOR DE POTÊNCIA A PARTIR DA MEDIÇÃO A CADA 15 MINUTOS											
HORA	FPa	FPb	FPc	Pa [W]	Pb [W]	Pc [W]	U [V]	I [A]	FP	P [W]	Q_{BC} [kvar]
16:15	0,78	0,74	0,77	10471	9811	9555	394	57	0,76	29837	14
16:30	0,78	0,73	0,76	10407	9738	9475	394	57	0,76	29620	15
16:45	0,79	0,74	0,76	10412	9905	9517	394	57	0,76	29834	14
17:00	0,79	0,74	0,76	10458	10008	9570	394	58	0,76	30036	15
17:15	0,79	0,75	0,77	10420	10026	9603	391	58	0,77	30049	14
17:30	0,79	0,75	0,77	10523	10012	9646	391	58	0,77	30181	14
17:45	0,79	0,74	0,77	10442	9910	9592	393	57	0,77	29944	14
18:00	0,79	0,74	0,77	10502	10005	9655	392	58	0,77	30162	14
18:15	0,79	0,74	0,77	10495	10021	9637	392	58	0,77	30153	14
18:30	0,79	0,75	0,77	10479	10024	9632	392	58	0,77	30135	14
18:45	0,79	0,74	0,77	10429	9952	9585	392	58	0,77	29966	14
19:00	0,79	0,74	0,77	10399	9856	9488	392	57	0,77	29743	14
19:15	0,79	0,74	0,77	10514	9896	9559	392	58	0,77	29969	14

TABELA 8 - EXEMPLO DA CORREÇÃO DO FATOR DE POTÊNCIA A PARTIR DA MEDIÇÃO A CADA 15 MINUTOS (Continuação)

HORA	FPa	FPb	FPc	Pa [W]	Pb [W]	Pc [W]	U [V]	I [A]	FP	P [W]	Q_{BC} [kvar]
19:30	0,79	0,74	0,77	10511	9886	9564	392	58	0,77	29961	14
19:45	0,79	0,74	0,77	10500	9990	9627	392	58	0,77	30117	14
20:00	0,78	0,74	0,77	10340	9918	9609	392	58	0,76	29867	14
20:15	0,78	0,74	0,76	10261	9850	9567	392	58	0,76	29678	15
20:30	0,78	0,74	0,76	10327	9900	9585	393	58	0,76	29812	15
20:45	0,78	0,74	0,76	10295	9826	9507	393	57	0,76	29628	15
21:00	0,78	0,74	0,76	10247	9783	9466	393	57	0,76	29496	15
21:15	0,78	0,74	0,76	10322	9861	9542	393	57	0,76	29725	15
21:30	0,78	0,73	0,76	10347	9793	9441	394	57	0,76	29581	15
21:45	0,78	0,73	0,76	10399	9832	9454	395	57	0,76	29685	15

7.2 - UTILIZANDO MEMÓRIA DE MASSA

A correção de fator de potência deve ser feita no Ponto de Acoplamento Comum (PAC) onde os consumidores (comerciais e industriais) se interligam com o concessionário, ou seja, justamente no ponto onde está instalado o sistema de medição e faturamento. Esta medição é a mais importante para se efetuar a correção do fator de potência, pois apresenta um histórico de qual é o consumo de energia efetivo da unidade.

> **Nota:** O local de instalação do banco de capacitores (BC) deve ser escolhido da forma mais econômica possível, analisando os aspectos da instalação e posição no lado primário ou secundário do transformador da indústria. De qualquer forma, a instalação deverá ser feita após o ponto de medição do faturamento, como mostra a figura 14.

Para determinar o fator de potência com base na medição disponibilizada pelo concessionário (memória de massa) procede-se similarmente ao item anterior, porém para atender a legislação vigente o fator de potência deve ser corrigido na média horária. Todavia, caso a correção do fator de potência seja feita através de um único banco de capacitores instalado logo após o transformador que interliga ao concessionário, não haverá redução na corrente nos alimentadores de cada equipamento instalado a montante, ou seja, não haverá a diminuição de perdas nos cabos e melhoria do perfil de tensão. O único equipamento a ser beneficiado é o transformador da indústria.

Naturalmente, a localização do banco de capacitores (BC) é fundamental para o melhor desempenho da instalação, sendo necessário, portanto, um planejamento adequado para atender a legislação vigente e propiciar os melhores benefícios para a unidade industrial.

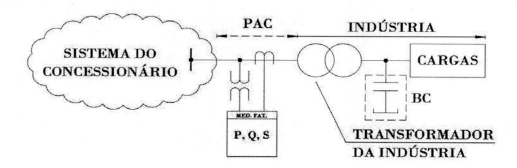

FIGURA 14 - LOCAL DE INSTALAÇÃO DO BANCO DE CAPACITORES NO QUADRO GERAL

Exemplo 6: Efetuar a correção do fator de potência utilizando a memória de massa disponibilizada pelo concessionário local, indicada na tabela 9, sabendo que o transformador é de 1,5 [MVA] em 13,8/0,46 [kV], com impedância percentual de 5,2%. O fator de potência deve atender a legislação vigente. O sistema em análise está resumidamente indicado na figura 14.

Destaque importante: A memória de massa representada deve envolver os resultados das medições considerando no mínimo uma semana, preferencialmente três meses ou mais.

O procedimento é feito da seguinte forma:

1. O resultado da medição disponível na memória de massa (vide um período específico na tabela 9) originado pelo concessionário (dados da memória de massa) disponibiliza registro, data, hora, potência ativa (P), reativa (Q), o indicador SR, onde a letra correspondente C indica o fator de potência capacitivo e L, o indutivo. Naturalmente, também disponibiliza o fator de potência médio (FP). Notar que todas essas grandezas são disponibilizadas a cada 15 minutos;

2. Deve-se verificar na legislação qual o fator de potência necessário a ser corrigido no lado de 13,8 [kV], considerando-se aqui que o fator de potência mínimo de referência é 0,92, verificando suas características se indutivo ou capacitivo nos horários correspondentes;

3. A potência reativa necessária (Q_{BC}) a cada 15 minutos em [kvar] pode ser calculada de acordo com a mesma expressão (12) vista anteriormente, ou seja:

$Q_{BC} = P*\{tg\ [acos(FP)-tg\ [acos(FPd)]\}$;

3.1 - Na tabela 9, o fator de potência desejado (FPd) para determinar a potência reativa necessária a cada 15 minutos foi considerado como sendo FPd = 0,94. Este valor está acima de 0,92, pois a medição é feita no lado primário e existe a reatância indutiva do transformador que reduz o efeito capacitivo no lado primário quando a correção é feita no lado secundário;

3.2 - Na tabela 9, existe a coluna Q_{BC} que corresponde à potência reativa calculada a cada 15 minutos com base na equação anterior.

CAPÍTULO VII CORREÇÃO DO FATOR DE POTÊNCIA EM INSTALAÇÕES CONVENCIONAIS · **229**

4 - A definição do banco de capacitores deve tomar como base o valor de Q_{BC} e, principalmente, observar os horários do dia. A potência reativa necessária do banco de capacitores, na falta de melhores informações, deve ser o maior valor encontrado;

4.1 - No caso da tabela 9, na coluna SR, existe a letra C que significa que o FP é capacitivo e, portanto, não é recomendado acrescentar (ligar) capacitores no intervalo de tempo compreendido das 04:30h às 06:30h;

4.2 - Verifica-se o fator de potência indutivo a partir das 06:45h (código L na coluna SR);

4.3 - A medição do fator de potência para o faturamento segundo a legislação vigente deve ser feita através da média horária e encerrada a cada hora inteira ao longo de todas as 24 horas do dia (01:00: 02:00; 03:00; 04:00; 05:00; 06:00; 07:00; 08:00; 09:00... 24:00). Todavia, como a demanda é calculada a cada 15 minutos, os dados da memória de massa relativos ao fator de potência também são disponibilizados com esta taxa de amostragem. Portanto, na tabela 9 tem-se os resultados a cada 15 minutos e na tabela 10, os valores médios de cada hora, que devem os utilizados, na hora inteira, para definição dos bancos de capacitores excluindo os locais onde aparece o código C na coluna SR;

4.4 - Na tabela 10 o cálculo de fator de potência foi feito considerando os quatro 15 minutos anteriores a hora inteira para se chegar à média horária. Assim sendo, por exemplo, para as 12:00h da tabela 10 utiliza-se os 4 valores da tabela 9 (11:15:00 a 12:00:00), conforme a seguir:

PMH = (456 + 463 + 455 + 452) / 4 = 456,50;
QMH = (257 + 267 + 263 + 263) / 4 = 262,50;
FPMH = (PMH / Ö(PMH² + QMH²) = 0,87.

O fator de potência de referência adotado foi de 0,94, logo com base na expressão (12) a potência reativa média necessária para corrigir o fator de potência no período de integralização de uma hora encerrado às 12:00h seria de:

Q_{BC} = 456,50 * {tg [acos(0,87)] - tg [acos(0,94)]} = 97 [kvar].

Para os demais horários, o procedimento é o mesmo com os resultados mostrados na tabela 10.

Na tabela 10 tem-se:

- PMH: Potência ativa média horária;
- QMH: Potência reativa média horária;
- FPMH: Fator de potência médio horário;
- QBCMH: Potência reativa necessária determinada para a média horária;

Destaque importante: Verificar nota (1), abaixo das tabelas 9 e 10 e, nota (2), abaixo da tabela 10.

230 · CAPACITORES DE POTÊNCIA E FILTROS DE HARMÔNICOS

5. Verifica-se que a necessidade de potência reativa máxima na média horária encontrada nas horas inteiras foi de 97 [kvar], embora o valor máximo encontrado a cada 15 minutos tenha sido de 99 [kvar]. Assim sendo, a potência reativa necessária será considerada como sendo algo da ordem de 100 [kvar], pois eventualmente o valor de 99 [kvar] pode se deslocar em alguma condição operacional de fechamento de hora inteira;

6. Embora a carga seja variável ao longo do dia, observa-se que à noite a mesma apresentou característica capacitiva. Se esta característica capacitiva aparecer durante o período entre 06:00h às 24:00h e for inferior (em módulo) a 0,92 não haverá multa pelo baixo fator de potência, o que não ocorre no período das 00:00h até às 06:00h. Assim sendo, deve-se garantir que entre 06:00h às 24:00h o fator de potência mínimo com característica indutiva deve ser sempre superior a 0,92.

No caso em análise, o banco de capacitores a ser inserido no lado de 0,46 [kV] não precisará ter vários estágios, apenas deve-se ter um controlador para verificar qual é o período horário e desligar o banco onde SR fica capacitivo (código C) se o horário for entre 00:00 às 06:00h.

TABELA 9 - RESULTADO OBTIDO ATRAVÉS DO CONCESSIONÁRIO DE ENERGIA (MEMÓRIA DE MASSA)							
DADOS DA MEMÓRIA DE MASSA							FPd = 0,94
Registro	Data	Hora	P [kW]	Q [kvar]	SR	FP	Q_{BC} [kvar]
15	26/11/10	04:30:00	22	- 9	C	0,93	(1)
16	26/11/10	04:45:00	36	- 22	C	0,85	(1)
17	26/11/10	05:00:00	52	- 46	C	0,75	(1)
18	26/11/10	05:15:00	52	- 47	C	0,74	(1)
19	26/11/10	05:30:00	55	- 48	C	0,75	(1)
20	26/11/10	05:45:00	54	- 48	C	0,75	(1)
21	26/11/10	06:00:00	232	- 196	C	0,76	(1)
22	26/11/10	06:15:00	308	- 261	C	0,76	(1)
23	26/11/10	06:30:00	325	- 276	C	0,76	(1)
24	26/11/10	06:45:00	327	207	L	0,84	88
25	26/11/10	07:00:00	335	211	L	0,85	89
26	26/11/10	07:15:00	342	214	L	0,85	90
27	26/11/10	07:30:00	356	219	L	0,85	90
28	26/11/10	07:45:00	363	221	L	0,85	89
29	26/11/10	08:00:00	385	241	L	0,85	101
30	26/11/10	08:15:00	404	248	L	0,85	101
31	26/11/10	08:30:00	411	243	L	0,86	94
32	26/11/10	08:45:00	421	241	L	0,87	88
33	26/11/10	09:00:00	438	244	L	0,87	85
34	26/11/10	09:15:00	428	236	L	0,88	81
35	26/11/10	09:30:00	427	231	L	0,88	76

CAPÍTULO VII CORREÇÃO DO FATOR DE POTÊNCIA EM INSTALAÇÕES CONVENCIONAIS · **231**

TABELA 9 - RESULTADO OBTIDO ATRAVÉS DO CONCESSIONÁRIO DE ENERGIA (MEMÓRIA DE MASSA)							
(Continuação)							
DADOS DA MEMÓRIA DE MASSA							FPd = 0,94
Registro	Data	Hora	P [kW]	Q [kvar]	SR	FP	Q_{BC} [kvar]
36	26/11/10	09:45:00	456	251	L	0,88	85
37	26/11/10	10:00:00	457	254	L	0,87	88
38	26/11/10	10:15:00	468	258	L	0,88	88
39	26/11/10	10:30:00	467	260	L	0,87	91
40	26/11/10	10:45:00	463	257	L	0,87	89
41	26/11/10	11:00:00	467	263	L	0,87	94
42	26/11/10	11:15:00	456	257	L	0,87	91
43	26/11/10	11:30:00	463	267	L	0,87	99
44	26/11/10	11:45:00	455	263	L	0,87	98
45	26/11/10	12:00:00	452	263	L	0,86	99
46	26/11/10	12:15:00	441	260	L	0,86	100
47	26/11/10	12:30:00	428	251	L	0,86	96
48	26/11/10	12:45:00	431	256	L	0,86	100
49	26/11/10	13:00:00	428	249	L	0,86	94
50	26/11/10	13:15:00	439	251	L	0,87	92
51	26/11/10	13:30:00	446	251	L	0,87	89
52	26/11/10	13:45:00	453	260	L	0,87	96
53	26/11/10	14:00:00	460	263	L	0,87	96
54	26/11/10	14:15:00	457	259	L	0,87	93
55	26/11/10	14:30:00	454	257	L	0,87	92
56	26/11/10	14:45:00	454	259	L	0,87	94
57	26/11/10	15:00:00	457	263	L	0,87	97
58	26/11/10	15:15:00	450	257	L	0,87	94
59	26/11/10	15:30:00	449	255	L	0,87	92
60	26/11/10	15:45:00	453	255	L	0,87	91
61	26/11/10	16:00:00	448	255	L	0,87	92
62	26/11/10	16:15:00	450	258	L	0,87	95
63	26/11/10	16:30:00	447	257	L	0,87	95
64	26/11/10	16:45:00	433	245	L	0,87	88
65	26/11/10	17:00:00	429	249	L	0,86	93
66	26/11/10	17:15:00	416	245	L	0,86	94
67	26/11/10	17:30:00	409	242	L	0,86	94
68	26/11/10	17:45:00	358	193	L	0,88	63
69	26/11/10	18:00:00	322	168	L	0,89	51
70	26/11/10	18:15:00	313	168	L	0,88	54
71	26/11/10	18:30:00	307	169	L	0,88	58
72	26/11/10	18:45:00	288	158	L	0,88	53

232 • CAPACITORES DE POTÊNCIA E FILTROS DE HARMÔNICOS

TABELA 9 - RESULTADO OBTIDO ATRAVÉS DO CONCESSIONÁRIO DE ENERGIA (MEMÓRIA DE MASSA)							
(Continuação)							
DADOS DA MEMÓRIA DE MASSA							FPd = 0,94
Registro	Data	Hora	P [kW]	Q [kvar]	SR	FP	Q_{BC} [kvar]
73	26/11/10	19:00:00	266	143	L	0,88	46
74	26/11/10	19:15:00	453	133	L	0,89	41
75	26/11/10	19:30:00	456	137	L	0,88	44
76	26/11/10	19:45:00	252	141	L	0,87	50
77	26/11/10	20:00:00	251	141	L	0,87	50
78	26/11/10	20:15:00	237	124	L	0,89	38
79	26/11/10	20:30:00	236	115	L	0,90	29
80	26/11/10	20:45:00	229	107	L	0,91	24

Nota (1): A potência reativa medida no intervalo de tempo de 15 minutos é negativa. Isto significa que o fluxo de potência está na direção da carga para o concessionário, ou seja, característica capacitiva e, portanto, não se faz necessário instalar banco de capacitores neste período (vide código C de carga capacitiva na coluna SR).

TABELA 10 - CÁLCULO DOS VALORES MÉDIOS HORÁRIOS				
VALORES CALCULADOS A PARTIR DA TABELA 9				FPd = 0,94
Hora	PMH [kW]	QMH [kvar]	FPMH	QBCMH [kvar]
05:15:00	40,50	- 31,00	0,79	(1)
05:30:00	48,75	- 40,75	0,77	(1)
05:45:00	53,25	- 47,25	0,75	(1)
06:00:00	**98,25**	**- 84,75**	**0,76**	**(1)**
06:15:00	162,25	- 138,25	0,76	(1)
06:30:00	229,75	- 195,25	0,76	(1)
06:45:00	298,00	-131,50	0,91	(1)
07:00:00	**323,75**	**- 29,75**	**1,00**	**(1)**
07:15:00	332,25	89,00	0,97	(2)
07:30:00	340,00	212,75	0,85	89
07:45:00	349,00	216,25	0,85	90
08:00:00	**361,50**	**223,75**	**0,85**	**93**
08:15:00	377,00	232,25	0,85	95
08:30:00	390,75	238,25	0,85	96
08:45:00	405,25	243,25	0,86	96
09:00:00	**418,50**	**244,00**	**0,86**	**92**
09:15:00	424,50	241,00	0,87	87
09:30:00	428,50	238,00	0,87	82
09:45:00	437,25	240,50	0,88	82
10:00:00	**442,00**	**243,00**	**0,88**	**83**

CAPÍTULO VII CORREÇÃO DO FATOR DE POTÊNCIA EM INSTALAÇÕES CONVENCIONAIS • 233

TABELA 10 - CÁLCULO DOS VALORES MÉDIOS HORÁRIOS (Continuação)				
VALORES CALCULADOS A PARTIR DA TABELA 9				FPd = 0,94
Hora	PMH [kW]	QMH [kvar]	FPMH	QBCMH [kvar]
10:15:00	452,00	248,50	0,88	84
10:30:00	462,00	255,75	0,87	88
10:45:00	463,75	257,25	0,87	89
11:00:00	**466,25**	**259,50**	**0,87**	**90**
11:15:00	463,25	259,25	0,87	91
11:30:00	462,25	261,00	0,87	93
11:45:00	460,25	262,50	0,87	95
12:00:00	**456,50**	**262,50**	**0,87**	**97**
12:15:00	452,75	263,25	0,86	99
12:30:00	444,00	259,25	0,86	98
12:45:00	438,00	257,50	0,86	99
13:00:00	**432,00**	**254,00**	**0,86**	**97**
13:15:00	431,50	251,75	0,86	95
13:30:00	436,00	251,75	0,87	94
13:45:00	441,50	252,75	0,87	93
14:00:00	**449,50**	**256,25**	**0,87**	**93**
14:15:00	454,00	258,25	0,87	93
14:30:00	456,00	259,75	0,87	94
14:45:00	456,25	259,50	0,87	94
15:00:00	**455,50**	**259,50**	**0,87**	**94**
15:15:00	453,75	259,00	0,87	94
15:30:00	452,50	258,50	0,87	94
15:45:00	452,25	257,50	0,87	93
16:00:00	**450,00**	**255,50**	**0,87**	**92**
16:15:00	450,00	255,75	0,87	92
16:30:00	449,50	256,25	0,87	93
16:45:00	444,50	253,75	0,87	92
17:00:00	**439,75**	**252,25**	**0,87**	**93**
17:15:00	431,25	249,00	0,87	92
17:30:00	421,75	245,25	0,86	92
17:45:00	403,00	232,25	0,87	86
18:00:00	**376,25**	**212,00**	**0,87**	**75**
18:15:00	350,50	192,75	0,88	66
18:30:00	325,00	174,50	0,88	57
18:45:00	307,50	165,75	0,88	54

234 · CAPACITORES DE POTÊNCIA E FILTROS DE HARMÔNICOS

TABELA 10 - CÁLCULO DOS VALORES MÉDIOS HORÁRIOS (Continuação)				
VALORES CALCULADOS A PARTIR DA TABELA 9				FPd = 0,94
Hora	PMH [kW]	QMH [kvar]	FPMH	QBCMH [kvar]
19:00:00	**293,50**	**159,50**	**0,88**	**53**
19:15:00	328,50	150,75	0,91	32
19:30:00	365,75	142,75	0,93	10
19:45:00	356,75	138,50	0,93	9
20:00:00	**353,00**	**138,00**	**0,93**	**10**
20:15:00	299,00	135,75	0,91	27
20:30:00	244,00	130,25	0,88	42
20:45:00	238,25	121,75	0,89	35

Notas:

(1) - A potência reativa calculada na média horária é negativa. Isto significa que o fluxo de potência está na direção da carga para o concessionário, ou seja, característica capacitiva e, portanto, não se faz necessário instalar banco de capacitores neste período;

(2) - O fator de potência calculado na média horária é superior ao fator de potência de referência. Isto significa que o fator de potência médio na última hora já está adequado e, portanto, não se faz necessário instalar banco de capacitores neste período.

8 - ESCOLHA DA TENSÃO NOMINAL DOS CAPACITORES

As tensões de operação do sistema elétrico são variáveis em uma faixa que pode ficar entre ± 10% e transitoriamente, por exemplo, durante faltas à terra, as tensões entre fase e terra nas fases sãs (sem falta) podem atingir a tensão de operação entre fases. Nos casos de rejeição de carga transitoriamente é comum encontrar sobretensões entre fases da ordem de 30% acima do valor nominal. Considerando que os bancos de capacitores são bastante sensíveis às tensões e podem facilmente ser danificados ou terem sua vida útil comprometida, de um modo geral é recomendado especificar os bancos de capacitores com tensão acima da nominal do sistema onde o mesmo será instalado. Por exemplo, um banco de capacitores a ser instalado nos terminais de um motor de 440 [V] deve ser dimensionado para tensão nominal de 480 [V] e em um sistema de distribuição de 13,8 [kV] é costume encontrar banco de capacitores de 14,2 [kV] ou mais.

Pelo fato dos capacitores aumentarem a tensão no ponto onde são instalados, recomenda-se que a tensão nominal do banco de capacitores (U_{BCN}) seja superior à tensão nominal da rede (U_N). Recomenda-se que a tensão nominal a ser definida para o banco de capacitores atenda a equação a seguir:

$$U_{BCN} = \xi . U_n$$

(13)

CAPÍTULO VII CORREÇÃO DO FATOR DE POTÊNCIA EM INSTALAÇÕES CONVENCIONAIS • **235**

Onde:

- $\xi = 1,05$ a $1,10$ para sistemas onde as cargas não lineares representem algo de no máximo 20% da potência total instalada.

- $\xi = 1,1$ a $1,4$ para sistemas onde as cargas não lineares são significativas (vide capítulo X).

Para definir a potência reativa nominal do banco de capacitores em relação à tensão efetiva necessária à correção do fator de potência utiliza-se a expressão (14) a seguir:

$$Q_{BCalc} = Q_{BC} \cdot \left(\frac{U_{BCN}}{U_N} \right)^2 \tag{14}$$

Considerando que nem sempre o valor calculado (Q_{BCalc}) coincide com uma potência reativa padrão do banco de capacitores na tensão definida (U_{BCN}), o valor da potência reativa nominal do banco deve ser dado pela inequação a seguir:

$$Q_{BCN} \geq Q_{BCalc} \tag{15}$$

Onde:

- U_N: Tensão nominal do sistema onde o banco de capacitores será instalado;
- U_{BCN}: Tensão nominal do banco de capacitores;
- ξ: Fator de sobretensão adotado;
- Q_{BC}: Potência reativa de projeto (necessária para corrigir o fator de potência);
- Q_{BCalc}: Potência reativa calculada com base em QBC e em UBCN
- Q_{BCN}: Potência nominal do banco de capacitores.

De posse da tensão nominal e da potência reativa nominal do banco de capacitores pode-se determinar sua reatância capacitiva na frequência industrial conforme a seguir:

$$X_{C1N} = \frac{\left(U_{BCN} \right)^2}{Q_{BCN}} \tag{16}$$

Destaque: Observar que as unidades de U_{BCN}, em [V], Q_{BCN} em [var], a unidade de XC1N será em [Ω]. As unidades também podem ser consideradas conforme a seguir:

- U_{BCN}: Dado em [kV];
- Q_{BCN}: Dado em [Mvar];
- X_{C1N}: Dado em [Ω].

Exemplo 7: Em um sistema trifásico de 440 [V] foi determinada a potência reativa de 20 [kvar] para corrigir o fator de potência. Determinar a potência reativa necessária para um banco de capacitores que apresente tensão nominal acima deste valor.

Solução: Os bancos de capacitores em baixa tensão são normalmente encontrados com as seguintes tensões nominais: 220; 380; 440; 460; 480; 525; 690 e 725 [V]. No caso particular, a tensão adotada será de 480 [V], pois o banco de capacitores deve ter tensão nominal acima da de operação que é de 440 [V]. De acordo com a equação (14) a nova potência reativa mínima necessária à aplicação será dada por:

$$Q_{BC} = \frac{20^*0,48^2}{0,44^2} = 23,80[k\,var]$$

Utilizando a tabela 7 deste capítulo, a potência reativa nominal do banco de capacitores mais próxima é de 25 [kvar], que será a utilizada. Neste caso, conforme equação (15) a capacitância e a reatância capacitiva do banco de capacitores em 440 [V] que seria necessária ao projeto e para a tensão de 480 [V] que efetivamente será adquirido apresentam os seguintes valores:

$$X_C = \frac{0,44^2}{\left(\dfrac{20}{1000}\right)} = 8,13[\Omega]$$

$$X_{CN} = \frac{0,48^2}{\left(\dfrac{25}{1000}\right)} = 9,22[\Omega]$$

$$C = \frac{10^6}{\left(2^*\pi^*60^*X_{CN}\right)} = 362,11[\mu F]$$

$$C_N = \frac{10^6}{\left(2^*\pi^*60^*X_{CN}\right)} = 287,82[\mu F]$$

$$I_{BCN} = \frac{Q_{BCN}}{\sqrt{3}.U_{BCN}} = \frac{25}{\sqrt{3}.0,48} = 30,17[A]$$

$$I_{BCop} = \frac{U_N}{\sqrt{3}.X_{CN}} = \frac{440}{\sqrt{3}.9,22} = 27,55[A]$$

Onde:

- X_C: Reatância capacitiva para o banco de capacitores de 20 [kvar] em 440 [V];
- X_{CN}: Reatância capacitiva nominal do banco de capacitores a ser adquirido de 25 [kvar] em 480 [V];
- C: Capacitância para o capacitor de 20 [kvar] em 440 [V];
- C_N: Capacitância nominal do banco de capacitores a ser adquirido de 25 [kvar] em 480 [V].
- I_{BCN}: Corrente nominal do banco de capacitores de 25 [kvar] em 480 [V];
- I_{BCop}: Corrente de operação do banco de capacitores de 25 [kvar] quando ligado na rede de 440 [V].

CAPÍTULO VII CORREÇÃO DO FATOR DE POTÊNCIA EM INSTALAÇÕES CONVENCIONAIS · **237**

Pelo exposto nota-se que a corrente nominal do banco de capacitores de 25 [kvar] em 480 [V] é de 30,07 [A] e ao conectá-lo no sistema elétrico em 440 [V], como sua reatância capacitiva permanecerá a mesma de 9,22 [Ω] a corrente de operação do banco será de 27,55 [A]. Assim sendo, haverá uma folga de corrente para suportar alguma sobrecarga devido a eventual elevação de tensão e harmônicos. Destaca-se que no caso de harmônicos a definição do banco de capacitores segue um critério especial conforme pode ser visto nos Capítulos VIII e IX.

CAPÍTULO VIII
FILTROS DE HARMÔNICOS - CONCEITOS BÁSICOS

1 - INTRODUÇÃO

As Cargas Elétricas Especiais (CEEs) são aquelas que alteram as formas de onda da corrente que circulam nos sistemas elétricos provocando, por consequência, as distorções da tensão ao longo de todo o sistema de distribuição de energia, desde a fonte até o local onde a mesma se encontra instalada. Estas cargas normalmente operam com baixo fator de potência, ou seja, apresentam um "consumo" de potência reativa elevado. Estes dois fenômenos exigem que se instalem no sistema elétrico de suprimento de energia, equipamentos, denominados de filtros de harmônicos, para melhorar o fator de potência e reduzir a amplitude dos harmônicos de corrente para atenuar os efeitos de distorção nas formas de ondas de tensão.

Como a correção do fator de potência normalmente deve ser feita através da instalação de bancos de capacitores em derivação, a probabilidade de ocorrer ressonâncias é significativa. As consequências das ressonâncias devido à instalação de bancos de capacitores em paralelo com as cargas não lineares são as sobretensões e as sobrecargas que podem, entre outros efeitos, reduzir a vida útil ou mesmo danificar os equipamentos instalados no sistema elétrico.

Ainda hoje há estudos sobre o assunto para obter um consenso [1], que permita a emissão de legislação que regule de forma satisfatória a questão. A diversidade de critérios e limites estabelecidos pelas normas vigentes em países como Alemanha, Canadá, Inglaterra entre outros é um exemplo das dificuldades que o assunto oferece. No Brasil (em 2017), apesar de ainda não dispor de uma norma específica sobre o assunto, nem de legislação adequada, os concessionários de energia elétrica que respondem pelo sistema de distribuição com tensão de operação inferior a 230 [kV] utilizam como referência os denominados Procedimentos de Distribuição (PRODIST) [26]. Por outro lado, os sistemas que de alguma forma ficam conectados diretamente à denominada Rede Básica (tensão de operação igual ou superior a 230 [kV]) seguem os Procedimentos de Rede do Operador Nacional do Sistema Elétrico (particularmente aquele indicado em [28]).

Embora os procedimentos de distribuição e de rede estejam em uma hierarquia sujeita ao mesmo agente regulador (ANEEL), os valores de referência para as distorções devidas aos harmônicos (em 2017) nem sempre estão sujeitos aos mesmos limites (vide [26] e [28]). Portanto, ao projetar os filtros de harmônicos devese verificar em qual sistema o acessante será conectado: se na rede básica ou no sistema de distribuição para adotar os limites de distorções corretos.

Diferentemente do Brasil (em 2017), em alguns países, os limites para as distorções de tensão devido aos harmônicos de corrente e tensão são objetos de normas técnicas bastante claras e específicas ao invés de procedimentos recomendados por órgãos vinculados à esfera política.

2 - FILTROS DE HARMÔNICOS

Devido às distorções de tensão provocadas pelos harmônicos de corrente nos sistemas elétricos, faz-se necessário que se instalem equipamentos que reduzam as distorções das ondas de tensão e de corrente. Existem várias técnicas para reduzir essas distorções, entre elas: filtros passivos, eliminação por fluxo magnético, filtros ativos, aumento dos números de pulsos dos conversores estáticos, eliminação por injeção de "*ripple*", etc. Dentre esses filtros de harmônicos, os mais utilizados são os do tipo passivo.

Os filtros de harmônicos podem ser classificados em função de sua localização, pelo modo de conexão ao sistema elétrico, pelo fator de qualidade (ou faixa de passagem), bem como pelo número e frequências de seus pontos de ressonância, conforme a seguir.

3 - CLASSIFICAÇÃO DOS FILTROS DE HARMÔNICOS

Com respeito a sua localização, os filtros de harmônicos são normalmente conectados próximos às cargas não lineares, ou mesmo no terciário de transformadores, se houver. A utilização de filtros no enrolamento terciário de transformadores tem como vantagem o menor custo, pois os mesmos são isolados para tensões mais baixas. No entanto, os transformadores com enrolamento terciário são de custos mais elevados. Naturalmente, nestes casos, os filtros de harmônicos são instalados no lado de corrente alternada (CA). Por outro lado, os filtros de harmônicos também podem ser instalados no lado de corrente contínua (CC), principalmente nos casos de retificadores comutados pela rede, por exemplo, no sistema elétrico de Itaipu, entre outros. Os filtros no lado CA podem ser conectados no lado primário (da rede) nos transformadores-retificadores, ou no enrolamento terciário, se houver.

Os filtros têm como função principal reduzir as amplitudes dos harmônicos de corrente, reduzindo, portanto, a distorção dos harmônicos de tensão em uma determinada frequência ou faixa de frequências.

Com relação ao modo de instalação dos filtros no sistema elétrico de corrente alternada (CA), pode-se conceber dois tipos de conexão: Série e Paralela, conforme a seguir.

3.1 - FILTROS DE HARMÔNICOS INSTALADOS EM SÉRIE

A figura 1 mostra um filtro de harmônicos conectado em série, isto é, instalado entre o Sistema de Suprimento de Energia (SSE) e a Carga Elétrica Especial (CEE). O filtro que é ligado em série com o sistema deve impedir que um determinado harmônico de corrente em uma determinada frequência (ou faixa de frequência) penetre na direção da carga para o sistema ou vice-versa. Este filtro representa uma grande impedância para o harmônico de corrente que se deseja evitar. Esta solução é raramente utilizada, pois tem como principal ponto negativo o fato dos filtros de harmônicos série precisarem ser dimensionados para suportar toda a corrente de operação do circuito onde estão instalados, tornando seu custo elevado.

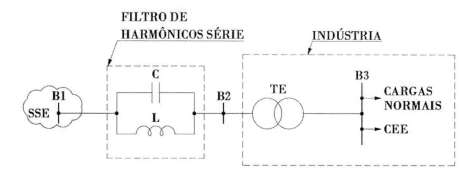

FIGURA 1 - FILTRO DE HARMÔNICOS COM CONEXÃO SÉRIE

3.2 - FILTRO DE HARMÔNICOS EM DERIVAÇÃO PARALELO OU "SHUNT"

A figura 2 mostra um filtro de harmônicos em derivação, paralelo ou "shunt", o qual é ligado em paralelo com o sistema de forma a proporcionar um caminho de baixa impedância para os harmônicos de corrente, conseguindo-se com isso a diminuição das amplitudes destes harmônicos no restante do sistema e em equipamentos. Este tipo de filtro é denominado passivo, pois não altera dinamicamente suas características através de um sistema de controle como é o caso dos filtros ativos (vide item 9 deste capítulo). Na prática esta é a solução mais utilizada devido a sua baixa complexidade e custo inferior quando comparado a um filtro de harmônicos quando em série para a mesma potência.

Outra vantagem dos filtros "shunt" com relação aos filtros série é que na frequência fundamental os filtros "shunt" melhoram o fator de potência da instalação, e, além disso, não são projetados para suportar a corrente de linha do sistema, como os filtros série.

Os filtros de harmônicos em derivação podem ser conectados em triângulo (D) ou em estrela (U). A conexão (U) é a mais utilizada, pois permite o fácil monitoramento no neutro, quando ocorrer um desequilíbrio de corrente entre as unidades capacitivas que formam o filtro, propiciando assim um acompanhamento da eventual saída de sintonia do filtro de harmônicos.

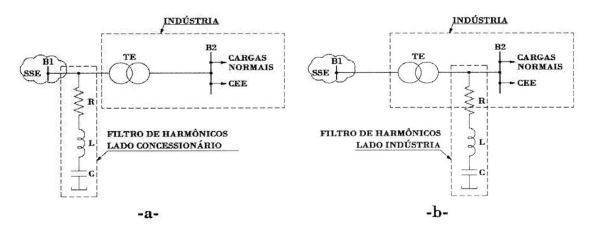

FIGURA 2 - FILTRO DE HARMÔNICOS EM DERIVAÇÃO ("SHUNT")

a. Instalação fora da indústria no ponto de conexão com o concessionário local;
b. Instalação interna da indústria logo após o transformador de entrada (TE).

Observar na figura 2 que o filtro de harmônicos "shunt" está instalado em um único ponto do sistema elétrico, porém, na prática, devido à potência elevada que o mesmo pode atingir em alguns casos, o filtro de harmônicos é subdividido e conectado ao longo da indústria.

3.2.1 - FILTROS DE HARMÔNICOS PASSIVOS "SHUNT"

Os filtros de harmônicos passivos "shunt" são constituídos por uma combinação conveniente de resistências, indutâncias e capacitâncias, fornecendo um caminho de baixa impedância para os componentes harmônicos de corrente. A definição destes filtros de harmônicos para serem instalados no sistema elétrico deve ser feita cuidadosamente e com critérios, e atendendo normas específicas para evitar uma interação inadequada com o sistema de potência, pois sua instalação causa uma mudança na característica de ressonância do sistema, o que implica em probabilidade de nova frequência de ressonância coincidente com os harmônicos preponderantes, podendo amplificar os harmônicos e causar falhas dos componentes ou mesmo danificar o próprio sistema onde o mesmo será instalado.

Embora o filtro de harmônicos, mostrado na figura 2, seja do tipo RLC, existem outras configurações possíveis de serem implementadas conforme mostra figura 3.

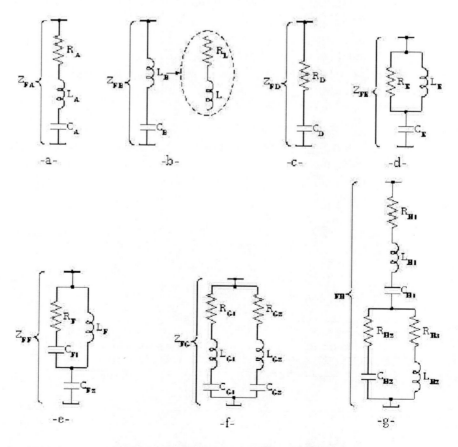

FIGURA 3 - FILTROS DE HARMÔNICOS TÍPICOS

CAPÍTULO VIII   FILTROS DE HARMÔNICOS - CONCEITOS BÁSICOS   •   **243**

a. Derivação sintonizados ou fora de sintonia;
b. Idem ao item 3.a onde o efeito resistivo é do próprio indutor;
c. Passa alta ("high-pass") amortecido de primeira ordem;
d. Passa alta ("high-pass") amortecido de segunda ordem;
e. Passa alta ("high-pass") amortecido de terceira ordem;
f. Derivação em duas frequências simples de sintonia;
g. Derivação com frequência dupla de sintonia.

De um modo geral, os filtros passivos são divididos em três categorias conforme a seguir:

3.2.2 - FILTROS DE HARMÔNICOS COM SINTONIA SIMPLES

O filtro de harmônicos com sintonia simples (vide figuras 3.a e 3.b) é o tipo mais comum encontrado nos sistemas elétricos devido ao aspecto econômico e o fato de apresentar desempenho satisfatório nas aplicações, e além de reduzir a distorção de tensão, quando dimensionada adequadamente, pode também efetuar a correção do fator de potência.

3.2.3 - FILTROS DE HARMÔNICOS COM SINTONIA DUPLA SIMPLES

Nas figuras 3.f e 3.g são apresentados os filtros de harmônicos com dupla sintonia. Naturalmente são formados por uma combinação de elementos passivos de forma a apresentar duas frequências de corte. A impedância equivalente de dois filtros com sintonia simples é praticamente a mesma de um filtro com dupla sintonia para as mesmas frequências. Estes filtros de harmônicos são difíceis de serem ajustados na prática o que limita seu uso.

3.2.4 - FILTROS DE HARMÔNICOS PASSA ALTA

Os filtros de harmônicos do tipo passa alta são mostrados nas figuras 3.c, 3.d e 3.e. Podem ser de primeira, segunda ou terceira ordem. Entretanto, o mais comumente utilizado é o de 2ª ordem, o qual consiste de um capacitor conectado em série com conexões paralelas de reatores e resistores (figura 3.e). O filtro do tipo passa alta é aplicado para eliminação de harmônicos com frequência mais elevada (acima da 15ª ordem).

Neste livro serão abordados apenas os filtros mostrados nas figuras 3.a, 3.b e 3.d.

4 - FATOR DE QUALIDADE

O conceito de qualidade de um filtro determina a largura da faixa de sintonia do mesmo, em outras palavras, a faixa do harmônico de corrente que ele deverá absorver.

Quanto ao fator de qualidade, os filtros podem ser divididos em filtros de alto fator de qualidade ou faixa estreita e de baixo fator de qualidade (amortecido ou passa-faixa ou faixa larga ou passa alta).

A figura 3 ilustra os mais diversos tipos de filtros de harmônicos onde cada um deles tem sua aplicação específica e particular.

4.1 - FILTROS DE HARMÔNICOS DE ALTO FATOR DE QUALIDADE

Os filtros de alto Fator de Qualidade (FQ) são normalmente utilizados para absorver os harmônicos de corrente de 5ª, 7ª, 11ª e 13ª ordens. Em alguns casos particulares existem filtros de alto FQ projetados para absorver os harmônicos de corrente de 15ª ordem.

As figuras 3.a e 3.b ilustram os tipos existentes de alto FQ. O filtro de harmônicos da figura 3.a apresenta um resistor de valor R_A colocado propositalmente para se obter um determinado fator de qualidade. Todavia, dificilmente o resistor é colocado externamente ao reator, ou seja, de um modo geral, a resistência interna do indutor já é suficiente para garantir um fator de qualidade desejado (vide figura 3.b). O resistor R_A é colocado externamente quando os bancos de capacitores são de grande porte e, portanto, apresentam as correntes de energização (*"inrush"*) elevadas. A figura 4.a mostra a curva característica da impedância em [pu] em função da frequência para o filtro de alto FQ.

Para o filtro de harmônicos de alto FQ mostrado na figura 3.a ou 3.b tem-se a equação (1.1):

$$Z = R + j\left(\omega L - \frac{1}{\omega C}\right) \tag{1.1}$$

O módulo da impedância do filtro de harmônicos é dado pela equação (1.2):

$$Z = \sqrt{R^2 + \left(2.\pi.f.L - \frac{1}{2.\pi.f.C}\right)^2} \tag{1.2}$$

Para obter a resposta em frequência, mostrada na figura 4.b, dividiu-se o módulo da impedância por , chegando-se a uma impedância do filtro de harmônicos por unidade conforme a equação a seguir:

$$\overline{Z} = Z / \sqrt{L/C}\,[pu] \tag{1.3}$$

A frequência de sintonia do filtro de harmônicos ocorre quando as reatâncias indutivas e capacitivas forem iguais, ou seja:

$$X_s = \omega_s L_R = \frac{1}{(\omega_s C)} \tag{1.4}$$

Ou ainda considerando que $\omega_s = 2\pi f_s$, tem-se:

$$f_s = 1 / \left(2\pi\sqrt{LC}\right) \tag{1.5}$$

Onde, nas equações anteriores, tem-se:

- X_s: reatância do capacitor ou do indutor na frequência de sintonia;
- R: resistência do filtro de harmônicos (R = R_A na figura 3.a e R = R_B na figura 3.b);
- R_s: resistência do filtro na frequência de sintonia;
- f_s: frequência de sintonia;
- L: indutância do indutor do filtro de harmônicos (L = L_A na figura 3.a e L = L_B na figura 3.b);
- C: capacitância do capacitor.

Os filtros de alto fator de qualidade (entre 30 e 80 [62]) possuem uma sintonia adequada em uma determinada faixa de frequência, podendo também ser do tipo de sintonia dupla (vide figura 3.g), embora este último seja pouco utilizado.

Na tabela 1, a seguir, encontram-se as características de filtros de harmônicos de quinta e sétima ordens, sintonizados com seus respectivos fatores de qualidade conforme [49].

TABELA 1 - FILTRO SINTONIZADO DE VANCOUVER (FIRST POLE) TIPO MOSTRADO NA FIGURA 3.a						
ORDEM DO FILTRO	TENSÃO DO SISTEMA[kV]	POTÊNCIA REATIVA DO FILTRO [Mvar]	CAPACITÂNCIA DO BANCO DE CAPACITORES [mF]	IMPEDÂNCIA DO REATOR [mH]	FQ	R_n [Ω]
5	230	19,3	0,86	330,0	59	10,5
7	230	9,6	0,44	327,0	57	15,1

4.2 - FILTROS DE HARMÔNICOS DE BAIXO FATOR DE QUALIDADE

Os filtros de baixo fator de qualidade são comumente utilizados para reduzir os harmônicos de corrente e tensão de ordem mais elevada, normalmente acima da 15ª ou da 17ª ordem. Eventualmente, se necessário podem ser utilizados para diminuir as distorções de tensão para os harmônicos de ordem inferior à 15ª.

As figuras 3.c a 3.e ilustram os filtros de harmônicos típicos de baixo FQ. Tipicamente a curva característica da impedância em [pu] em função da frequência para o filtro mostrado na figura 3.d está ilustrada na figura 4.b.

O fator de qualidade (FQ) para os filtros de harmônicos, conforme [48], [61] e [62], é definido de acordo com a equação (2):

$$FQ = \frac{R_s}{X_s} \tag{2}$$

Onde R_s e X_s já foram definidos anteriormente.

Para se obter a resposta em frequência ($Z_{pu} = f(\omega)$) mostrada na figura 4.b para um filtro de harmônicos de segunda ordem (vide figura 3.d), considera-se a equação (2), onde se divide o valor da impedância característica (Z) por X_0 resultando, portanto, na equação (2.2).

$$Z = \left(\frac{1}{j\omega C_E} \right) + \left(\frac{1}{R_E} + \frac{1}{j\omega L_E} \right) \qquad (2.1)$$

$$Z_{pu} = Z / X_0 \qquad (2.2)$$

$$X_0 = \sqrt{L_E / C_E} \qquad (2.3)$$

Algumas referências bibliográficas adotam o fator de qualidade para os filtros de harmônicos do tipo passa alta da equação (2.4) indicada a seguir, considerando o circuito da figura 3.d. Todavia, neste livro será utilizada a equação (2).

$$FQ = R_E / \sqrt{\left(X_{CO} / X_{RO} \right)} \qquad (2.4)$$

Onde:

- FQ: fator de qualidade do filtro (fora de sintonia) na frequência de ressonância entre o indutor e o capacitor;
- R_E: resistência elétrica colocada em paralelo com o reator do filtro (fora de sintonia) na frequência de ressonância entre o indutor e o capacitor;
- X_{CO}: reatância capacitiva do capacitor do filtro na frequência de sintonia ($X_{CO} = X_{C1}/n_0$);
- X_{C1}: reatância capacitiva do banco de capacitores na frequência fundamental;
- X_{RO}: reatância indutiva do reator do filtro na frequência de sintonia ($X_{RO} = n_0 * X_{R1}$);
- X_{R1}: reatância indutiva do reator do filtro de harmônicos na frequência fundamental;
- f_0: frequência de sintonia do filtro ($f_0 = n_0 * f_1$);
- n_0: ordem do harmônico que causa a sintonia do filtro.

De modo geral, o valor de FQ definido, conforme equação (2), para os filtros com baixo fator de qualidade, usualmente encontram-se na faixa de 1 a 10 [62]. Na tabela 2 encontram-se as características de filtros amortecidos com seus respectivos fatores de qualidade, conforme [49].

TABELA 2 - FILTRO AMORTECIDO DE SKAGERRAK HVDC PROJECT TIPO MOSTRADO NA FIGURA 3.e					
TENSÃO DO SISTEMA [kV]	POTÊNCIA REATIVA DO FILTRO [Mvar]	CAPACITÂNCIA DO BANCO DE CAPACITO-RES [mF]	IMPEDÂNCIA DO REA-TOR [mH]	FQ	R_s [Ω]
275	44,5	1,81	9,7	4	294
150	80	9,95	1,77	2	2,67

As figuras 4.a e 4.b representam a resposta de frequência e os valores de impedâncias máximo e mínimo requeridos respectivamente pelas condições de distorção máxima e os harmônicos de corrente absorvidos pelo filtro. Observa-se também que a maior abertura da curva de resposta em frequência apresenta como desvantagem uma impedância maior na frequência de sintonia do filtro, o que implica em maiores distorções de tensão devido aos harmônicos. Para uma distribuição de corrente desejada entre o filtro e o sistema é necessário que a impedância do filtro seja menor que a impedância do sistema naquela frequência.

O amortecimento de filtros pode ser feito de duas maneiras. Para filtro sintonizado, quando se quer uma resposta em frequência mais ampla é viável a utilização de reatores de sintonia com baixo fator de qualidade, reatores com FQ na faixa de 25 a 30 (na frequência de sintonia), enquanto que o uso de resistores de amortecimento em paralelo com os reatores (vide figura 3.d) é a forma indicada para filtros amortecidos, podendo-se obter, teoricamente, qualquer valor de FQ.

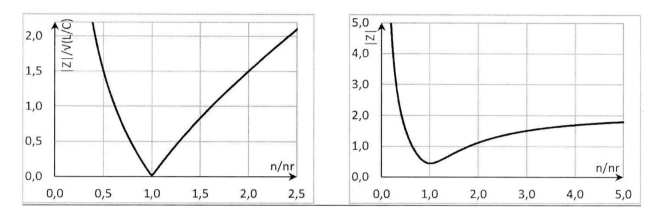

FIGURA 4 - RESPOSTA EM FREQUÊNCIA PARA OS FH

a. Impedância em função da frequência para o FH da figura 3.a ou 3.b (alto FQ);
b. Impedância em função da frequência para o FH da figura 3.d (baixo FQ), sendo que o eixo y correspondente equação (2.2).

Nas figuras 4.a e 4.b adotaram-se:

- Figura 4.a: FQ = X_0/R = 50; R = 0,1 [pu]; X_{L1} = 1 [pu]; X_{C1} = 25 [pu]; X_0 = 5 [pu];
- Figura 4.b: FQ = R/X_0 = 2,00; R = 1 [pu]; X_{L1} = 0,095 [pu]; X_{C1} = 2,618 [pu]; X_0 = 0,4987 [pu].

5 - EFEITO DA IMPEDÂNCIA DO SISTEMA

Sob o ponto de vista de harmônicos, as Cargas Elétricas Especiais (CEEs) podem ser consideradas como uma fonte ideal de corrente para cada um dos harmônicos. Desta forma, as CEEs ficam, do ponto de vista de circuito equivalente, representadas como uma fonte ideal de corrente, nas frequências diferentes da fundamental.

O sistema representado na figura 5.a representa uma CEE caracterizada por uma ponte conversora de seis pulsos e a figura 5.b ilustra o circuito equivalente de impedância com a fonte de corrente representando os harmônicos injetados no sistema.

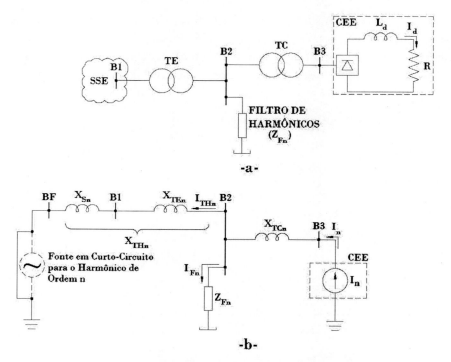

FIGURA 5 - SISTEMA EM ANÁLISE

a. Diagrama unifilar;
b. Diagrama de impedância equivalente.

Na figura 5 têm-se:

- SSE: Sistema de Suprimento de Energia;
- TE: transformador de entrada;
- TC: transformador da ponte conversora;
- I_d: corrente de carga no lado de corrente contínua (CC) da ponte conversora;
- L_d: indutância (reator) de alisamento;
- Z_{Fn}: impedância do filtro de harmônicos para a frequência de ordem n;
- X_{Sn}: reatância equivalente do sistema vista da barra B1 para a frequência de ordem n;
- X_{TEn}: reatância do transformador TE para a frequência de ordem n;
- X_{THn}: reatância equivalente do sistema vista da barra B2 (equivalente de Thevenin) para a frequência de ordem n;
- X_{TCn}: reatância do transformador TC para a frequência de ordem n.

Naturalmente, pode-se concluir que:

Em redes não muito fortes (baixa potência de curto-circuito), os harmônicos de corrente da CEE podem provocar harmônicos de tensão elevados. A figura 5.b apresenta o sistema equivalente "visto" pela carga elétrica especial e nota-se que existe um aumento na distorção total da tensão do sistema, quando a impedância do sistema é elevada.

A intensidade dos harmônicos de tensão na rede vai depender da relação entre a potência da CEE (S_{CEE}), no caso da figura 5.a um retificador não controlado e a potência de curto-circuito da rede (S_{SSE}). Para evitar ressonâncias paralelas e garantir que as distorções de tensão não sejam elevadas, a relação deve ser inferior a 2% [1] ($S_{CEE} / S_{SSE} \leq 0,02$).

De um modo geral, o sistema da figura 5.b pode evidentemente ser representado pelo circuito da figura 6.

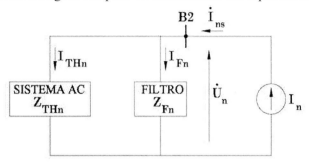

FIGURA 6 - DISTRIBUIÇÃO DE HARMÔNICOS DE CORRENTE

Na figura 6 tem-se:

- $\dot{I}_n$: harmônico de corrente de ordem n injetado no sistema;
- $\dot{I}_{Fn}$: harmônico de corrente de ordem n que se estabelece pelo filtro;
- $\dot{I}_{ns}$: harmônico de corrente de ordem n que se estabelece pelo sistema CA;
- Z_{THn}: impedância equivalente de Thevenin para o harmônico de ordem n vista da barra B2 excluindo o filtro de harmônicos;
- Z_{Fn}: impedância equivalente do filtro de harmônicos para a ordem n;
- $\dot{U}_n$: tensão na barra B2 para o harmônico de ordem n.

Se as impedâncias equivalentes de Thevenin (Z_{THn}) do **S**istema de **S**uprimento de **E**nergia (SSE) e do filtro (Z_{Fn}), e se o harmônico de corrente da CEE, forem conhecidos é possível determinar as correntes I_{THn} e I_{Fn} a partir de I_n:

$$\dot{I}_{THn} = \frac{\dot{Z}_{Fn}}{\dot{Z}_{THn} + \dot{Z}_{Fn}} \dot{I}_n$$

$$\dot{I}_{Fn} = \frac{\dot{Z}_{THn}}{\dot{Z}_{THn} + \dot{Z}_{Fn}} \dot{I}_n$$

Os filtros a uma dada frequência podem entrar em ressonância paralela com a impedância do **S**istema de **S**uprimento de **E**nergia (SSE). Neste caso, poderá ocorrer sobretensão e sobrecarga. A principal dificuldade é determinar com exatidão qual é o comportamento da impedância do sistema em relação à frequência, visto que, devido à sua complexidade, a impedância de um sistema em corrente alternada deve ser calculada para suas diversas frequências, ou seja, deve-se determinar a impedância do sistema visto de um determinado ponto em função da frequência, ou seja, calculando-se Z(w).

O valor Z(ω) não é simples de ser determinado. Na prática para tensões mais elevadas (a partir de 230 [kV]) o valor de Z(ω) normalmente é calculado apenas com base na indutância correspondente para uma determinada potência de curto-circuito no ponto de interesse e na frequência industrial. Todavia, a impedância equivalente de Thevenin no ponto de interesse do sistema CA deve ser determinada para cada frequência angular ω, visando uma melhor precisão na definição dos filtros de harmônicos. Existem programas específicos para se determinar Z(ω) em um determinado ponto de interesse do sistema elétrico (vide [70]).

Apresentam-se a seguir algumas sugestões para a representação do sistema CA que posteriormente poderão ser utilizadas para a determinação da impedância para cada frequência Z(w):

- Representar apenas o circuito equivalente na sequência positiva;
- Linhas aéreas podem ser representadas pela associação de vários trechos em p (pi);
- Os transformadores devem ser representados pela indutância de dispersão fixa em série com uma resistência que será uma função da frequência. O efeito capacitivo, em alguns casos, pode ser desprezado;
- Os geradores e/ou motores síncronos são normalmente representados por uma indutância cujo valor deve ficar entre 0,8 a 0,9 da indutância subtransitória;
- Cargas podem ser representadas por associação de resistências e reatâncias em série ou em paralelo.

A figura 7.a ilustra um diagrama unifilar simplificado mostrando a barra Resende em 500 [kV], que é parte integrante do Sistema Interligado Nacional (SIN), que foi obtido no site do Operador Nacional do Sistema Elétrico (ONS) em 19/04/2011, com todas as cargas consideradas desligadas. A resposta em frequência a partir da barra Resende (número 87) na base de dados do ONS está mostrada na figura 7.b (obtida através do software específico para esta aplicação, (vide [70]), onde nota-se que no ponto de interesse a impedância passa por valores com características indutivas e capacitivas. Verifica-se, portanto, que não é tão simples representar um sistema elétrico equivalente para determinar a impedância em função da frequência vista de um determinado ponto de interesse.

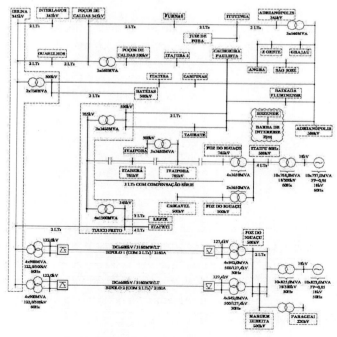

FIGURA 7.a - DIAGRAMA UNIFILAR SIMPLIFICADO DO SIN ELETRICAMENTE PRÓXIMO À BARRA RESENDE [73] E [74]

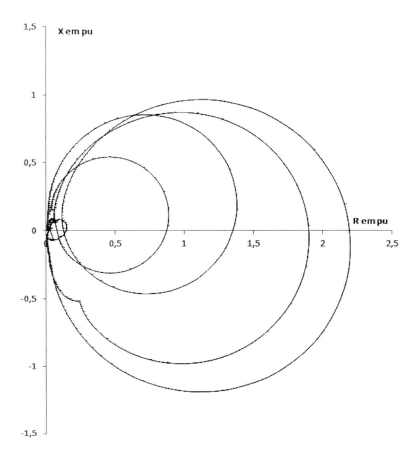

FIGURA 7.b - VARIAÇÃO TÍPICA DA IMPEDÂNCIA EM FUNÇÃO DA FREQUÊNCIA EM [pu] VISTA DA BARRA RESENDE [73]

6 - RESSONÂNCIA DEVIDO AOS HARMÔNICOS

De um modo bastante simplificado pode-se dizer que as impedâncias de um sistema elétrico são compostas por combinações série e paralelo de resistências, capacitâncias e indutâncias. Seu comportamento com a frequência apresenta, portanto, pontos de ressonância, isto é, frequências para as quais as impedâncias do sistema assumem um valor máximo (ressonância paralela) ou mínimo (ressonância série), nestes casos podem surgir sobretensões ou sobrecargas respectivamente.

A frequência de sintonia (f_{ns}) em um circuito ideal LC de um modo geral, é obtida quando as reatâncias indutivas (X_{Ls}) e capacitivas (X_{Cs}) são iguais, ou seja:

$$X_{LS} = X_{CS} \tag{3}$$

Onde:

- X_{Ls}: reatância indutiva na frequência de sintonia, ou seja, atende (3);
- X_{Cs}: reatância capacitiva na frequência de sintonia, ou seja, atende (3).

Logo, a frequência de ressonância é neste caso dada por:

$$f_{ns} = \frac{1}{2\pi}\sqrt{\frac{1}{L.C}}$$

(4)

Onde:

- f_{ns}: frequência de ressonância;
- L: indutância do circuito em [H];
- C: capacitância do circuito em [F].

De (3) e (4) pode-se obter:

$$n_s = \frac{f_{ns}}{f_1}$$

(5)

Onde:

- f_1: frequência industrial do sistema (no Brasil, 60 [Hz]);
- n_s: relação entre as frequências de ressonância e a frequência industrial.

As duas formas de ressonância que podem ser consideradas são as ressonâncias série e paralela.

6.1 - RESSONÂNCIA SÉRIE

Quando um circuito se encontra em ressonância série, a corrente torna-se elevada e a tensão se torna mínima no circuito formado pela reatância capacitiva e pela reatância indutiva. Assim sendo, a impedância no circuito reduz a resistência do trecho e, sendo esta componente pequena, tem-se uma corrente circulante elevada. Do ponto de vista prático, a condição de ressonância série pode, por exemplo, ocorrer entre um banco de capacitores e um transformador que efetua o suprimento de energia ao mesmo. As figuras 8.a e 8.b ilustram essa condição. Por outro lado, o resultado da simulação para o sistema equivalente mostrado na figura 8.c está representado na figura 8.d. Nota-se que à medida que a frequência vai se aproximando da frequência de ressonância que, neste caso é o sétimo harmônico ($n_s \approx 7$), a tensão na barra B3 na figura 8.c vai diminuindo, caracterizando-se um curto-circuito e, portanto, a maior parte da corrente de 7º harmônico flui para este ramo podendo provocar uma sobrecarga no transformador TL ou mesmo no banco de capacitores QBC.

A figura 8.d e 8.e mostram os resultados de simulação para o sistema equivalente mostrado na figura 8.c, respectivamente para um banco de capacitores (QBC) de 280,0 e 354,5 [kvar].

CAPÍTULO VIII FILTROS DE HARMÔNICOS - CONCEITOS BÁSICOS • 253

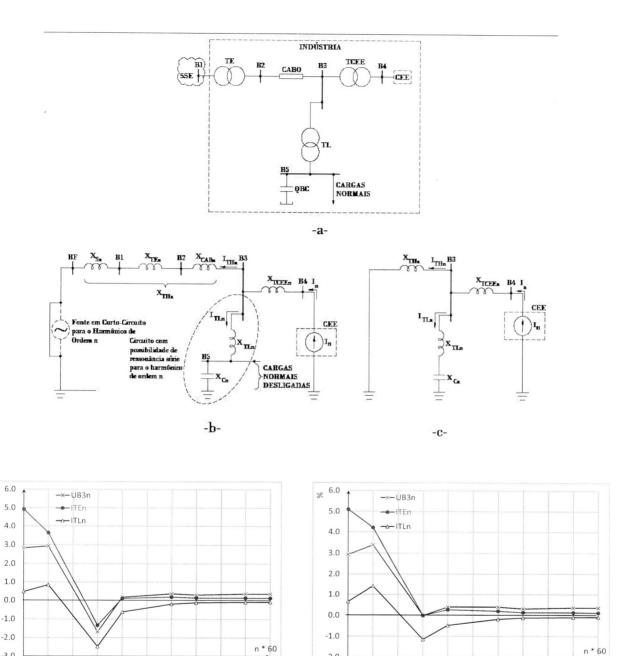

FIGURA 8 - CIRCUITO PARA O CASO DE RESSONÂNCIA SÉRIE

a. Diagrama unifilar simplificado;
b. Diagrama de impedâncias para o harmônico de ordem n da figura 8.a;
c. Diagrama de impedâncias resultante a partir da figura 8.b;
d. Resultados das correntes I_{THn} e I_{TLn} e da tensão UB3n em função da frequência para QBC = 280,0 [kvar];
e. Resultados das correntes I_{THn} e I_{TLn} e da tensão UB3n em função da frequência para QBC = 354,5 [kvar].

254 • CAPACITORES DE POTÊNCIA E FILTROS DE HARMÔNICOS

Os dados característicos do sistema da figura 8.a para se efetuar a simulação visando obter os harmônicos de corrente I_{THn} e I_{TLn} e da tensão na barra B3 em função da frequência considerando o circuito da figura 8.c, são os seguintes:

- Transformador TE: 10 [MVA]; 138/13,8 [kV]; Z = 10%; X/R = 50;
- Transformador TL: 3 [MVA]; 13,8/4,16 [kV]; Z = 7%; X/R = 30;
- Transformador TCEE: 3 [MVA]; 13,8/0,69 [kV]; Z = 7%; X/R = 30;

- Harmônicos de correntes provocados pela ponte conversora no lado de 0,69 [kV]: I5 = 18,600 [A]; I7 = 11,691 [A]; I11 = 4,783 [A]; I13 = 3,082 [A]; I17 = 1,594 [A]; I19 = 1,063 [A]; I21 = 0,957 [A]; I25 = 0,850 [A]. O componente fundamental (I1) adotado foi de 106,283 [A].

Considerando esses dados para o sistema da figura 8.a, efetuaram-se duas simulações: uma com o banco de capacitores (QBC) de 280 [kvar] e outra com (QBC) em 354,5 [kvar], ambos em 4,16 [kV]. A tabela 3, a seguir, ilustra os resultados obtidos.

TABELA 3 - HARMÔNICOS DE TENSÃO NA BARRA B3 E CORRESPONDENTES FLUXOS DE CORRENTE						
	QBC = 280 [kvar]			QBC = 345,5 [kvar]		
n	UB3n	I_{THn}	I_{TLn}	UB3n	I_{THn}	I_{TLn}
	%	A	A	%	A	A
5	2,832	20,582	1,982	2,936	21,344	2,745
7	2,933	15,228	3,537	3,392	17,610	5,919
11	-1,687	-5,574	-10,357	0,001	0,003	-4,780
13	0,176	0,492	-2,590	0,403	1,126	-1,956
17	0,364	0,778	-0,817	0,403	0,862	-0,732
19	0,299	0,572	-0,491	0,319	0,610	-0,453
23	0,357	0,564	-0,392	0,369	0,583	-0,373
25	0,354	0,514	-0,336	0,363	0,527	-0,323

Na tabela 3 tem-se:

- UB3n: Harmônicos de tensão na barra B3;
- I_{THn}: Harmônico de corrente em direção ao concessionário local;
- I_{TLn}: Harmônico de corrente em direção ao primário do transformador TL;

Notar que para a frequência de 11ª ordem, quando o banco de capacitores aumenta de 280 para 345,5 [kvar], o harmônico de tensão da barra B3 é praticamente nulo e a corrente injetada pela carga não linear de 11º harmônico, que é de 4,783 [A], é totalmente dirigida para o transformador TL, ou seja, ocorre uma ressonância série nesta frequência. Para os harmônicos de 5ª e 7ª ordens, o fluxo de corrente aumenta ligeiramente em relação à carga não linear, pois as direções das correntes I_{THn} e I_{TLn} são opostas e para os harmônicos de 13ª a 25ª ordem deve-se considerar o sinal negativo em I_{TLn}.

6.2 - RESSONÂNCIA PARALELA

A condição para que ocorra a ressonância paralela é igual a da ressonância série, isto é, quando os efeitos indutivos e capacitivos das reatâncias vistas de um determinado ponto do sistema elétrico são iguais (ou seja, $X_{Ls}=X_{Cs}$). A figura 9.a mostra um circuito para a condição de ressonância paralela. A impedância para o caso de ressonância paralela é bastante elevada e pode tender a um valor infinito ocasionando sobretensões perigosas, pondo em risco a integridade do sistema. Na figura 9.b está ilustrado uma condição de ocorrência de ressonância paralela confirmada pela simulação mostrada na figura 9.d, onde se observa que a medida que a frequência se aproxima da frequência de ressonância, que também neste caso é o sétimo harmônico, a tensão vai se tornando elevada naquela frequência, caracterizando como uma sobretensão.

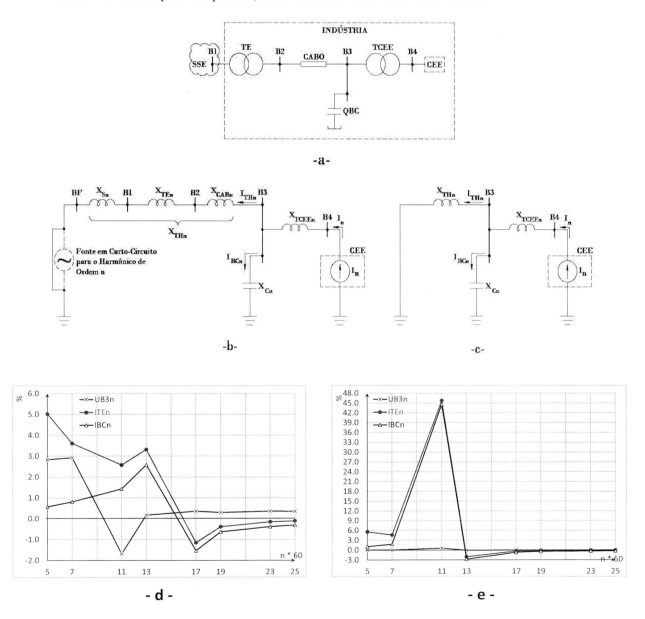

FIGURA 9 - CIRCUITO PARA O CASO DE RESSONÂNCIA PARALELA

256 · CAPACITORES DE POTÊNCIA E FILTROS DE HARMÔNICOS

a. Diagrama unifilar simplificado;
b. Diagrama de impedâncias para o harmônico de ordem n da figura 9.a;
c. Diagrama de impedâncias resultante a partir da figura 9.b;
d. Resultados das correntes I_{THn} e I_{TLn} e da tensão UB3n em função da frequência para QBC = 400 [kvar];
e. Resultados das correntes I_{THn} e I_{TLn} e da tensão UB3n em função da frequência para QBC = 700 [kvar].

Considerando os mesmos dados característicos dos transformadores TE e TCEE, bem como, os harmônicos de corrente da ponte conversora da figura 8.a, a figura 9.a ilustra a condição propícia para existir a ressonância paralela. As simulações feitas para o sistema da figura 8.a, difere na figura 9.a apenas em relação aos bancos de capacitores, onde efetuaram-se duas simulações: uma com o banco de capacitores (QBC) de 400 [kvar] e outra com (QBC) em 700 [kvar], ambos em 13,8 [kV]. A tabela 4, a seguir, ilustra os resultados obtidos.

TABELA 4 - HARMÔNICOS DE TENSÃO NA BARRA B3 E CORRESPONDENTES FLUXOS DE CORRENTE						
	QBC = 400 [kvar]			QBC = 700 [kvar]		
n	UB3n	I_{THn}	I_{BCn}	UB3n	I_{THn}	I_{BCn}
	%	A	A	%	A	A
5	2,892	21,019	2,420	3,204	23,292	4,692
7	2,908	15,098	3,406	3,721	19,319	7,628
11	3,269	10,800	6,017	57,943	191,444	186,661
13	4,970	13,895	10,812	-3,047	-8,519	-11,601
17	-2,255	-4,821	-6,415	-0,561	-1,200	-2,794
19	-0,839	-1,605	-2,668	-0,291	-0,557	-1,620
23	-0,422	-0,666	-1,623	-0,186	-0,293	-1,250
25	-0,311	-0,453	-1,303	-0,145	-0,211	-1,061

Na tabela 4 tem-se:

- UB3n: Harmônicos de tensão na barra B3;
- I_{THn}: Harmônico de corrente em direção ao concessionário local;
- I_{BCn}: Harmônico de corrente em direção ao banco de capacitores;

Notar que para a frequência de 11ª ordem, quando o banco de capacitores aumenta de 400 para 700 [kvar], o harmônico de tensão da barra B3 é da ordem de 58% e a corrente injetada pela carga não linear de 11º harmônico, que é de 4,783 [A], é amplificada em, aproximadamente, 40 vezes e dividida com, praticamente, o mesmo valor para o concessionário e o banco de capacitores, ou seja, ocorre uma ressonância paralela nesta frequência. Notar que esta corrente elevada e a sobretensão são prejudiciais ao sistema elétrico, que não consegue operar adequadamente nestas condições. A solução para isso é utilizar filtro de harmônicos, conforme mostram os itens 7.1 e 7.2 a seguir.

Para fins práticos, a ordem do harmônico (n_s) que poderá provocar uma ressonância paralela do tipo, mostrada na figura 9.d, em um sistema elétrico, pode ser dada pela equação (6).

$$n_s = \sqrt{\frac{S_{CC}}{Q_{BC}}} \qquad (6)$$

A equação (6) também pode ser escrita da seguinte forma, segundo a equação (7):

$$n_s = U\sqrt{\frac{1}{X_{TH1} \cdot Q_{BC}}} \qquad (7)$$

Onde nas equações (6) e (7) têm-se:

- S_{CC}: potência de curto-circuito na barra onde o banco de capacitores está conectado, em [MVA];
- Q_{BC}: potência de operação do banco de capacitores, em [Mvar];
- n_s: ordem do harmônico que provocará ressonância paralela no sistema,
- U: tensão de operação entre fases no ponto onde o banco de capacitores está conectado em [kv];
- X_{TH1}: reatância indutiva de Thevenin (na frequência industrial) "vista" na barra onde está instalado o banco de capacitores em [Ω].

A figura 10 mostra de modo aproximado a variação da ordem do harmônico de ressonância (n) para uma determinada potência do banco de capacitores com relação à potência nominal (S_T) do transformador [20], considerando como infinita a potência de curto-circuito do sistema. No caso da figura 10, está sendo considerado apenas o transformador e o banco de capacitores conectado no seu lado secundário.

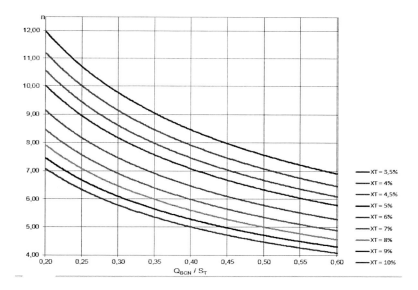

FIGURA 10 - RESSONÂNCIA PARALELA EM FUNÇÃO DAS POTÊNCIAS DO BANCO DE CAPACITORES INSTALADO NO LADO SECUNDÁRIO DE UM TRANSFORMADOR

Exemplo: determinar a frequência de ressonância aproximada caso seja instalado um banco de capacitores com potência (Q_{BC}) de 2,5 [Mvar] no secundário de um transformador com potência aparente (S_T) de 10 [MVA] com impedância de 8%.

Solução: inicialmente, calcula-se a relação Q_{BC}/S_T:

$Q_{BC}/S_T = 2,5/10 = 0,25$

Utilizando-se a relação $Q_{BC}/S_T = 0,25$, na figura 10, para a curva correspondente a $X_{TH1} = 8\%$ obtém-se 7,1, ou seja, a frequência de ressonância aproximada deve ocorrer para o harmônico de 7ª ordem.

7 - EFEITO DA INSTALAÇÃO DE BANCO DE CAPACITORES

Como visto anteriormente, a impedância do sistema varia em função da instalação do banco de capacitores podendo provocar sobretensões elevadas. Assim sendo, discute-se a seguir os efeitos da instalação desses dispositivos nos sistemas elétricos.

7.1 - COMPORTAMENTO DA IMPEDÂNCIA DO SISTEMA DEVIDO À INSTALAÇÃO DE BANCO DE CAPACITORES

Considere o sistema mostrado na figura 11.a, com uma carga elétrica especial. Neste sistema pretende-se instalar na barra B2 um banco de capacitores para a correção do fator de potência. Na figura 11.b apresenta-se o diagrama de impedâncias para o harmônico de ordem n do sistema mostrado na figura 11.a.

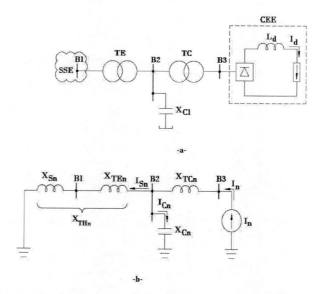

FIGURA 11 - SISTEMA EM ANÁLISE COM BANCO DE CAPACITORES E CEE

a. Diagrama unifilar simplificado;
b. Diagrama de impedâncias para o harmônico de ordem n.

Onde:

- SSE: Sistema de Suprimento de Energia;
- TE: transformador de entrada;

CAPÍTULO VIII FILTROS DE HARMÔNICOS - CONCEITOS BÁSICOS • **259**

- TC: transformador da ponte conversora;
- I_d: corrente de carga no lado CC da ponte conversora;
- L_d: indutância (reator) de alisamento;
- I_n: harmônico de corrente de ordem n da CEE.

Para o sistema da figura 8.d tem-se:

$$X_{THn} = X_{Sn} + X_{TEn} = n.(X_{S1} + X_{Tc1}) = n.X_{TH1}$$

A impedância equivalente deste sistema, relativa à barra 2, é dada por:

$$\dot{Z}_{2n} = \frac{(jX_{THn}) \cdot (jX_{Cn})}{(jX_{THn} - jX_{Cn})} \tag{8}$$

Onde:

$$X_{THn} = n. X_{TH1} \tag{9}$$

$$X_{Cn} = \frac{X_{C1}}{n} \tag{10}$$

A ressonância ocorre quando $X_{THn} = X_{Cn}$. Assim, conforme [61], pode-se fazer a seguinte consideração:

$$X_{C1} = n_s^2 \cdot X_{TH1} \tag{11}$$

A impedância equivalente do sistema vista da barra B2 será:

$$\dot{Z}_{2n} = jX_{TH1} \cdot \left[\frac{n \cdot n_s^2}{n_s^2 - n} \right] \tag{12}$$

A corrente de ordem **n** no capacitor do sistema apresentado na figura 11.b é dada por:

$$I_{Cn} = I_n \cdot \frac{n^2}{n^2 - n_s^2} \tag{13}$$

Onde, nas equações anteriores:

- I_n: corrente injetada pela CEE para um harmônico de ordem n;
- I_{Sn}: corrente absorvida pelo sistema para um harmônico de ordem n;
- I_{Cn}: corrente absorvida pelo banco de capacitores para um harmônico de ordem n;
- X_{TEn}: reatância indutiva do transformador TE do sistema para um harmônico de ordem n;
- X_{TCn}: reatância indutiva do transformador TC para um harmônico de ordem n;
- X_{Sn}: reatância indutiva do sistema (SSE) para um harmônico de ordem n;

- X_{Cn}: reatância capacitiva do banco de capacitores para um harmônico de ordem n;
- Z_{2n}: impedância equivalente "vista da barra B2" para um harmônico de ordem n;
- n_s: ordem do harmônico que provocará a ressonância;
- X_{C1}: reatância do banco de capacitores na frequência fundamental;
- X_{THn}: reatância equivalente vista na barra B1 para o harmônico de ordem n;
- X_{TH1}: reatância equivalente vista na barra B1 na frequência fundamental.

Considerando-se na equação (13) que a corrente I_n é de 1 [pu], pode-se determinar a corrente que passa pelo banco de capacitores. A figura 12 ilustra tal corrente para diversos valores de n_s. Observa-se na figura 12 que a medida que n aproxima-se de n_s (ponto de ressonância) os valores de corrente vão se tornando mais elevados.

Observação: Conforme [61] nas figuras 11.b e 12, utilizou-se uma variação "varredura" ("scan" de frequência) de 0,01 para o harmônico de corrente de ordem n. Entretanto, caso seja utilizado outra varredura, novos resultados serão obtidos, podendo ser maiores ou menores que os apresentados.

Na equação (11), caso o valor de n_s, por exemplo, seja 5, significa que a potência do banco de capacitores é 25 vezes menor que a potência de curto-circuito na barra onde este está instalado, com isso, caso exista um harmônico exatamente de quinta ordem (n=5), verifica-se que a corrente *teoricamente* tenderá ao infinito, devido o banco de capacitores entrar em ressonância com o sistema, o que pode ser constatado na equação (13) quando $n = 5 = n_s$. Na equação (14) nota-se que, devido à impedância tender a infinito (quando $n = 5 = n_s$), a tensão também tenderá a infinito.

$$U_{2n} = Z_{2n} \cdot I_{Cn} \quad (14)$$

Logo, pode-se concluir que durante a ocorrência de ressonâncias paralela pode-se esperar sobretensões no sistema elétrico nos pontos próximos aos locais onde os bancos de capacitores estão instalados.

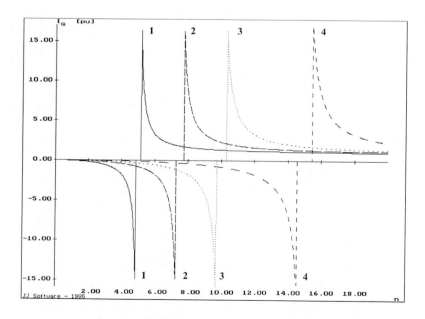

FIGURA 12 - CURVA CARACTERÍSTICA DE CORRENTE NO BANCO DE CAPACITORES EM FUNÇÃO DA ORDEM DO HARMÔNICO EXISTENTE TOMADO COMO SENDO DE 1 [PU] ([61])

Na figura 12, as curvas 1, 2, 3 e 4 foram construídas respectivamente para n_s igual a 5; 7,5; 10 e 15. Observar ainda que com a instalação de um banco de capacitores no sistema elétrico com ressonância para o 5º harmônico ($n_s = 5$ ou curva 1), a corrente para n = 5 tende a infinito.

7.2 - COMPORTAMENTO DA IMPEDÂNCIA DO SISTEMA DEVIDO À INSTALAÇÃO DE FILTROS DE HARMÔNICOS

Ao invés do banco de capacitores mostrado na figura 11, caso seja instalado um filtro de harmônicos sintonizado na barra B2 o ponto de ressonância será modificado. Para tanto, considere as figuras 13.a e 13.b.

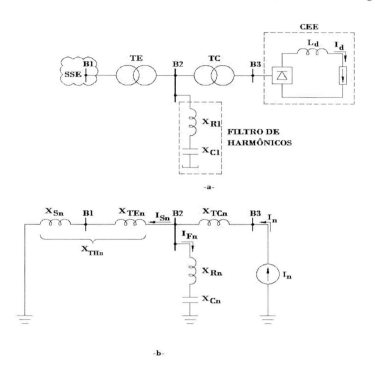

FIGURA 13 - DIAGRAMA DE IMPEDÂNCIA EQUIVALENTE [61]

a. Diagrama unifilar simplificado;
b. Diagrama de impedâncias para o harmônico de ordem n.

Onde, nas figuras 13.a e 13.b, têm-se as mesmas grandezas definidas anteriormente e acrescentam-se as seguintes:

- I_{Fn}: corrente que se estabelece no filtro de harmônicos;
- X_{Rn}: reatância indutiva do reator do filtro de harmônicos.

Destaca-se que a reatância indutiva do reator do filtro de harmônicos para o harmônico de ordem n é dada por:

$$X_{Rn} = n.X_{R1} \tag{15.1}$$

A impedância equivalente vista da barra B2 na figura 13.b pode ser determinada através da equação (15.2), como:

$$\dot{Z}_{2n} = \left(\frac{(jX_{THn}) \cdot (jX_{Rn} - jX_{Cn})}{(jX_{THn} + jX_{Rn} - jX_{Cn})} \right) \quad (15.2)$$

A frequência de ressonância do filtro de harmônicos (n_F) deverá atender a seguinte relação:

$$X_{C1} = n_F^2 \cdot X_{R1} \quad (16)$$

Utilizando as equações (9), (10), (11), (15.1) e (15.2) a impedância equivalente conforme [61] é dada por.

$$Z_{2n} = jX_{TH1} \cdot \left[\frac{n \cdot \left[(n.n_S)^2 - (n_S.n_F)^2 \right]}{(n.n_F)^2 + (n.n_S)^2 - (n_S.n_F)^2} \right] \quad (17)$$

A parcela da corrente absorvida pelo filtro de harmônicos (I_{Fn}) será dada por:

$$I_{Fn} = I_n \cdot \left[\frac{(n.n_F)^2}{(n.n_F)^2 + (n.n_S)^2 - (n_S.n_F)^2} \right] \quad (18)$$

A curva característica da corrente I_{Fn} para I_n igual a 1 [pu], para os mesmos valores de n_S (5; 7,5; 10 e 15) definidos no item anterior está apresentada na figura 14.

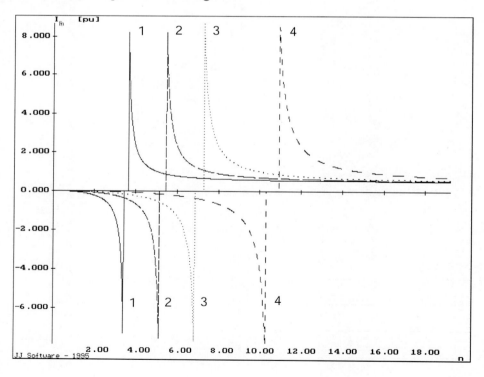

FIGURA 14 - CURVA CARACTERÍSTICA DE CORRENTE NO FILTRO EM FUNÇÃO DA ORDEM DO HARMÔNICO EXISTENTE TOMADO COMO SENDO DE 1 [pu] [61]

Comparando-se a equação (13) com a equação (18), observa-se na equação (18) que a instalação de um filtro de harmônicos altera o valor da frequência de ressonância do sistema como um todo.

A instalação de filtros de harmônicos no sistema para um determinado harmônico (filtro sintonizado) ou faixa de harmônicos (filtro amortecido) altera o valor da frequência de ressonância do sistema e, como frequências de ressonância normalmente não são múltiplos inteiros exatos da frequência fundamental no projeto de um filtro de harmônicos, deve-se verificar se a nova frequência de ressonância não ficará próxima a um número inteiro (múltiplo da fundamental), principalmente no caso em que cargas elétricas especiais estejam presentes no sistema e possuam um harmônico característico nesta nova frequência (vide exemplo de aplicação no item 6 do Capítulo IX).

8 - FLUXO DE CORRENTE APÓS A INSTALAÇÃO DE FILTROS DE HARMÔNICOS

Os filtros de harmônicos são instalados no sistema elétrico com a finalidade de evitar sobretensões devido aos harmônicos de corrente, proporcionando para estes um caminho de baixa impedância. Para verificar este detalhe considere o sistema industrial mostrado na figura 15.

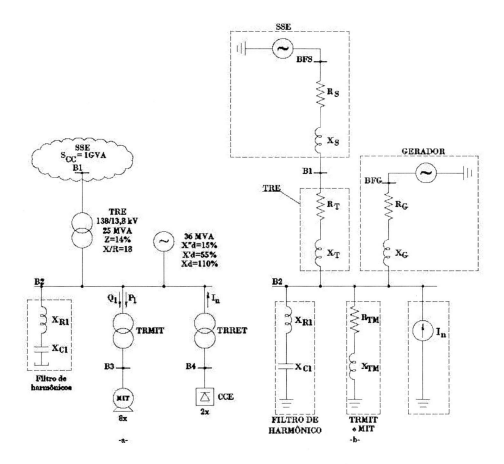

FIGURA 15 - SISTEMA INDUSTRIAL EM ANÁLISE

a. Diagrama unifilar simplificado;
b. Diagrama de impedâncias para o harmônico de ordem n.

Na figura 15.a o TRMIT, na realidade, representa oito conjuntos iguais, onde cada transformador é de 2 [MVA] em 13,8/0,46 [kV], Z = 6% e X/R = 8 que alimenta motores de indução trifásicos, iluminação, etc. Por outro lado, o TRRET é caracterizado por dois transformadores de 15 [MVA] cada um suprindo uma ponte retificadora, em formação de Graetz utilizada para eletrólise.

O diagrama de impedâncias da figura 15.b é o correspondente ao sistema da figura 15.a. O circuito equivalente de impedâncias para o sistema da figura 15.b, considerando um filtro de harmônicos de ordem n instalado na barra B2, está representado na figura 16.a. Na figura 16.b observa-se que toda impedância entre as barras BF e B2 está representada por uma equivalente Z_{EQn}.

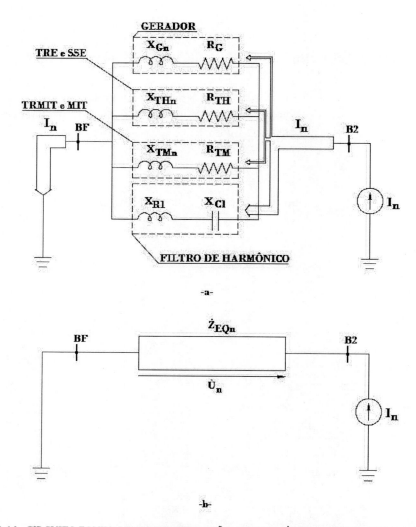

FIGURA 16 - CIRCUITO EQUIVALENTE COM RELAÇÃO AO HARMÔNICO DE CORRENTE DE ORDEM n

a - Diagrama de impedâncias para o sistema da figura 15.b;
b - Impedância equivalente para o sistema da figura 16.a.

Destaque importante: Foi considerado que a tensão nas barras BSF e BFG indicadas na figura 15.b são idênticas e iguais a 1 [pu] para se obter o diagrama equivalente mostrado na figura 16.a, onde as barras BSF e BFG ficaram identificadas como uma única barra BF.

Onde:

- X_{Gn}: reatância do gerador para o harmônico de ordem n;
- R_G: resistência do gerador;
- X_{THn}: reatância do transformador e sistema para o harmônico de ordem n;
- R_{TH}: resistência do transformador principal e sistema;
- X_{TMn}: reatância do transformador e motor para um harmônico de ordem n;
- R_{TM}: resistência do transformador e motor;
- X_{R1}: reatância do reator do filtro a frequência fundamental;
- X_{C1}: reatância do banco de capacitores do filtro a frequência fundamental.

Na figura 16.a, observa-se que o harmônico de corrente de ordem n deverá circular principalmente pelo filtro de harmônicos e apenas uma pequena parcela dos harmônicos de corrente, mesmo o de ordem n_s para o qual o filtro foi sintonizado, deverá circular através do restante do sistema.

Note que o circuito equivalente para cada harmônico de ordem n apresenta uma impedância de valor Z_{EQn} "visto" da barra B2 e, portanto, uma tensão determinada dada por:

$$\dot{U}_n = Z_{EQn} \cdot \dot{I}_n \tag{19}$$

Observa-se nas figuras 16.a e 16.b, que a colocação do indutor em série com o capacitor resulta, para o harmônico de ordem n_s, em uma ressonância reduzindo-se a tensão U_n calculada na expressão (19), pois teoricamente para o harmônico onde o filtro foi projetado, a tensão nos terminais do mesmo deve ser nula.

Para as condições de ressonância que se admite ocorrer uma frequência n vezes a fundamental, tem-se no ramo LC do filtro de harmônicos a seguinte condição:

$$nX_{R1} = \frac{X_{C1}}{n} \tag{20}$$

Desta forma, para o harmônico de ordem n_s que provoca a ressonância, tem-se uma impedância no ramo do filtro de harmônicos praticamente nula. Na prática, é um valor muito pequeno. O filtro de harmônicos não deve ser projetado para que a tensão na frequência de sintonia dos filtros seja zero.

9 - FILTROS ATIVOS

Filtros ativos são dispositivos projetados para reduzir a intensidade dos harmônicos de tensão e de corrente nas mais diversas frequências. Basicamente consiste em "gerar" os harmônicos de corrente simétricos aos requeridos pelas cargas não lineares, de forma que o sistema de suprimento de energia forneça apenas a corrente na frequência fundamental. A figura 17 mostra o princípio de um filtro ativo em derivação.

A corrente de carga é medida utilizando-se um transformador de corrente (TC2, na figura 17), cuja saída é analisada por um sistema micropocesssado para determinar o perfil dos harmônicos presentes no alimentador onde a carga elétrica está instalada (vide figura 17). Esta informação é usada pelo gerador de corrente para produzir o harmônico de corrente requerido pela carga no próximo ciclo da onda fundamental. Assim sendo, os harmônicos de corrente do filtro ativo estão sempre em oposição de fases dos harmônicos de corrente oriundos da carga não linear, de modo que a corrente de linha do alimentador com a carga não linear e o filtro ativo fique bastante próxima de uma onda senoidal na frequência fundamental.

Como o filtro ativo utiliza a medição do transformador de corrente instalado no alimentador da carga elétrica especial (TC2, na figura 17), o mesmo deve se adaptar às mudanças nos harmônicos da corrente de carga. Como os processos de análise e geração são controlados por "software", o dispositivo deverá permitir eliminar apenas certos harmônicos de corrente de forma a reduzir ao máximo as distorções de tensão e corrente presentes ao longo do sistema elétrico.

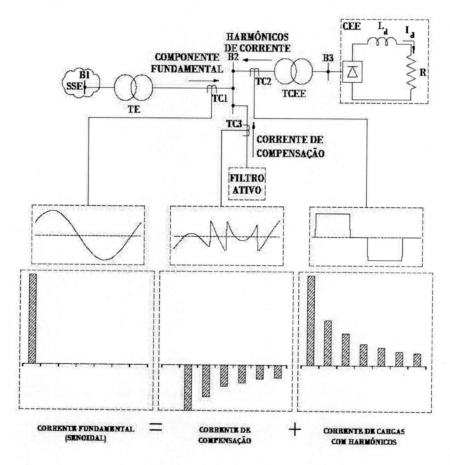

FIGURA 17 - FILTRO ATIVO

Naturalmente, da mesma forma que os filtros de harmônicos, os filtros ativos também podem ser do tipo série ou paralelo ("shunt"). Os diferentes tipos de filtros ativos são disponibilizados pelos mais diversos fabricantes e encontram-se atualmente no mercado como uma alternativa, embora de maior custo, aos filtros passivos descritos nos itens anteriores.

CAPÍTULO IX
FLUXO HARMÔNICO E RESSONÂNCIA

1 - INTRODUÇÃO

Quando as Cargas Elétricas Especiais (CEEs) são instaladas no sistema elétrico, duas características adversas se observam:

- Distorção da tensão no sistema elétrico de suprimento de energia;
- Sobrecargas e ressonâncias quando na presença de banco de capacitores.

Para determinar as distorções de tensão e verificar a existência de sobrecargas e ressonâncias o denominado Estudo de Fluxo Harmônico se aplica a sistemas elétricos na presença das CEEs, ou seja, das cargas com características não lineares, tais como conversores estáticos, fornos a arco, inversores de frequência, reatores com núcleo saturado, etc. Devido à natureza não linear da corrente, este tipo de carga comporta-se como uma fonte geradora de harmônicos de corrente.

O Estudo de Fluxo Harmônico tem por finalidade determinar a distribuição pelos ramos de um sistema elétrico, dos harmônicos de corrente "gerados" pelas cargas não lineares presentes, assim como calcular as distorções na tensão por eles provocadas em todas as suas barras. A partir da análise destes resultados pode-se identificar quais os pontos do sistema sujeitos a níveis de distorção de tensão acima dos aceitáveis e qual a contribuição de cada harmônico, possibilitando, desta forma, diagnosticar quais as consequências que este tipo de problema pode provocar na operação do sistema e quais as soluções mais adequadas a serem adotadas.

2 - ESTUDO DE FLUXO HARMÔNICO

Para a realização do Estudo de Fluxo Harmônico normalmente se utilizam programas (softwares) específicos, considerando a seguinte modelagem do sistema elétrico:

- Os ramos do sistema (linhas e cabos) são representados pelos valores de sua resistência, indutância série e capacitância SHUNT (modelo concentrado);

- Os sistemas de suprimento de energia é representado por sua impedância equivalente, obtida a partir da potência de curto-circuito trifásico na barra de entrada (ponto de acoplamento com o concessionário);

- Os transformadores são representados por sua impedância percentual (resistência e reatância), em série. As cargas que compõem os sistemas elétricos, que não sejam as fontes de harmônicos (cargas não lineares), são representadas por suas respectivas impedâncias equivalentes obtidas a partir de suas potências nominais e fatores de potência;

- As cargas não lineares são representadas por fontes de corrente, injetando componentes harmônicos no sistema. As intensidades destes componentes harmônicos usados pelo programa podem ser estimadas em função das características da carga através de cálculos teóricos (harmônicos característicos), ou senão obtidos através de medições diretas. Recomenda-se, dentre estas duas alternativas apresentadas, que os componentes harmônicos de corrente utilizados como dados de entrada do programa de fluxo de harmônico sejam obtidos por medição, pois desta forma os resultados do estudo tornam-se mais precisos, uma vez que a medição detecta além dos componentes característicos, a presença de componentes em frequências não características, sendo que esses últimos, em alguns casos, podem apresentar intensidades significativas.

A partir desta modelagem, o programa irá processar o fluxo harmônico para todas as frequências dos componentes harmônicos de correntes presentes em uma determinada configuração do sistema elétrico em estudo, emitindo uma listagem contendo, entre outros, os seguintes resultados:

- O fluxo dos harmônicos de corrente pelos ramos;
- Os harmônicos de tensão obtidos nas barras, para cada frequência;
- A tensão RMS total das barras considerando a contribuição de todos os harmônicos;
- A distorção de tensão resultante para as barras;
- Identificação, quando for o caso, de ressonância devido aos harmônicos de corrente nas barras em decorrência da compensação de reativos.

Serão analisados todos os componentes harmônicos significativos, sendo limitados, normalmente até o 25º (vigésimo quinto) harmônico, ou outro que no caso específico da instalação da contratante ocasione ressonâncias.

3 - ANÁLISE DO SISTEMA ELÉTRICO PARA FLUXO HARMÔNICO E DETERMINAÇÃO DE RESSONÂNCIAS

Para se efetuar um estudo de fluxo harmônico em um sistema elétrico na presença de Cargas Elétricas Especiais (CEE), principalmente no caso de existirem bancos de capacitores, considera-se o sistema elétrico apresentado na figura 1 a seguir.

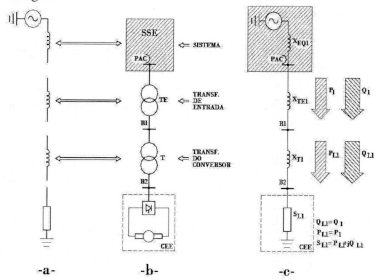

FIGURA 1 - SISTEMA EM ANÁLISE E FLUXO DE CARGA PARA O SISTEMA ELÉTRICO SEM BANCOS DE CAPACITORES

a. Representações dos componentes do sistema
b. Diagrama unifilar
c. Fluxo de carga na frequência industrial

Na figura 1 tem-se:

- SSE: Sistema de suprimento de energia (do concessionário ou da própria indústria);
- TE: Transformador de entrada do sistema que contém a carga elétrica especial;
- T: Transformador do alimentador da carga elétrica especial;
- CEE: Carga Elétrica Especial;
- i(t): Corrente no primário do transformador T.

Observa-se na figura 1 que o sistema elétrico na frequência industrial fornece as potências ativa e reativa para a carga elétrica especial indicada e não se faz necessário considerar, nesta frequência industrial, se a carga distorce ou não a forma de onda da corrente. Se a carga distorcer a forma de onda da corrente, o sistema elétrico indicado na figura 1 deve ser representado para fins de simulação como aquele indicado na figura 2, onde a fonte de tensão, no PAC, fica curto-circuitada e a carga elétrica especial se comporta como uma fonte injetando correntes nas mais diversas frequências (120, 180, 240, 300, ... 3060 [Hz]).

Um detalhe importante a ser observado é que no sistema elétrico simplificado em análise não existe banco de capacitores instalados.

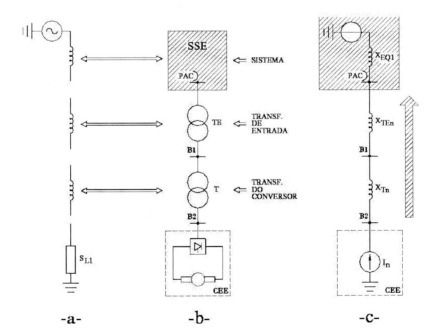

FIGURA 2 - FLUXO DE HARMÔNICOS PARA O SISTEMA ELÉTRICO SEM BANCOS DE CAPACITORES

a. Representações dos componentes do sistema
b. Diagrama unifilar
c. Diagrama de impedâncias para o fluxo harmônico

270 · CAPACITORES DE POTÊNCIA E FILTROS DE HARMÔNICOS

O diagrama unifilar de impedâncias para a análise do efeito dos harmônicos de corrente provenientes das cargas elétricas especiais para o sistema da figura 1, passou para o sistema resultante mostrado na figura 3 (sem bancos de capacitores). Admite-se que o sistema de suprimento de energia foi substituído por uma reatância indutiva conectada entre a referência (terra) e a barra PAC. A carga elétrica especial foi substituída por uma fonte de corrente (I_n) nas mais diversas frequências, porém essas frequências são múltiplos inteiros da frequência industrial (no caso de 60 [Hz] os múltiplos seriam 120, 180, 240, ... 3060 [Hz] ou n = 2, 3, 4, ... 51).

Como na barra B1 não existem bancos de capacitores ou mesmo filtros de harmônicos, a tensão RMS em módulo (U_n) devido aos harmônicos de corrente pode ser obtida a partir da figura 3.c, da seguinte forma:

$$U_n = n.X_{TH1} . I_n \tag{1}$$

Notar que na equação (1) tem-se

$$X_{TH1} = X_{EQ1} + X_{TE1} \text{ e } X_{THn} = X_{EQn} + X_{TEn} = n.X_{TH1} \tag{2}$$

Fazendo-se I_n igual a 1 [pu], na base de cada harmônico tem-se:

$$U_n = n.X_{TH1} \tag{3}$$

Nas expressões anteriores têm-se:

- U_n: Tensão obtida na frequência diferente da industrial;
- n: Ordem do harmônico analisado;
- X_{TH1}: Equivalente de Thevenin visto da barra B2 onde se encontra a CEE;
- I_n: Harmônico de corrente de ordem n.

Ou seja, o valor da impedância é equivalente à tensão na base do harmônico de corrente multiplicado por um número inteiro n. Isto significa que no sistema em análise a tensão nas frequências diferentes da industrial (50 ou 60 [Hz]), ou seja, U_n aumenta diretamente com a ordem do harmônico **n** considerado.

Destaque importante: A tensão U_n que está sendo calculada na barra B2 deveria ser nula, ou seja, não deveria existir, mas em função dos harmônicos de corrente essa tensão deixa de ser zero e assume um valor que depende das características da carga não linear e independe do sistema elétrico na frequência industrial. Isto quer dizer que esta tensão representa uma distorção em relação ao padrão convencional estabelecido nas frequências de 50 ou 60 [Hz].

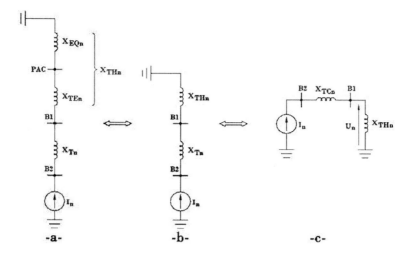

FIGURA 3 - DETERMINAÇÃO DA TENSÃO NO BARRAMENTO B1 SEM BANCOS DE CAPACITORES

a - Diagrama de impedâncias com os ramos X_{EQ}, X_{TE} e X_{Tn}
b - Diagrama de impedâncias com X_{THn} equivalente ao X_{EQ} e X_{TE}
c - Circuito simplificado da figura 3.b

4 - EFEITO DA INSTALAÇÃO DOS BANCOS DE CAPACITORES

Caso seja colocado na barra B1 um banco de capacitores, por exemplo, para a correção do fator de potência, o diagrama de impedâncias na frequência industrial (figura 4.c) torna-se o diagrama de impedâncias para o harmônico de corrente injetado na figura 5.c.

A figura 4.a mostra a representação de cada componente do sistema elétrico mostrado no diagrama unifilar da figura 4.b com carga elétrica especial e um banco de capacitores conectados na barra B1. A figura 4.c mostra o diagrama de impedância com os fluxos de potência ativo e reativo a 60 [Hz].

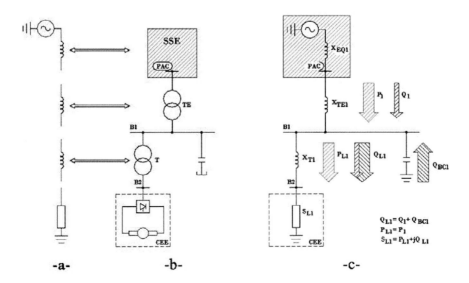

FIGURA 4 - FLUXO DE CARGA PARA O SISTEMA ELÉTRICO COM UM BANCO DE CAPACITORES

a. Representações dos componentes do sistema
b. Diagrama unifilar
c. Fluxo de carga na frequência industrial

A figura 5.a mostra a representação de cada componente do sistema elétrico mostrado no diagrama unifilar da figura 5.b com carga elétrica especial e um banco de capacitores conectados na barra B1. A figura 5.c mostra o diagrama de impedância com os fluxos correntes na frequência superior a 60 [Hz]. Notar que a fonte de tensão para frequência diferente de 60 [Hz] (para cada harmônico) deve ser representada como um curto circuito e a carga elétrica especial como sendo uma fonte de corrente.

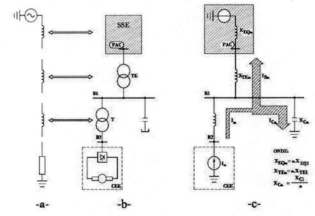

FIGURA 5 - FLUXO DE HARMÔNICOS PARA O SISTEMA ELÉTRICO COM UM BANCO DE CAPACITORES

a. Representações dos componentes do sistema
b. Diagrama unifilar
c. Diagrama de impedâncias para o fluxo harmônico

A partir da figura 5.c pode-se obter o diagrama de impedâncias equivalente final mostrado na figura 6, onde nota-se que a indutância equivalente do sistema para cada frequência (X_{THn}) fica em paralelo com o efeito capacitivo caracterizado pelo banco de capacitores representado pela reatância equivalente (X_{Cn}).

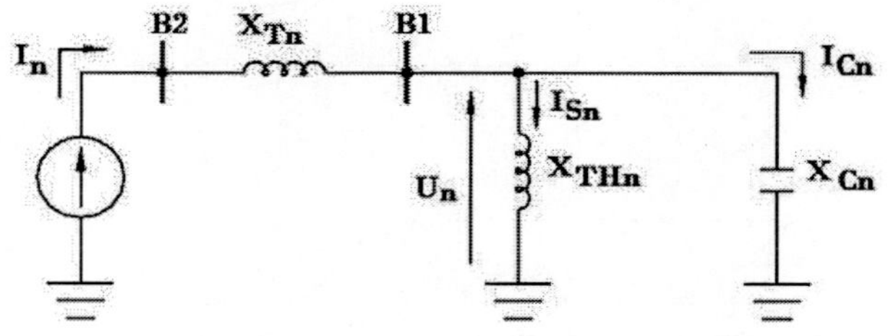

ONDE: $$U_n = \frac{(X_{TH1}) \cdot (X_{C1})}{(n \cdot X_{TH1} - \frac{X_{C1}}{n})} \cdot I_n$$

SE: $(n \cdot X_{TH1} - \frac{X_{C1}}{n}) = 0 \Rightarrow U_n = \text{INFINITO}$

FIGURA 6 - CONDIÇÃO PARA SOBRETENSÃO NO BARRAMENTO B1 COM UM BANCO DE CAPACITORES

Assim sendo, para o harmônico de ordem n, na figura 6, pode-se determinar a tensão na barra B1 (U_n) que será dada por

$$\dot{U} = \frac{(jX_{THn}) \cdot (-jX_{Cn})}{(jX_{THn} - jX_{Cn})} \cdot \dot{I}_n = \dot{Z}_{2n} \cdot \dot{I}_n \tag{4}$$

Ou ainda:

$$\dot{U}_n = j \cdot \frac{X_{TH1} \cdot X_{C1}}{\dfrac{X_{C1}}{n} - n.X_{TH1}} \cdot \dot{I}_n \tag{5}$$

Observa-se na equação (5) que haverá a possiblidade do denominador ser nulo, ou seja:

$$\frac{X_{C1}}{n} - n.X_{TH1} = 0 \tag{6.1}$$

Sempre existirá um valor de n onde:

$$\frac{X_{C1}}{n} - n.X_{TH1} \tag{6.2}$$

O valor de n que atende a equação (6.2) está relacionado a seguir.

$$n = \sqrt{\frac{X_{C1}}{X_{TH1}}} \tag{6.3}$$

Utilizando expressão (6.3) na equação (5), a tensão na barra B1, tende ao infinito como mostrado em (6.4),

$$\dot{U}_n = j \cdot \frac{X_{TH1} \cdot X_{C1}}{\dfrac{X_{C1}}{n} - n \cdot X_{TH1}} \cdot \dot{I} = j \cdot \frac{X_{TH1} \cdot X_{C1}}{\dfrac{X_{C1}}{\sqrt{\dfrac{X_{C1}}{X_{TH1}}}} - \sqrt{\dfrac{X_{C1}}{X_{TH1}}} \cdot X_{TH1}} = j \cdot \frac{X_{TH1} \cdot X_{C1}}{0} \to \infty \tag{6.4}$$

Destaque importante: para o valor de **n** mostrado em (6.3), **a tensão U_n será infinita**, ou seja, ocorre uma ressonância no sistema elétrico. Quando ocorre esta condição operacional o sistema elétrico é danificado.

Calculando-se a tensão U_n e ainda considerando-se In igual a 1 [pu] na base de cada harmônico tem-se (em módulo):

$$U_n = Z_{2n} \tag{7}$$

Onde:

$$Z_{2n} = \left(\frac{X_{THn} \cdot X_{Cn}}{X_{Cn} - X_{THn}} \right) = \left(\frac{n.X_{TH1} \cdot X_{C1}}{X_{C1} - n^2 \cdot X_{TH1}} \right) \tag{8}$$

Na expressão anterior considerou-se, X_{THn} e X_{Cn} obtidos conforme equações (9) e (10) a seguir:

$$X_{THn} = n.X_{TH1} \tag{9}$$

e

$$X_{Cn} = \frac{X_{C1}}{n} \tag{10}$$

Por outro lado, o valor da reatância capacitiva na frequência fundamental, para a condição de ressonância, poderá ser relacionado com a reatância indutiva do sistema através de:

$$X_{C1} = n_s^2 \cdot X_{TH1} \tag{11}$$

Onde n_s é o valor de n que anula o denominador da expressão (8).

Levando-se a equação (11) na equação (8) tem-se:

$$\dot{Z}_{2n} = jX_{TH1} \cdot \left[\frac{n.n_s^2}{n_s^2 - n^2} \right] \tag{12}$$

O valor da corrente no ramal do banco de capacitores, conforme figura 6, é dado por:

$$I_n = \frac{n^2}{\left(n^2 - n_s^2 \right)} \cdot I_n \tag{13}$$

Tomando por base que $I_n = 1$ [pu] para cada harmônico, tem-se na equação anterior, I_{CN} dado pela equação (14):

$$I_n = \frac{n^2}{\left(n^2 - n_s^2 \right)} \tag{14}$$

A corrente injetada na fonte de energia (sistema), com base em (13) é dada por:

$$I_{Sn} = I_n - I_n = \left(1 - \frac{n^2}{\left(n^2 - n_s^2 \right)} \right) \cdot I_n = \frac{-n_s^2}{\left(n^2 - n_s^2 \right)} \cdot I_n \tag{15}$$

Analogamente ao caso anterior, tomando por base que $I_n = 1$ [pu] para cada harmônico, tem-se utilizando a equação (15):

$$I_{Sn} = \frac{-n_S^2}{\left(n^2 - n_S^2\right)} \tag{16}$$

De acordo com a expressão (11), caso o valor de n_S seja **11** ($n_S = 11$) significa que a potência do banco de capacitores é **121** vezes inferior a potência de curto-circuito na barra onde o mesmo será instalado e, se existir um harmônico de corrente de décima primeira ordem ($n = 11$) haverá uma ressonância, ou seja, o valor da corrente no capacitor será infinito vide equação (13) ou ainda (14).

Ou por outro lado, caso o banco de capacitores entre em ressonância com o sistema para o harmônico de ordem $n = n_S$ implica, neste caso, que a tensão na barra B1 poderá ser infinita vide equação (5).

5 - EFEITO DA INSTALAÇÃO DE FILTROS DE HARMÔNICOS

Caso no lugar do banco de capacitores se instale filtro sintonizado tem-se, para o harmônico de ordem n, o diagrama de impedâncias mostrado na figura 8 e resumidamente na figura 9, onde a impedância equivalente (de Thevenin) a partir da barra B1 é dada por:

$$\dot{Z}_{2Fn} = \frac{\left(jX_{THn}\right) \cdot \left(-jX_{Cn} + jX_{Rn}\right)}{\left(jX_{THn} - jX_{Cn} + jX_{Rn}\right)} \tag{17}$$

O módulo da tensão na barra B1 nesta condição é dado por:

$$U_n = \frac{\left(n.X_{TH1}\right) \cdot \left(n.X_{R1} - \dfrac{X_{C1}}{n}\right)}{n.X_{TH1} + n.X_{C1} - \dfrac{X_{C1}}{n}} \cdot I_n \tag{18}$$

Se a parcela do denominador e do numerador relacionado a seguir for nula, ou seja:

$$n.X_{R1} - \frac{X_{C1}}{n} = 0 \tag{19}$$

Utilizando expressão (19) na equação (18), a tensão na barra B1, ao invés de apresentar um valor infinito como mostrado em (6.4), ela será nula, como mostrado em (20), eliminando, portanto, a ressonância.

$$U_n = \frac{\left(n.X_{TH1}\right) \cdot \left(n.X_{R1} - \dfrac{X_{C1}}{n}\right)}{n.X_{TH1} + X_{C1} - \dfrac{X_{C1}}{n}} \cdot I_n = \frac{\left(n.X_{TH1}\right) \cdot \left(0\right)}{n.X_{TH1} + 0} \cdot I_n = 0 \tag{20}$$

A corrente nos ramos do filtro de harmônicos e no sistema de suprimento de energia em função do harmônico de corrente "fornecido" pela CEE é dada pelas expressões a seguir, para cada ordem do harmônico.

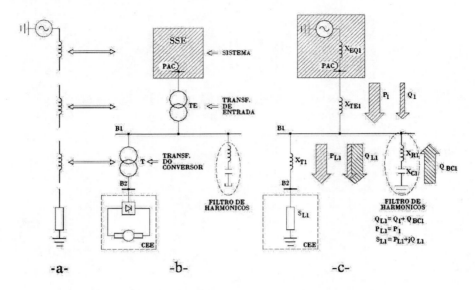

FIGURA 7 - INSTALAÇÃO DE FILTROS DE HARMÔNICOS

a. Representações dos componentes do sistema
b. Diagrama unifilar
c. Fluxo de carga na frequência industrial

Para o harmônico de ordem n, a figura 7 anterior deve ser modificada substituindo a carga elétrica especial por uma fonte de corrente como mostra a figura 8, e já feito anteriormente nas figuras 3 e 5.

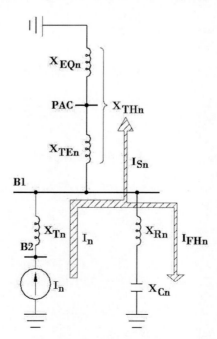

FIGURA 8 - DIAGRAMA DE IMPEDÂNCIAS DO FLUXO HARMÔNICO PARA DETERMINAÇÃO DA TENSÃO NO BARRAMENTO B1 COM UM BANCO DE CAPACITORES

Na figura 8 tem-se:

$X_{THn} = X_{EQn} + X_{TEn}$

Naturalmente, os parâmetros da figura 8 variam com a frequência e como já mostrado anteriormente, os mesmos são dados por:

$X_{EQn} = n.X_{EQ1}$

$X_{TEn} = n.X_{TE1}$

$X_{THn} = n.X_{TH1}$

$X_{Rn} = n.X_{R1}$

$X_{CN} = \dfrac{X_{C1}}{n}$

A partir da figura 8, pode-se chegar ao diagrama de impedâncias mostrado na figura 9, o qual está suficientemente simplificado para se determinar a tensão Un com a inclusão do filtro de harmônicos no lugar do banco de capacitores.

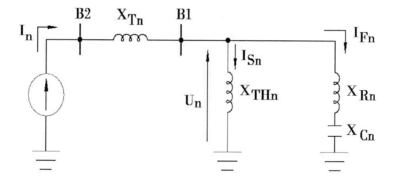

ONDE: $U_n = \dfrac{(n.X_{TH1}).(n.X_{R1} - \dfrac{X_{C1}}{n})}{(n.X_{TH1} + n.X_{C1} - \dfrac{X_{C1}}{n})} . I_n$

SE: $(n.X_{R1} - \dfrac{X_{C1}}{n}) = 0 \implies U_n = 0$

FIGURA 9 - CONDIÇÃO PARA EVITAR A RESSONÂNCIA EM UMA DADA FREQUÊNCIA

Para o sistema da figura 9, fazendo-se a ressonância do filtro ocorrer para uma frequência n_0 vezes a frequência fundamental, tem-se a equação (21):

$$\frac{X_{C1}}{n_0} = n_0 \cdot X_{R1} \tag{21}$$

Com base nas expressões (11) e (21), pode-se determinar X_{R1} conforme mostra a equação (22):

$$X_{R1} = \left(\frac{n_s}{n_0}\right)^2 \cdot X_{TH1} \tag{22}$$

Com base em (11) e (22), a expressão (17) torna-se:

$$\dot{Z}_{2Fn} = jX_{TH1} \cdot \left\{ \frac{n\left[(nn_s)^2 - (n_s n_0)^2\right]}{\left[(nn_0)^2 - (nn_s)^2 - (n_s n_0)^2\right]} \right\} \tag{23}$$

A expressão (23) assume o valor infinito para $n = n_R$ conforme mostra a equação (24):

$$n_R = \frac{n_s \cdot n_0}{\sqrt{n_0^2 + n_s^2}} \tag{24}$$

Analogamente, ao item anterior, expressões (13 a 16), o valor da corrente através do filtro de harmônicos (vide I_{Fn} figura 9) é dado por:

$$I_{Fn} = \frac{(nn_0)^2}{(nn_0)^2 + (nn_s)^2 - (n_s n_0)^2} \cdot I_n \tag{25}$$

Considerando como anteriormente que $I_n = 1$ [pu] para cada harmônico, tem-se a partir da equação anterior que:

$$I_{Fn} = \frac{(nn_0)^2}{(nn_0)^2 + (nn_s)^2 - (n_s n_0)^2} \cdot {}_n \tag{26}$$

Nota-se que, ao definir o filtro de harmônicos em uma determinada frequência de sintonia n_0 vezes a frequência fundamental, irá ocorrer uma ressonância a uma frequência n_R vezes a fundamental sendo $n_R < n_0$. Se n_R coincidir com um harmônico existente na rede o filtro é inadequado.

A figura 10 mostra os fluxos de corrente nos ramos para um determinado harmônico de ordem n injetado a partir da carga elétrica especial.

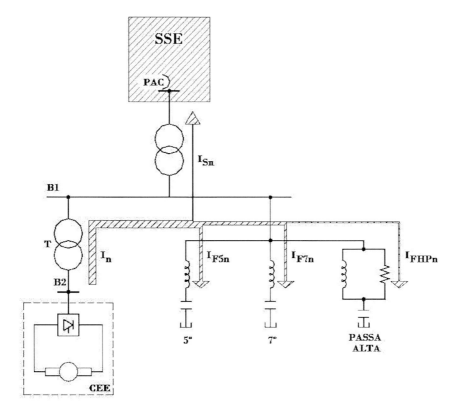

FIGURA 10 - SISTEMA COM TRÊS FILTROS DE HARMÔNICOS

Na figura 11 tem-se o diagrama de impedâncias para com os fluxos de corrente em todos os ramos do sistema elétrico da figura 10. Notar que nesta configuração não é possível haver ressonância se os filtros de quinta, sétima e passa alta forem escolhidos de modo adequado.

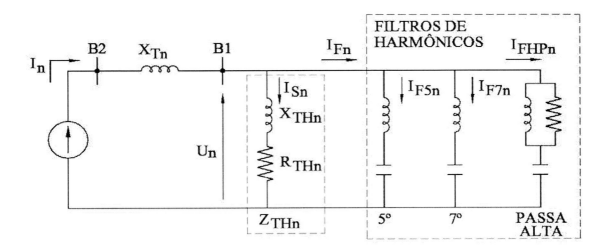

FIGURA 11 - DIAGRAMA DE IMPEDÂNCIA PARA O SISTEMA DA FIGURA 10

Na referência [74] pode-se observar as configurações e todas as características utilizadas durante o projeto dos filtros de harmônicos de Itaipu.

6 - EXEMPLO DE APLICAÇÃO

Considere o sistema mostrado na figura 12 a seguir.

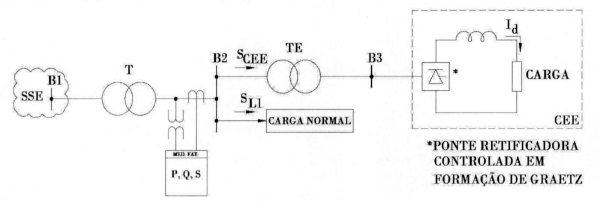

FIGURA 12 - SISTEMA EM ANÁLISE

Admita, para o sistema da figura anterior, os seguintes dados:

- S_{CC}: 1 [GVA];
- T: 138/13,8 [KV] - 10 [MVA] - X_T = 8%;
- TE: 13,8/4,16 [KV] - 5 [MVA] - X_T = 7%;
- I_d = 500 [A].

Considerando que o sistema de medição mostrado na figura 12 indicou os seguintes valores (a 60 [Hz]):

- Potência ativa medida (P): 3,89 [MW];
- Fator de potência atual (FP_{ATUAL}): 0,85 [pu].

Definir um banco de capacitores para ser instalado na barra B2 para elevar o fator de potência ($FP_{DESEJADO}$) para 0,94.

6.1 - SOLUÇÃO

A potência reativa do banco de capacitores para a correção do fator de potência pode ser calculada através da seguinte expressão:

$$Q_{BC} \cong P \, [tg \, (acos(FP_{ATUAL})) - tg \, (acos(FP_{DESEJADO}))]$$

Com base nos valores definidos anteriormente, a potência reativa mínima necessária será de:

$Q_{BC} \cong 3.89 \, [\text{tg}(\text{acos}(0,85)) - \text{tg}(\text{acos}(0,94))] = 0,9989 \, [\text{Mvar}]$

Portanto, o banco de capacitores a ser instalado, a princípio, deverá ter a potência reativa (Q_{BC}) e tensão de operação (U_{BC}) relacionadas a seguir:

$Q_{BC} \cong 1 \, [\text{Mvar}]$ e $U_{BC} = 13,8 \, [\text{kV}]$

Ao instalar o banco de capacitores na barra B2, o diagrama unifilar de impedâncias na frequência fundamental está indicado na figura 13 a seguir.

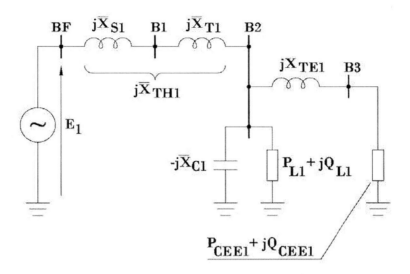

FIGURA 13 - DIAGRAMA DE IMPEDÂNCIAS NA FREQUÊNCIA FUNDAMENTAL

A figura 14 ilustra o comportamento da tensão em função do tempo obtido utilizando-se um programa de fluxo harmônico para o sistema, mostrado na figura 13, sem considerar o banco de capacitores. Notar que a tensão na barra B2 é distorcida com valor máximo ligeiramente inferior a 1,5 [pu].

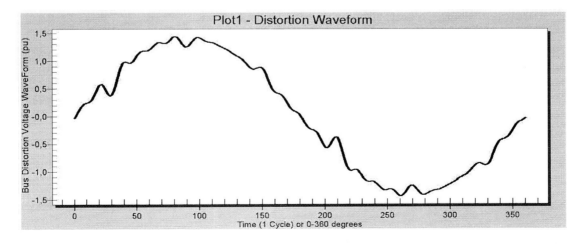

FIGURA 14 - FORMA DE ONDA DA TENSÃO NA BARRA B2 SEM CONSIDERAR O EFEITO DO BANCO DE CAPACITORES

O diagrama de impedâncias para os harmônicos de ordem n (n ³ 2), após instalação do banco de capacitores na barra B2, está mostrado na figura 15. Nesta figura e nas próximas, por simplicidade de cálculo, desconsiderou-se o efeito da carga própria da barra B2 (vide SL1 na figura 12 que foi convertido para PL1 + jQL1 na figura 13).

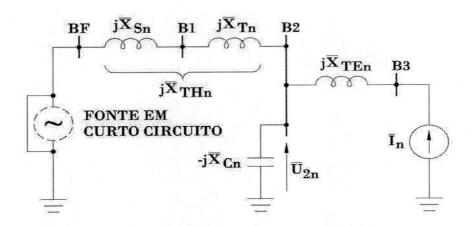

FIGURA 15 - DIAGRAMA DE IMPEDÂNCIAS PARA O HARMÔNICO DE ORDEM n CORRESPONDENTE A FIGURA 12

Para se determinar os harmônicos de tensão e corrente é mais conveniente analisar o sistema em por unidade (pu), adotando-se as seguintes bases:

$S_{base} = 10$ [MVA]

$U_{baseB1} = 138$ [kV]

Uma vez estipulada a tensão base na barra B1, calcula-se a tensão base nas barras B2 e B3, conforme a seguir:

$U_{baseB2} = 138 * (13,8 / 138) = 13,8$ [kV];

$U_{baseB3} = 13,8 * (4,16 / 13,8) = 4,16$ [kV]

O harmônico de corrente por unidade é determinado conforme a seguir:

$$\bar{I}_n = \frac{I_n}{I_{basesB3}}$$

$$I_n = \frac{1}{n}\left(500 \cdot \frac{\sqrt{6}}{\pi}\right)$$

$$I_{basesB3} = \frac{10000}{\sqrt{3}.4,16}$$

Logo, a corrente injetada na barra B3 em pu é dada por:

$$\bar{I} = \frac{1}{n}\left(500 \cdot \frac{\sqrt{6}}{\pi}\right) \cdot \frac{1}{\dfrac{10000}{\sqrt{3}.4,16}} = \frac{1}{n} \cdot 0,2809$$

Os valores das reatâncias nas bases definidas anteriormente estão apresentados a seguir em pu:

$$\overline{X}_{Sn} = n\overline{X}_{S1} = n\frac{10}{1000} = n.0,01$$

$$\overline{X}_{Tn} = n\overline{X}_{T1} = n.0,08$$

$$\overline{X}_{cn} = \frac{\overline{X}_{C1}}{n} = \frac{\dfrac{10}{1}}{n} = \frac{10}{n}$$

Assim sendo:

$$\overline{X}_{THn} = n.0,01 + n.0,08 = n.0,09$$

Verifica-se que a reatância equivalente vista da barra B2 é proporcional a 0,09. Logo, sem o banco de capacitores, a tensão na barra B2 é dada pela seguinte expressão:

$$\overline{U}_{2n} = \overline{X}_{THn} \cdot \overline{I}_{n} = (n.0,09) \cdot \left(\frac{1}{n} \cdot 0,2809\right) = 0,02528$$

De acordo com a última expressão, sem a inclusão dos bancos de capacitores, a distorção de tensão na barra B2 é a mesma (2,528%) para qualquer harmônico de ordem n, porém ao incluir o banco de capacitores a distorção de tensão na barra B2 é dada por:

$$\overline{U}_{2n} = \frac{\left[\left(j.\overline{X}_{THn}\right) \cdot \left(-j\overline{X}_{Cn}\right)\right]}{\left[j\overline{X}_{THn} - j\overline{X}_{Cn}\right]} \cdot \overline{I}_{n}$$

$$\overline{U}_{2n} = \frac{0,9}{jn.0,09 - j\dfrac{10}{n}} \cdot \overline{I}_{n}$$

Em módulo:

$$\overline{U}_{2n} = \frac{\left[\left(j.\overline{X}_{THn}\right)\cdot\left(-j\overline{X}_{Cn}\right)\right]}{\left[j\overline{X}_{THn} - j\overline{X}_{Cn}\right]} \cdot \overline{I}_n$$

$$\overline{U}_{2n} = \frac{0,9}{\left(n.0,09 - \dfrac{10}{n}\right)} \cdot \left(\dfrac{0,2809}{n}\right)$$

Com base na expressão anterior, os harmônicos de tensão na barra B2 estão apresentados na tabela 1 a seguir:

TABELA 1 - TENSÕES NA BARRA B2 PARA CADA HARMÔNICO DE ORDEM n	
n	$\overline{U}_{2n}$
5	0,0326
7	0,0452
11	0,2841
13	0,0485
17	0,0158
19	0,0112

Observa-se na tabela 1, apresentada anteriormente, por exemplo, que a tensão na barra 2 para o 11º harmônico é de 28,41% e para o 7º harmônico é de apenas 4,52%. Estes valores ultrapassam as exigências previstas em normas internacionais. Diferentemente da forma de onda, mostrada na figura 14, ao inserir o banco de capacitores, o valor máximo da tensão na barra B2 em função do tempo, conforme mostrado na figura 16 supera 1,5 [pu].

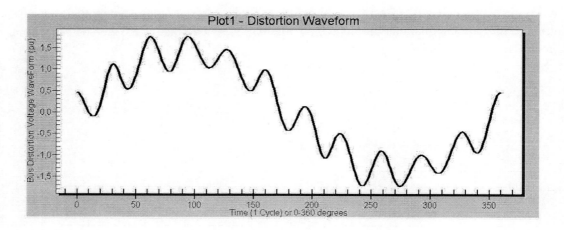

FIGURA 16 - FORMA DE ONDA DA TENSÃO NA BARRA B2 CONSIDERANDO O EFEITO DO BANCO DE CAPACITORES (COMPARAR O RESULTADO COM O DA FIGURA 14)

6.2 - DEFINIÇÃO DO FILTRO DE HARMÔNICOS DE 11ª ORDEM

Observando os resultados obtidos na tabela 1, verifica-se que a maior distorção de tensão ocorre para o harmônico de 11ª ordem. Logo, aparentemente, a primeira providência seria especificar um filtro de harmônicos de 11ª ordem para eliminar a distorção de tensão nesta frequência de 660 [Hz] (11 * 60 = 660). Todavia, os valores dos harmônicos de tensão para esse filtro não serão adequados, visto que irá, certamente, ocorrer uma ressonância para um determinado harmônico, abaixo da 11ª ordem.

Embora este filtro não seja adequado para o sistema, o procedimento para especificá-lo está identificado no Capítulo X, onde se verifica que a tensão nominal do banco de capacitores deve ser superior a 13,8 [kV]. Como critério de projeto adota-se neste caso que a tensão nominal (U_{BCN}) do banco de capacitores será de 15 [kV] e, portanto, a potência reativa de 1 [Mvar] deve ser corrigida da seguinte forma:

$$Q_{BC} = 1 \cdot \left(\frac{15}{13,8} \right)^2 = 1,1815 [M\,var]$$

Como de um modo geral o banco de capacitores é constituído por três unidades e o valor da potência reativa nominal mais próxima ao calculado será de:

$Q_{BCN} = 1,2$ [Mvar] e $U_{BN} = 15$ [kV]

Assim sendo a reatância capacitiva na frequência fundamental (X_{C1}) será de:

$$X_{C1} = \frac{(15)^2}{1,2} = 187,50 [\Omega]$$

$$\overline{X}_{C1} = \frac{187,50}{\dfrac{(13,8)^2}{10}} = 9,8456 [pu]$$

A reatância indutiva do reator para compor o filtro de harmônicos deverá entrar em ressonância para a frequência de 11ª ordem, ou seja:

$$X_{R1} = \frac{X_{C1}}{n} = \frac{X_{C1}}{11} = 0,091.X_{C1}$$

Como mostrado no capítulo X, a reatância capacitiva não deve ser exatamente igual a um múltiplo inteiro de X_{R1}. Assim sendo, será adotado neste caso que o valor de X_{C1} será de 11,765 vezes X_{R1}, ao invés de 11 vezes indicado anteriormente. Logo, o valor de X_{R1} em relação a X_{C1} será de:

$$X_{R1} = \frac{\overline{X}_{C1}}{11,765} = 0,0085.\overline{X}_{C1} = 0,0085.9,8456 = 0,08369 [`pu]$$

O circuito equivalente, neste caso, está mostrado na figura 17 a seguir que, naturalmente, é similar ao da figura 15 onde são alterados apenas os valores de X_{R1} e X_{C1}, mudando por consequência a frequência de ressonância.

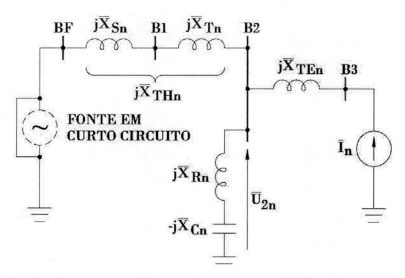

FIGURA 17 - DIAGRAMA DE IMPEDÂNCIAS PARA O SISTEMA DA FIGURA 12 APÓS A INCLUSÃO DE UM FILTRO DE HARMÔNICOS NA BARRA B2

Na figura 17 tem-se:

$$\overline{X}_{THn} = n.0,09$$

$$\overline{X}_{Rn} = n.0,08369$$

$$\overline{X}_{Cn} = \frac{9,8456}{n}$$

De modo análogo, a tensão na barra B2 é dada por:

$$U_{2n} = \frac{(n.0,09)\left(n.0,5907 - \dfrac{9,8456}{n}\right)}{\left(n.(0,09+0,5907) - \dfrac{9,8456}{n}\right)} \cdot \frac{0,2809}{n}$$

Analogamente ao que foi obtido anteriormente, pode-se montar a TABELA 2 mostrada a seguir.

TABELA 2 - TENSÕES NA BARRA B2 PARA CADA HARMÔNICO DE ORDEM n	
n	$\overline{U}_{2n}$
5	0,0357
7	0,1115
11	0,0027
13	0,0056
17	0,0090
19	0,0097

Observa-se na tabela 2 que o 7º harmônico de tensão, contrariamente ao resultado apresentado na tabela 1, aumentou de 4,52% para 11,15% ao instalar o filtro de harmônicos de 11ª ordem, ou seja, houve um aumento na distorção de tensão para o harmônico de ordem mais baixa. Como era de se esperar o harmônico de tensão de 11ª ordem foi reduzido de 28,41% (vide tabela 1) para 0,27% (vide tabela 2). A figura 18 ilustra a forma de onda correspondente da tensão na barra B2 após a inclusão do filtro de harmônicos.

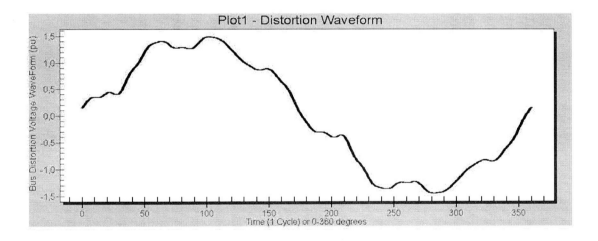

FIGURA 18 - FORMA DE ONDA DA TENSÃO NA BARRA B2 CONSIDERANDO O EFEITO DO FILTRO DE HARMÔNICOS DE 11ª ORDEM

6.3 - DEFINIÇÃO DO FILTRO DE HARMÔNICOS PADRÃO

Para o sistema em análise, adota-se um filtro de harmônicos com uma outra frequência de ressonância denominado neste livro de filtro de harmônicos padrão. Neste caso, a frequência de sintonia é obtida da consideração que a reatância indutiva do reator é da ordem de 6% da reatância capacitiva do banco de capacitores (ambos na frequência fundamental). Este filtro de harmônicos que também corrige o fator de potência tem-se mostrado eficiente nos casos práticos. Assim o reator a ser colocado em série com o banco de capacitores deverá ter uma reatância indutiva a 60 [Hz] (frequência fundamental) dada por:

Considerando que X_{R1} é 6% de $X_{C1,}$ a frequência de sintonia neste caso é dada por:

$$f_S = n_S \cdot 60$$

onde,

$$n_s = \sqrt{\frac{100}{6}} = 4,08$$

Portanto, a frequência de sintonia será de:

$$fs = 4,08 \cdot 60 = 244 \, [Hz]$$

O banco de capacitores tem uma reatância capacitiva na frequência (X_{C1}) fundamental definida anteriormente como sendo de 187,50 [Ω] que corresponde a 9,8456 [pu] (vide item 6.1 deste capítulo).

Colocando-se em série um reator de:

$$\overline{X}_{R1} = 0,06 \overline{X}_{C1} = 0,5907 \, [pu]$$

O novo valor de U_{2n} será obtido a partir do circuito mostrado na figura 17, porém com os valores necessários às equações dados através das equações a seguir:

$$\overline{X}_{THn} = n.0,09$$

$$\overline{X}_{Rn} = n.0,5907$$

$$\overline{X}_{CN} = \frac{9,8456}{n}$$

De modo análogo ao item 6.2, a tensão na barra B2 para este filtro de harmônicos padrão deve ser calculada conforme a seguir:

$$\overline{U}_{2n} = \frac{(n.0,09)\left(n.0,5907 - \dfrac{9,8456}{n}\right)}{\left(n.(0,09 + 0,5907) - \dfrac{9,8456}{n}\right)} \cdot \frac{0,2809}{n}$$

Analogamente ao que foi obtido no item 6.2, os harmônicos para cada frequência de ordem n considerando o filtro padrão estão mostrados na tabela 3 a seguir.

TABELA 3 - TENSÕES NA BARRA B2 PARA CADA HARMÔNICO DE ORDEM n	
n	$\overline{U}_{2n}$
5	0,0174
7	0,0206
11	0,0215
13	0,0216
17	0,0218
19	0,0218

Observa-se na tabela 3 que praticamente todos os harmônicos de tensão na barra B2 ficaram menores a 2,5% e, portanto, inferiores aos harmônicos de tensão calculados na condição sem bancos de capacitores ou filtros de harmônicos que foi de 2,528%. A figura 19 ilustra a forma de onda correspondente da tensão na barra B2 após a inclusão do filtro de harmônicos padrão em 6%. Comparar as figuras 18 com a 19 onde se verifica que a adoção do filtro de harmônico padrão é a mais vantajosa.

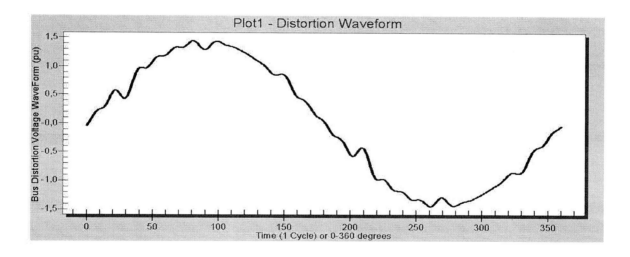

FIGURA 17 - FORMA DE ONDA DA TENSÃO NA BARRA B2 CONSIDERANDO O EFEITO DO FILTRO DE HARMÔNICOS PADRÃO

As figuras 20, 21 e 22 ilustram as comparações da forma de onda da tensão na barra B2 em função do tempo para os três casos analisados no item 6 deste Capítulo. Notar na figura 22 que as formas de onda da tensão na barra B2 praticamente são idênticas, ou seja, o filtro de harmônicos padrão no caso analisado não ampliou a distorção de tensão existente na condição original do sistema elétrico mostrado na figura 12.

290 · CAPACITORES DE POTÊNCIA E FILTROS DE HARMÔNICOS

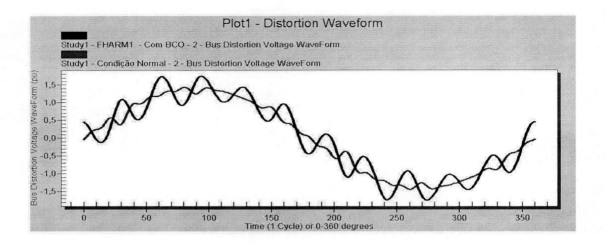

FIGURA 20 - FORMA DE ONDA DA TENSÃO NA BARRA B2 NAS CONDIÇÕES SEM E COM BANCO DE CAPACITORES

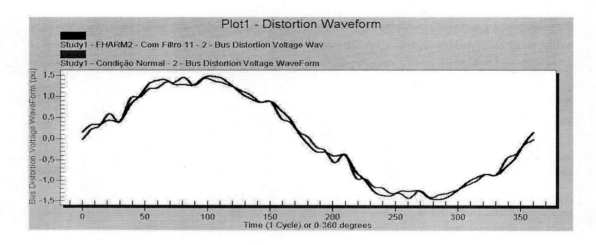

FIGURA 21 - FORMA DE ONDA DA TENSÃO NA BARRA B2 NAS CONDIÇÕES SEM E COM FILTRO DE HARMÔNICOS DE 11ª ORDEM

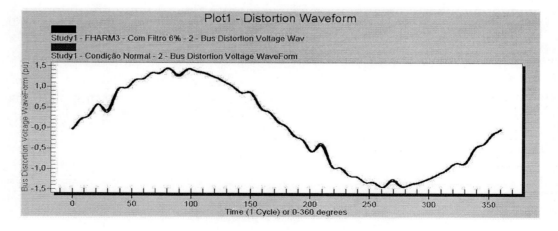

FIGURA 22 - FORMA DE ONDA DA TENSÃO NA BARRA B2 NAS CONDIÇÕES SEM E COM FILTRO DE HARMÔNICOS PADRÃO

CAPÍTULO X
PROJETO BÁSICO DE FILTROS DE HARMÔNICOS INCLUINDO A CORREÇÃO DO FATOR DE POTÊNCIA

1 - INTRODUÇÃO

Este capítulo procura apresentar os critérios para a definição dos filtros de harmônicos considerando:

- A correção do fator de potência;
- A absorção de harmônicos de corrente.

Para definir os filtros de harmônicos é necessário utilizar um programa denominado de Fluxo de Harmônicos (FH) que toma por base os harmônicos de corrente "injetados" em determinados barramentos pelas Cargas Elétricas Especiais (CEE) e calcula as distorções das tensões ao longo do sistema elétrico. Um programa que pode ser utilizado com essa finalidade é o MicroTran (vide [72]). O capítulo IX mostrou o passo a passo de um estudo de fluxo harmônico típico.

A definição do filtro de harmônicos deve ser feita de modo a se obter o menor custo de implantação e o maior benefício, ou seja, reduzir a distorção de tensão no sistema elétrico ao mínimo possível buscando melhorar ao máximo a qualidade de energia elétrica. Além desses objetivos, devem ser levadas em conta possíveis alterações de composição do sistema e de sua própria evolução. Portanto, devem ter filtros confiáveis e operacionalmente flexíveis para que possam regularmente atender as necessidades da carga e do sistema.

Os filtros de harmônicos são projetados para reduzir o fluxo de corrente a partir do ponto onde ele é conectado e diminuir as distorções de tensão ao longo do sistema de distribuição. Os filtros de harmônicos são definidos para uma determinada frequência ou faixa de frequências. Os filtros de harmônicos em derivação "shunt" proporcionam um caminho de baixa impedância para os harmônicos de corrente evitando-se assim, a proliferação desses harmônicos no restante do sistema. Com isto, consegue-se o principal objetivo que é de reduzir ao máximo a amplitude desses harmônicos e também corrigir o fator de potência.

Ainda hoje existem estudos sobre a compensação de harmônicos, e a diversidade de critérios e limites estabelecidos pelas normas vigentes em outros países é um exemplo das dificuldades que o problema oferece. No Brasil (em 2016), apesar de ainda não existir uma norma estabelecida através de lei sobre o assunto, os limites previstos constam nas referências dos órgãos reguladores [26] e [28].

Os filtros de harmônicos passivos, objeto deste Capítulo, devem ser instalados no sistema elétrico com as seguintes finalidades básicas:

- Atendimento aos limites de distorção estabelecidos pelos órgãos reguladores;
- Eliminação de possíveis ressonâncias no sistema de distribuição de energia elétrica interno ou externo à indústria, ou seja, obstruir quaisquer possibilidades de ressonância no sistema;
- Dimensionados adequadamente para evitar ressonâncias ou sobrecargas.

292 · CAPACITORES DE POTÊNCIA E FILTROS DE HARMÔNICOS

Estes critérios devem ser seguidos a fim de que se possa obter a maximização dos benefícios a um custo menor possível.

2 - PROJETO BÁSICO DE FILTROS DE HARMÔNICOS

Este item, deste capítulo, prevê apresentar o projeto básico de um filtro de harmônicos do tipo derivação ("shunt") de alto fator de qualidade (faixa estreita) para que proporcionem uma redução adequada dos harmônicos de tensão e o suprimento de uma parcela (especificada) de potência reativa à frequência fundamental para corrigir o fator de potência. Ambos os objetivos deverão ser atingidos com um mínimo custo.

De um modo geral, quanto maior a intensidade dos harmônicos de corrente menor será sua frequência (ordem do harmônico), o que acarreta na utilização de filtros de baixas impedâncias para frequências iguais ou próximas desses harmônicos. A utilização de filtros individuais para cada harmônico (de baixa ordem) é mais econômico do que se utilizar um único filtro de faixa larga que proporcione impedâncias suficientemente baixas em diversas frequências.

Existem diversas formas para se definir as características que os filtros de harmônicos deverão ter para reduzir as distorções de tensão e eliminar os harmônicos de corrente injetados na rede elétrica. Todos os métodos tomam por base o espectro de harmônicos das correntes produzidas pelas cargas não lineares e os limites de distorção de tensão (FDU) e corrente (FDI), bem como o valor máximo de interferência telefônica ("IT factor") que devem ser atendidos.

Depois de estabelecidos os limites a serem atendidos e os harmônicos de corrente das cargas não lineares, o projeto do filtro consistirá em especificar e associar de modo adequado os capacitores, indutores e resistores que farão parte do filtro de harmônicos. Os filtros de harmônicos podem ser determinados para correção do fator de potência (item 4 deste Capítulo) ou para absorver os harmônicos de corrente (item 7 deste Capítulo).

O método normal para determinar os filtros de harmônicos é através da injeção de corrente em um determinado ponto do sistema até que a distorção de tensão e de corrente atenda aos limites estabelecidos.

Em [51], pode-se observar o método que utiliza o Lugar Geométrico (LG) envolvendo as admitâncias da rede básica (tensão de operação acima de 230 [kV]), de modo que a partir do Equivalente Norton determinam-se as distorções de tensão a serem comparadas com os limites previstos em [28]. Na concepção do método, as cargas no sistema de distribuição de energia ficam desconsideradas e os harmônicos de corrente produzidos pelo acessante são injetados no ponto onde o acoplamento com a rede será feito. Este processo, segundo [39], é conservativo, mas é o método necessário a ser utilizado pelos acessantes à rede básica para definição dos filtros de harmônicos a serem instalados nas indústrias no Brasil (em 2017).

2.1 - EQUAÇÕES GERAIS

O filtro sintonizado possui a configuração básica constituída pelos elementos R, L e C, conforme apresentado na figura 1. Portanto, a impedância do filtro de harmônicos a uma determinada frequência (f_n) é dada por:

$$\dot{Z}_{Fn} = R + j\left(\omega L - \frac{1}{\omega C}\right) \quad (1)$$

$$\omega = 2.\pi.f_n \quad (2.1)$$

$$f_n = n.f_1 \quad (2.2)$$

$$\omega_1 = 2.\pi.f_1 \quad (2.3)$$

$$\omega = n.\omega_1 \quad (2.4)$$

Onde:

- f_1: frequência industrial (fundamental);
- f_n: frequência do harmônico de ordem n;
- ω_1: frequência angular industrial;
- n: ordem do harmônico considerado.

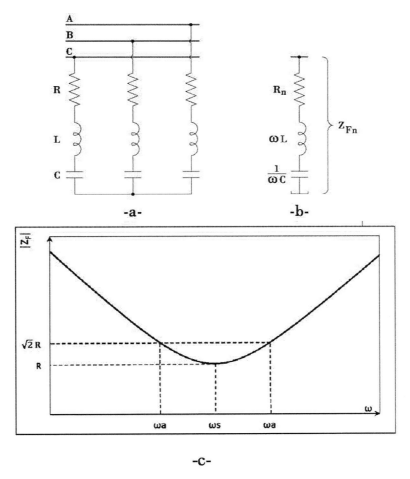

FIGURA 1 - CONFIGURAÇÃO BÁSICA DO FILTRO

a - Diagrama trifilar;
b - Diagrama unifilar de impedâncias;
c - Curva típica da impedância do filtro de harmônicos em frequência angular.

A curva característica da impedância típica do filtro de harmônicos em função da frequência angular (Z_{Fn} = f(ω)) está mostrada na figura 4.a do capítulo VIII e similarmente na figura 3.a, também do capítulo VIII. A equação característica da figura 1.b anterior é mostrada a seguir:

$$Z_{Fn} = R_n + j\omega L - j1/(\omega C);$$

$$\omega = 2.\pi.f;$$

$$f = n.f_1$$

Onde:

- Z_{Fn}: impedância do filtro em função da frequência angular;
- R_n: resistência do filtro na frequência do harmônico de ordem n;
- ω: frequência angular:
- L: indutância do filtro de harmônicos;
- C: capacitância do filtro de harmônicos;
- n: ordem do harmônico;
- f_1: frequência fundamental do sistema elétrico.

Na operação normal dos filtros de harmônicos deve-se considerar que as capacitâncias variam com a temperatura e a configuração do sistema elétrico que muda em função de manobras (ligar e desligar transformadores, linhas de transmissão, cabos, geradores, etc.). Além disso, deve-se considerar ainda que a frequência do sistema de distribuição de energia elétrica pode mudar entre 57 e 63 [Hz] (permitido no Brasil em 2016). Por outro lado, além dessas variações citadas, os harmônicos de corrente de algumas cargas são variáveis, por exemplo, fornos a arco, máquinas de solda, inversores de frequência, entre outros, sendo por vezes necessária a sua compensação dinâmica utilizando-se filtros de harmônicos ativos, conforme comentado no final do capítulo VIII.

Ao projetar um filtro de harmônicos, deve-se considerar as variações dos parâmetros citados no sistema elétrico sem que sua eficiência seja alterada. Ao mesmo tempo, a banda de passagem dos filtros deve acomodar as variações de capacitâncias e indutâncias com a temperatura e com a tolerância de fabricação.

A margem de tolerância para valor nominal de capacitância é de -5 a +10%, conforme [8], medida à 25º C, mas na prática pode se encontrar margens menores, desde que haja um acordo com o fabricante. Já para os reatores de pequeno porte, as tolerâncias são da ordem de ±5% podendo determinar um valor específico de comum acordo com o fabricante, e, da mesma forma que para o caso dos capacitores, um acordo entre comprador e fabricante poderá levar a uma tolerância menor, chegando a algo da ordem de ±2% ou até eventualmente ±1%.

Para a frequência de ressonância, a impedância do filtro do tipo sintonizado corresponde, praticamente, ao valor da resistência do reator. A sua banda de passagem está normalmente associada a uma faixa de frequência que corresponde a $|Z_F| = \sqrt{2} R$ (vide figura 1.c). Para esta frequência a reatância resultante é igual à resistência e o ângulo da impedância é de aproximadamente 45º.

CAPÍTULO X PROJETO BÁSICO DE FILTROS DE HARMÔNICOS INCLUINDO A CORREÇÃO DO FATOR DE POTÊNCIA • **295**

Uma vez definido o banco de capacitores (com capacitância C) e o reator (com indutância L) a frequência angular de ressonância para o filtro de harmônicos mostrado na figura 1.b é dada por:

$$\omega_s = \frac{1}{\sqrt{LC}} \tag{3}$$

O desvio da frequência de ressonância pode ser definido como sendo:

$$\delta = \frac{\omega - \omega_s}{\omega_s} \tag{4}$$

Ou seja, quando a frequência da rede mudar (em torno da industrial), como a frequência de sintonia do filtro de harmônicos é praticamente fixa (depende de L e C), a diferença indicada anteriormente na equação (4) irá alterar sua capacidade para absorver os harmônicos de corrente e, portanto, o desvio indicado mostra que a absorção dos harmônicos de corrente não será a mesma do projeto durante as variações de frequência do sistema elétrico.

A reatância do filtro na frequência de ressonância é dada por:

$$X_s = \omega_s.L = \frac{1}{\omega_s.C} = \sqrt{\frac{L}{C}} \tag{5}$$

O fator de qualidade dos filtros de alto fator de qualidade (FQ) é dado por:

$$FQ = \frac{X_s}{R_s} \tag{6}$$

Onde, em (5) e (6), têm-se:

- FQ: fator de qualidade em [pu];
- R_s: resistência do filtro na frequência de sintonia em [Ω];
- X_s: reatância do indutor ou capacitor quando $\omega = \omega_s$ em [Ω].

Pode-se demonstrar para pequenas variações no desvio da frequência angular que a impedância Z_{Fn} do filtro de harmônicos é aproximadamente dada por:

$$\dot{Z}_{Fn} = R_s \left(1 + jFQ.\delta.\frac{2+\delta}{1+\delta} \right) \tag{7}$$

Onde considera-se que C e L são determinados conforme equações a seguir:

$$C = \frac{1}{\omega_s X_s} = \frac{1}{\omega_s.R_s.FQ} \tag{8}$$

$$L = \frac{X_s}{\omega_s} = \frac{R_s.FQ}{\omega_s} \tag{9}$$

De acordo com [48], como na prática $\delta \ll 1$, pode-se escrever:

$$\dot{Z}_{Fn} = R_S \cdot (1 + j2.\delta.FQ)$$

Se considerar que tendendo a zero ($\delta \to 0$) na frequência de sintonia, tem-se:

$$Z_{Fn} = Z_{Fs} = R_S \qquad (10)$$

Portanto, define-se:

$$\dot{Z}_{Fn} = \frac{Z_{Fn}}{Z_{Fs}} = 1 + j2.\delta.FQ \qquad (11)$$

Logo:

$$|Z_{Fn}| = \sqrt{1 + 4.\delta^2.FQ^2} \qquad (12)$$

Ou

$$FQ = \frac{\sqrt{|Z_{Fn}|^2 - 1}}{2.\delta} \qquad (13)$$

O fator de qualidade FQ do filtro sintonizado pode ser considerado igual ao do próprio reator, sendo, portanto, a equação (13) a definidora de uma relação adequada para o fator de qualidade do reator. Na prática precisa-se obter valores de FQ compatíveis com os desvios de impedância Z_{Fn} resultante, atrelados aos desvios da frequência de sintonia (δ). A figura 2 representa a variação da impedância do filtro em função do desvio de sintonia δ, para valores diferentes do fator de qualidade (FQ) do reator.

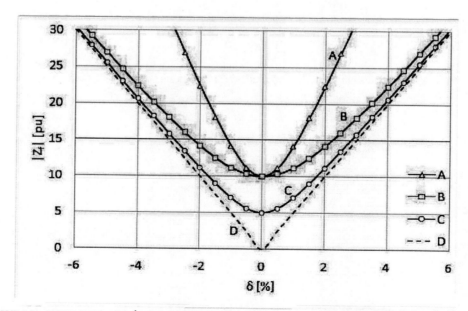

FIGURA 2 - CURVA DE IMPEDÂNCIA VERSUS DESVIO DE SINTONIA PARA UM FILTRO SINTONIZADO

CAPÍTULO X PROJETO BÁSICO DE FILTROS DE HARMÔNICOS INCLUINDO A CORREÇÃO DO FATOR DE POTÊNCIA **• 297**

Para determinar as curvas características A, B e C da figura 2 considerou-se que o módulo da impedância dos filtros de harmônicos é similar ao da equação (12) usando R_s como fator de escala, ou seja:

$$|Z_f| = R_S\sqrt{1 + 4.\delta^2.FQ^2}$$

Por outro lado, a equação da envoltória das curvas A, B e C mostrada na figura 2 como curva D, é dada por:

$$|X_f| = \pm 2X_S|\delta|$$

Os parâmetros utilizados para determinar as curvas A, B, C e D da figura 2 foram:

Curva A: $R_s = 10$ [pu]; $X_s = 500$ [pu]; FQ = 50 [pu];
Curva B: $R_s = 10$ [pu]; $X_s = 250$ [pu]; FQ = 25 [pu];
Curva C: $R_s = 5$ [pu]; $X_s = 250$ [pu]; FQ = 50 [pu];
Curva D: $X_s = 250$ [pu].

Na frequência de sintonia coincidente com um múltiplo inteiro da frequência fundamental sem desvio ($\delta = 0$), o valor de Z_{Fn} tende a um (equações (10) e (12)), pois a curva da figura 2 é obtida para múltiplos da resistência R_s do reator.

Os fatores que influenciam a escolha do fator de qualidade são:
- Maior ou menor facilidade do sistema em absorver os harmônicos;
- Comportamento da impedância do sistema.

3 - REATORES COM TAPS FIXOS

Conforme mostra a figura 1.c, a impedância do filtro de harmônicos em função da frequência depende dos valores específicos de R, L e C, e, portanto, variações nestas grandezas implicam na variação da curva do filtro podendo retirá-lo da sintonia, o que não é interessante para a qualidade da energia elétrica que se busca. Como ocorre a variação da capacitância dos bancos de capacitores, a frequência de sintonia pode ficar comprometida no momento da construção. Desta forma, pode-se compensar estas variações com a inclusão de taps nos reatores, como mostra a figura 3. Esses taps devem ser definidos em projeto para serem acertados em campo.

Naturalmente, os reatores com taps são mais caros que aqueles onde esta derivação não é utilizada e a decisão pela sua inclusão ou não depende das condições do projeto e confiabilidade dos dados disponíveis para análise . Na dúvida, pode-se incluir este dispositivo.

Os reatores em algumas situações podem apresentar vários taps (normalmente cinco, sendo um central, onde se define a indutância nominal). Naturalmente, esses taps só podem ser alterados com o sistema desligado para se adequar à instalação. Para se conectar o reator ao sistema elétrico, deve-se previamente definir qual é o tap mais conveniente, se o central ou outro que irá depender da posição do sistema elétrico onde o mesmo será ligado e a forma de chegada do cabo ou barra até o tap desejado. Assim sendo, é importante que os taps se localizem de um mesmo lado do reator, colocados dentro de um segmento de ângulo máximo da ordem de uns 30° (vide figura 3).

Ressalta-se, ainda que a indutância tenha uma determinada tolerância de fabricação, a definição dos taps deve levar este fato em conta. Destaca-se ainda que a tolerância de fabricação depende da indutância nominal do reator e do seu fabricante.

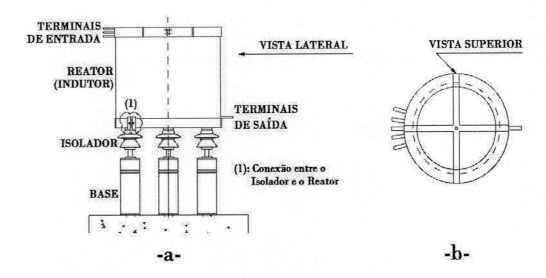

FIGURA 3 - AJUSTE INDUTÂNCIA ATRAVÉS DE TAPs FIXO

a - Reator;
b - Locação de taps.

4 - FILTROS DE HARMÔNICOS PARA A CORREÇÃO DO FATOR DE POTÊNCIA

A instalação de banco de capacitores para compensação do fator de potência, em barramentos onde circulam correntes não senoidais, devido à presença da CEE, leva a ocorrência de sobretensões pela ressonância paralela. Assim surge a pergunta: Como então compensar o fator de potência sem provocar este efeito?

A solução que se recomenda neste caso é a instalação de bancos de capacitores para compensação do fator de potência e a instalação de indutores em série com o banco, de modo a promover uma ressonância série para o harmônico que provocaria a ressonância paralela.

Para um sistema trifásico de suprimento de energia para o barramento de uma CEE será considerado que o fator de potência atual, sem bancos de capacitores, da instalação na frequência fundamental (FP_{A1}) é dado por:

$$FP_{A1} = \cos\left[\text{atg}\left(\frac{B}{A}\right)\right] \tag{14}$$

Para compensar o fator de potência na frequência fundamental de modo que seja atingido um valor pré-especificado ou desejado FP_{D1} deve-se instalar um banco de capacitores com a seguinte potência reativa na frequência fundamental:

$$Q_1 = \frac{A}{T}\left\{\frac{B}{A} - \text{tg}\left[a\cos(FP_{D1})\right]\right\} \qquad (15)$$

- Q_1: potência reativa do banco de capacitores na frequência fundamental em [Mvar];
- A: consumo de energia elétrica média (ativa) medida no intervalo de tempo T em [MWh];
- B: "consumo" de energia elétrica reativa medida no intervalo de tempo T em [Mvarh];
- T: intervalo de tempo em [horas].

Para impedir a ressonância paralela com a impedância do sistema para os harmônicos de corrente de mais baixa ordem, deve-se ligar um indutor em série com o banco de modo a produzir ressonância série para esses harmônicos. Neste caso, a reatância do indutor, para que ocorra a ressonância deve ser escolhida uma frequência n vezes superior a fundamental, ou seja:

$$X_{R1} = \frac{X_{C1}}{n^2} \qquad (16)$$

Ou ainda:

$$\frac{X_{R1}}{X_{C1}} = \frac{1}{n^2} \qquad (17)$$

Para fins práticos recomenda-se tomar **n** entre 4,08 a 4,50, ou seja, X_{R1} deve ter um valor compreendido entre 5% a 6% de X_{C1}. A figura 4 a seguir mostra a representação simplificada do banco para compensação do fator de potência com indutores de bloqueio.

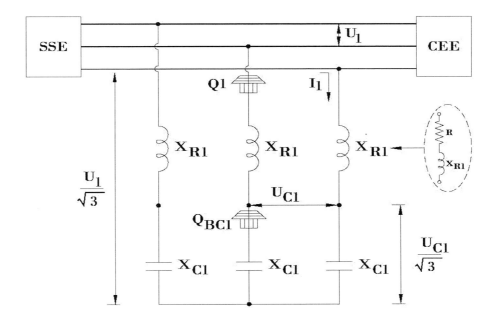

FIGURA 4 - BANCO DE CAPACITORES COM INDUTORES DE BLOQUEIO

300 · CAPACITORES DE POTÊNCIA E FILTROS DE HARMÔNICOS

Onde, na figura 4, tem-se:

- U_1: tensão fase-fase do sistema elétrico [kV];
- X_{R1}: reatância indutiva à frequência fundamental em [Ω];
- X_{C1}: reatância capacitiva à frequência fundamental em [Ω];
- I_{F1}: corrente no filtro de harmônicos na frequência fundamental em [A].

Notar na figura 4, que estão indicadas duas potências reativas: uma nos terminais do capacitor e outra no ponto onde o filtro de harmônico está conectado, sendo ambas na direção do sistema elétrico. Assim sendo, determina-se a seguir o procedimento de cálculo para se obter Q_1 e Q_{BC1}.

Da figura 4 pode-se escrever:

$$U_{C1} / \sqrt{3} = -jX_{C1}.I_1 \tag{17.1}$$

$$U_1 / \sqrt{3} = j(X_{R1} - X_{C1}).I_1 \tag{17.2}$$

Ou em módulo pode-se escrever:

$$U_1 / \sqrt{3} = j(X_{C1} - X_{R1}).I_1 \tag{17.3}$$

Manipulando as equações (17.1) e (17.3) pode-se verificar que a tensão aplicada no capacitor entre fases será dada por:

$$U_{C1} = U_1 \frac{X_{C1}}{X_{C1} - X_{R1}} \tag{18}$$

Com o uso de (16) e (17) a equação (18) é dada por:

$$U_{C1} = U_1 \frac{X_{C1}}{X_{C1} - \dfrac{X_{C1}}{n^2}}$$

Ou ainda:

$$U_{C1} = U_1 \frac{n^2}{n^2 - 1}$$

Fazendo-se:

$$a = \frac{n^2}{n^2 - 1} \tag{19}$$

CAPÍTULO X PROJETO BÁSICO DE FILTROS DE HARMÔNICOS INCLUINDO A CORREÇÃO DO FATOR DE POTÊNCIA • **301**

Tem-se:

$$U_{C1} = aU_1 \tag{20}$$

Como o valor de **a** mostrado em (19) é maior que 1 (a > 1), conclui-se que os indutores em série com bancos de capacitores provocam uma elevação da tensão nos terminais dos capacitores. Nos terminais do banco de capacitores, sob tensão U_{C1}, a potência reativa necessária no banco de capacitores na frequência fundamental será dada por:

$$Q_{BC1} = \sqrt{3.U_{C1}.I_1} \tag{20.1}$$

Logo, com base nas equações (17), (17.3) e (20) pode-se escrever:

$$Q_{BC1} = \sqrt{3} \cdot (a.U_1) \cdot \left[\frac{\dfrac{U_1}{\sqrt{3}}}{(X_{C1} - X_{R1})} \right] = a \frac{(U_1)}{(X_{C1} - X_{R1})} = a \frac{(U_1)^2}{X_{C1}\left(\dfrac{n^2 - 1}{n^2}\right)} = a \frac{(U_1)^2}{X_{C1}\left(\dfrac{1}{a}\right)}$$

Portanto, a potência reativa que o banco de capacitores deve apresentar, na frequência fundamental, uma vez definida sua reatância capacitiva X_{C1} na frequência fundamental é dada a seguir:

$$Q_{BC1} = a^2 \cdot \frac{U_1^2}{X_{C1}} \tag{21}$$

Por outro lado, se o banco de capacitores trifásico escolhido tiver uma tensão nominal U_{BCN} (fase-fase), evidentemente maior ou igual que o valor U_{C1} calculado em (20), a potência reativa nominal do banco de capacitores Q_{BCN} será obrigatoriamente maior que Q_{BC1} e, portanto, a reatância capacitiva nominal na frequência fundamental (X_{CN1}) é dada por:

$$X_{CN1} = \frac{(U_{BCN})^2}{Q_{BCN}} \tag{22}$$

Define-se o fator de sobredimensionamento de banco de capacitores ξ como sendo:

$$\xi = \frac{U_{BCN}}{U_1} \tag{23}$$

Destaque importante: Notar que $\xi \geq a$.

Assim sendo, com base na equação (23) a potência reativa nominal do banco de capacitores, na frequência fundamental é dada por:

$$Q_{BCN} = \zeta^2 \cdot Q_{C1} \tag{24}$$

Onde nas equações (21) a (24) anteriores têm-se:

- X_{CN1}: reatância capacitiva nominal do banco de capacitores;
- U_{BCN}: tensão nominal entre fases do sistema elétrico na frequência fundamental;
- Q_{BCN}: potência nominal do banco de capacitores;
- ξ: fator de sobredimensionamento da tensão do banco de capacitores;
- U_1: tensão nominal entre fases do banco de capacitores na frequência fundamental;
- Q_{C1}: potência reativa na frequência fundamental nos terminais do banco de capacitores.

Por outro lado, o valor da potência reativa disponível nos terminais da barra do sistema industrial (Q_1), na frequência fundamental, será de:

$$Q_1 = \sqrt{3}U_1 I_1 = \sqrt{3}U_1 \left[\frac{U_1 / \sqrt{3}}{X_{C1} - X_{R1}} \right] \tag{24.1}$$

Logo:

$$Q_1 = \frac{(U_1)}{(X_{C1} - X_{R1})} = \frac{n^2 (U_1)^2}{X_{C1} (n^2 - 1)} \tag{24.2}$$

$$Q_1 = \frac{(U_1)}{(X_{C1} - X_{R1})} = \left(\frac{n^2}{n^2 - 1} \right) \cdot \frac{U_1^{\ 2}}{X_{C1}} \tag{24.3}$$

Com base na equação (19), a equação anterior torna-se:

$$Q_1 = a \frac{U_1^{\ 2}}{X_{C1}} \tag{24.4}$$

Comparando-se as equações (21) e (24.4) verifica-se que a relação entre elas é o próprio fator **a** da equação (19), ou seja, a potência reativa no ponto de conexão do filtro de harmônico (Q_1) com o barramento do sistema elétrico é menor que a nos terminais do capacitor Q_{BC1} (vide figura 4). Portanto, comparando-se (21) e (24.4) pode-se escrever:

$$Q_{BC1} = a\, Q1 \tag{24.5}$$

EXEMPLO 1

Seja uma instalação elétrica que opera em 13,8 [kV] (U_1 = 13,8 [kV]) com a seguinte fatura mensal de energia elétrica:

A = 275200 [MWh];
B = 154800 [Mvarh];
T = 8600 [h].

Determinar o filtro de harmônicos de modo a se ter um fator de potência na frequência fundamental de 0,94.

CAPÍTULO X PROJETO BÁSICO DE FILTROS DE HARMÔNICOS INCLUINDO A CORREÇÃO DO FATOR DE POTÊNCIA • **303**

Destaque importante: Atualmente, os fabricantes projetam os bancos de capacitores com fusíveis internos praticamente sob encomenda, principalmente quando a potência total do banco de capacitores é elevada. Desta forma é comum especificar o banco de capacitores de acordo com as características de projeto ao invés de utilizar unidades capacitivas agrupadas série e em paralelo obtidas de uma lista técnica. De qualquer forma, apenas por questões acadêmicas, nos exemplos apresentados, utiliza-se inicialmente capacitores disponíveis em uma lista técnica.

SOLUÇÃO:

O fator de potência na frequência fundamental da instalação, conforme equação (14) é dado por:

$$FP_{A1} = \cos\left[atg\left(\frac{B}{A}\right)\right] = \cos\left[atg\left(\frac{154800}{275200}\right)\right]$$
$$FP_{A1} = 0,8716$$

Visto que se deseja instalar um banco de capacitores, de modo que o fator de potência suba para 0,94, a potência reativa do mesmo, conforme (15), deverá ser de:

$$Q_1 = \frac{A}{T}\left\{\frac{B}{A} - tg\left[a\cos\left(FP_{D1}\right)\right]\right\} = \frac{275200}{8600}\left\{\frac{154800}{275200} - tg\left[a\cos\left(0,94\right)\right]\right\}$$
$$Q1 = 6,38\left[M\,var\right]$$

Para esta instalação adota-se como frequência de sintonia o harmônico de ordem n = 4,1, ou seja, um valor compreendido entre 4,08 e 4,50, conforme apresentado anteriormente. Utilizando n = 4,1 na equação (19), obtém-se:

$$a = \frac{n^2}{n^2 - 1} = \frac{4,1^2}{4,1^2 - 1} = 1,0633$$

Logo, a tensão que o banco de capacitores irá operar é, no mínimo, de:

$$U_{C1} = a.U_1 = 1,0633 \cdot 13,8$$

$$U_{C1} = 14,67\ [kV]$$

De uma lista técnica de fabricante de capacitores (vide TABELA 2) pode-se escolher capacitores com fusíveis externos a tensão nominal de 2,2 [kV] e associar 4 em série, logo:

$$U_{BCN} = \sqrt{3}.4.2,2 = 15,24\ [kV]$$

Desta forma, a potência reativa mínima, a frequência fundamental, (Q_{BC1}) do banco de capacitores será de:

$$Q_{BC1} = 6,38\left(\frac{15,24}{13,8}\right)^2 = 7,78\left[M\,var\right]$$

Da mesma lista técnica (vide TABELA 2), opta-se por uma potência nominal de cada unidade de 200 [kvar].

Assim o número de unidades capacitivas paralelas (NUC) será:

$$NUC = \frac{7,78}{4.0,20} = 972 \text{ unidades}$$

O número de grupos em paralelo será de:

$$NUCY = \frac{9,72}{6} = 1,6$$

Logo, escolhe-se 2 grupos paralelos por fase conforme mostra a figura 5, totalizando então 48 unidades de 200 [kvar] cada uma. Assim sendo, a potência reativa nominal (Q_{BCN}) do banco de capacitores em 15,24 [kV] é dada por:

Q_{BCN} = 48.200 = 9600 [kvar] ou 9,6 [Mvar]

Logo, a reatância capacitiva do banco na frequência fundamental (X_{CN1}) será de:

$$X_{CN1} = \frac{(U_{BCN})^2}{Q_{BCN}} = \frac{(15,24)^2}{9,6} = 42,19[\Omega]$$

A reatância dos indutores de bloqueio será:

$$X_{R1} = \frac{X_{C1}}{(4,1)^2} = 1,439[\Omega]$$

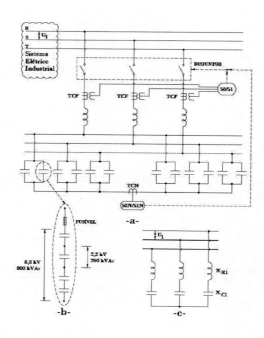

FIGURA 5 - DISPOSIÇÃO DOS COMPONENTES DO FILTRO ESPECIFICADO

CAPÍTULO X   PROJETO BÁSICO DE FILTROS DE HARMÔNICOS INCLUINDO A CORREÇÃO DO FATOR DE POTÊNCIA   •   **305**

a - Diagrama trifilar da configuração do filtro de harmônicos;
b - Configuração do banco de capacitores de cada fase da dupla estrela isolada;
c - Diagrama de impedância trifásico equivalente do filtro de harmônico.

TABELA 2 - LISTA TÉCNICA DE CAPACITORES COM FUSÍVEIS EXTERNOS NORMAL-MENTE DISPONÍVEIS NO MERCADO (vide [46])			
UNBC [kV]	QNBC [Kvar]	UNBC [kV]	QNBC [Kvar]
2200	25	7960	25
	50		50
	100		100
	200		200
2400	25	12700	25
	50		50
	100		100
	200		200
3800	25	13200	25
	50		50
	100		100
	200		200
6640	25	13800	25
	50		50
	100		100
	200		200
7620	25	14400	25
	50		50
	100		100
	200		200

5 - COMENTÁRIO EM RELAÇÃO À SOLUÇÃO ADOTADA

A configuração do filtro de harmônicos do exemplo prevê a instalação de 48 unidades capacitivas de 200 [kvar] cada uma e tensão nominal de 2,2 [kV], como mostra a figura 5. Cada conjunto de quatro unidades capacitivas apresenta um fusível em série. Também poderiam ser adotadas 24 unidades de 400 [kvar] cada uma em 4,4 [kV]. Para esses dois casos, a abertura do fusível de uma das fases (vide figura 5.b) de um dos conjuntos de capacitores série compromete todo o ramal, causando a perda de 800 [kvar], ou seja, quase 10% da potência reativa total, ensejando o desligamento do filtro de harmônicos por desequilíbrio de corrente, o que não é interessante.

Também poderiam ser escolhidos bancos de capacitores com unidades capacitivas com tensão nominal de 8,8 [kV] com potência de 800 [kvar] cada um. Neste caso, as unidades capacitivas deverão ser fabricadas especialmente, onde é fundamental a aquisição de peças de reserva.

A melhor escolha seria utilizar unidades capacitivas de 400 [kvar] cada uma em 8,8 [kV], onde a perda de uma delas representa algo da ordem de 5% da potência nominal do banco, sendo que a manutenção pode ser feita de modo programado.

O uso de capacitores com fusíveis internos, naturalmente, propicia um menor desequilíbrio quando na falha de unidades capacitivas, podendo permitir a continuidade de operação dos filtros de harmônicos mesmo sob falha dessas unidades internas ao banco de capacitores.

O filtro de harmônicos citado no exemplo foi escolhido apenas com base na informação disponível, que era o consumo médio das potências ativa e reativa ao longo de um ano. Naturalmente, o objetivo dessa escolha foi manipulação das fórmulas apresentadas, mas sempre o sistema deve ser analisado como um todo onde a configuração (no mínimo, o digrama unifilar) é fundamental para se efetuar os estudos de fluxo harmônico necessários.

EXERCÍCIO 1:

Calcule o novo fator de potência da instalação do exemplo 1, após a inclusão do filtro de harmônicos, em vez de banco de capacitores.

EXEMPLO 2:

Considere o sistema elétrico apresentado na figura 6 a seguir, no qual a CEE é caracterizada por uma ponte conversora e uma carga linear de potência S_{L1} (S_{L1} = 1 + j2 [MVA]). Deseja-se instalar um banco de capacitores na barra B2 com tensão nominal de 11,2 [kV] de modo que o fator de potência da instalação na barra B1 seja no mínimo de 0,92. Foi considerado que a potência de curto-circuito do Concessionário Local (S_{CC}) no lado de 138 [kV] é de 5,2 [GVA].

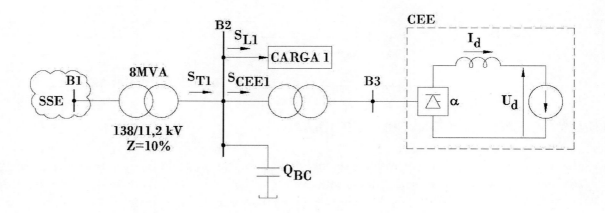

FIGURA 6 - SISTEMA EM ANÁLISE

SOLUÇÃO:

A carga total que o transformador alimenta na barra B2 é constituída de uma carga linear (carga 1) e de uma Carga Elétrica Especial (CEE). Assim sendo, a potência aparente, na frequência fundamental, a ser entregue na barra B2 é dada por:

$$\dot{S}_{T1} = \dot{S}_{L1} + \dot{S}_{CEE1}$$

$$S_{CEE1} = \sqrt{3}.U_{21}.I_{21}$$

$$S_{CEE1} = \sqrt{3}.\left[\left(\frac{\pi}{3\sqrt{2}}\right).U_d\right].\left(\frac{\sqrt{6}}{\pi}.I_d\right)/\cos\alpha$$

$$S_{CEE1} = 1,0472.U_d.I_d$$

$$P_{CEE1} = U_d.I_d = 2.3 = 6,00[MW]$$

$$S_{CEE1} = 1,0457.2.10^3.3.10^3 = 6,2742[MVA]$$

$$\dot{S}_{CEE1} = P_{CEE1} + jQ_{CEE1} = 6,00 + jQ_{CEE1}$$

$$Q_{CEE1} = \sqrt{(6,2742)^2 - 6^2} = 1,8344[M\,var]$$

$$\dot{S}_{CEE1} = 6,000 + j1,8344[MVA]$$

$$\dot{S}_{T1} = (1+j2) + (6,00 + j1,8344)$$

$$\dot{S}_{T1} = P_{T1} + jQ_{T1} = 7 + j1,8344[M\,var]$$

Logo, o fator de potência atual na frequência fundamental é de 0,88, e o ângulo de deslocamento nesta frequência é de 28,71°. Como o fator de potência mínimo na barra B1 é de 0,92 e o banco de capacitores será instalado na barra B2, adota-se o fator de potência nesta barra (B2) como sendo de 0,94, na frequência fundamental, o que corresponde a um ângulo de deslocamento de 19,95°, conforme mostra o triângulo de potências associado a esta condição de operação na figura 7.

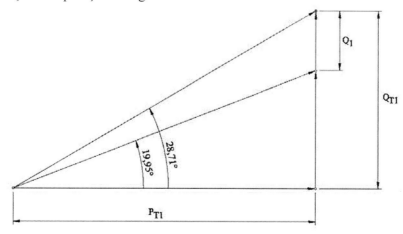

FIGURA 7 - TRIÂNGULO DE POTÊNCIA À FREQUÊNCIA FUNDAMENTAL

Na frequência fundamental a potência do banco de capacitores para corrigir o fator de potência de 0,88 (ângulo 28,71°) para 0,94 (ângulo 19,95°) deverá ser de:

$$Q_1 = 7 . [tg(28,71°) - tg(19,95°)]$$

$$Q_1 = 1,32\ [Mvar]$$

308 · CAPACITORES DE POTÊNCIA E FILTROS DE HARMÔNICOS

Caso seja simplesmente instalado o banco de capacitores com potência de 1,32 [Mvar], é de se esperar uma ressonância na frequência determinada a seguir. Para tanto, é calculado inicialmente a reatância indutiva equivalente de Thévenin (X_{TH1}), vista da barra B2, utilizando como base a potência nominal do transformador (8 [MVA]) dada por:

$$X_{TH1} = 8/5200 + 8/100 = 0,102 \text{ [pu]}$$

Portanto, a potência de curto-circuito na barra B2 (S_{CCB2}) será de:

$$S_{CCB2} = 8/0,102 = 78,79 \text{ [MVA]}$$

e, assim, a ordem do harmônico onde ocorre a frequência de ressonância é calculada, de acordo com a equação (6) do Capítulo VIII, conforme a seguir:

$$n_s = \sqrt{78,79 / 1,32} = 6,72$$

Isto quer dizer que perto do harmônico de 7ª ordem ocorrerá uma ressonância e, portanto, a distorção da tensão na barra de B2 será elevada. Desta forma ao invés de se instalar um banco de capacitores é mais adequado instalar um filtro de harmônicos. Para esta instalação adota-se como frequência de sintonia o valor de n = 4,2, ou seja, algo entre 4,08 e 4,50, conforme apresentado no item anterior.

$$a = \frac{n^2}{n^2 - 1} = \frac{4,2^2}{4,2^2 - 1} = 1,06$$

A tensão mínima do banco de capacitores na frequência fundamental será de:

$$U_{BC1} = a \cdot U_1 = 1,06 \cdot 11,20 = 11,87 \text{ [kV]}$$

A tensão de 11,87 [kV] entre fases corresponde à tensão fase neutro de $11,87/\sqrt{3} = 6,85$ [kV]. Logo, a tensão nominal das unidades monofásicas escolhidas deve ser superior a 6,85 [kV]. De uma lista técnica (vide TABELA 2) são escolhidos capacitores de 7,62 [kV], as quais serão associadas de modo a perfazerem a potência reativa necessária. A tensão nominal entre fases (U_{BCN}) do banco de capacitores escolhido será de:

$$U_{BCN} = \sqrt{3} \cdot 7,62 = 13,198 \text{ [kV]}$$

De acordo com a equação (23) o fator de sobredimensionamento da tensão do banco de capacitores ξ será dada por:

$$\xi = \frac{U_{BCN}}{U_1} = \frac{13,198}{11,20} = 1,1784$$

A potência reativa mínima Q_{BC1} do banco de capacitores na frequência fundamental nesta nova tensão escolhida (U_{BCN}) será de:

$$Q_{BC1} = (\xi)^2 \, Q_1 = (1,1784)^2 \cdot 1,32 = 1,833 \text{ [Mvar]}$$

Da lista técnica (vide TABELA 2) de capacitores adotada opta-se por unidades de 100 [kvar] cada uma com tensão nominal em 7,62 [kV]. Adota-se ainda a conexão em dupla estrela isolada, sendo, portanto, necessárias 18 unidades que serão divididas em 3 unidades por fase da dupla estrela (vide figura 8). A tensão entre fases do banco de capacitores será de:

$$U_{BCN} = \sqrt{3} \cdot 7{,}62 = 13{,}2 \text{ [kV]}$$

Para a configuração adotada, a potência nominal do banco de capacitores em 13,2 [kV] entre fases é dada por:

$$Q_{CN} = 3 \cdot 6 \cdot 100 = 1800 \text{ [kvar]}$$

As reatâncias capacitivas do banco de capacitores e a indutiva do reator que irão compor o filtro de harmônicos são dadas por:

$$X_{C1} = \frac{\left(\sqrt{3} \cdot 7{,}62\right)^2}{1{,}80} = 96{,}80 \, [\Omega]$$

$$X_{R1} = \frac{X_{C1}}{(4{,}2)^2} = 5{,}49 \, [\Omega]$$

$$X_{R1} = 5{,}49 \, [\Omega]$$

Na figura 8, apresenta-se uma composição para a instalação do filtro de harmônicos.

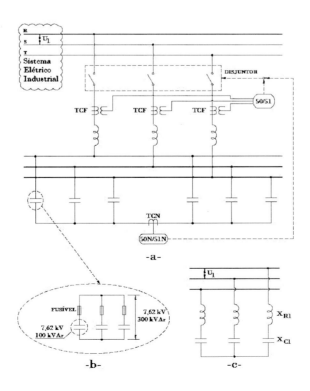

FIGURA 8 - DISPOSIÇÃO DOS COMPONENTES DO FILTRO ESPECIFICADO

a - Diagrama trifilar da configuração do filtro de harmônicos;
b - Configuração do banco de capacitores de cada fase da dupla estrela isolada;
c - Diagrama de impedância trifásico equivalente do filtro de harmônicos.

6 - COMENTÁRIOS EM RELAÇÃO À SOLUÇÃO ADOTADA

A configuração do filtro de harmônicos do exemplo prevê a instalação de 18 unidades capacitivas de 100 [kvar] cada uma e tensão nominal de 7,62 [kV], como mostra a figura 8. Cada conjunto de três unidades capacitivas apresenta um fusível externo em série. Notar que a abertura do fusível de uma das fases (vide figura 8.b) de um dos conjuntos de capacitores série compromete todo o ramal, causando a perda de 100 [kvar], ou seja, quase 5,6% permitindo a manutenção de modo programado.

Como destacado anteriormente, ao invés de um fusível externo, pode-se utilizar unidades capacitivas de 300 [kvar] em 7,62 [kV], porém com fusível interno, que resulta no menor desequilíbrio quando na falha de unidades capacitivas, podendo permitir a continuidade de operação dos filtros de harmônicos mesmo sob falha destas unidades internas aos bancos de capacitores.

O filtro de harmônicos citado no exemplo foi determinado apenas para uma frequência arbitrária, visando mostrar a utilização das fórmulas apresentadas, mas sempre o sistema deve ser analisado como um todo onde a configuração (no mínimo, o digrama unifilar) é fundamental para se efetuar os estudos de fluxo harmônico necessários.

EXERCÍCIO 2:

Determine o fator de potência da instalação na frequência fundamental após a instalação do filtro de harmônicos do exemplo 2.

7 - FILTROS PARA ABSORÇÃO DE HARMÔNICOS DE CORRENTE

Os filtros podem ser previstos em instalações elétricas para reduzir os harmônicos de corrente injetados na rede por Cargas Elétricas Especiais (CEE) e, desta forma, manter as distorções de tensão na rede em valores admissíveis.

O filtro constitui-se, basicamente, como visto no item anterior, de um circuito ressonante em série, ou seja, de um circuito com uma indutância em série com um capacitor em cada fase. Todavia, neste caso, o filtro é dimensionado para suportar um determinado e específico harmônico de corrente.

Se um filtro é projetado para compensar, por exemplo, um harmônico de corrente de quinta ordem, para a frequência fundamental ele tem um componente capacitivo bastante elevado, pois X_{C1} é muito maior que X_{R1} nesta frequência ($X_{C1} = 25.X_{R1}$). Isto significa que a instalação de filtros para compensação de harmônicos de corrente resulta na "injeção" de potência reativa no sistema elétrico à frequência fundamental e, portanto, também corrige o fator de potência.

Conclui-se então, que no projeto de um conjunto de filtros com a finalidade de compensação de harmônicos de corrente, deve-se atentar para que a potência reativa introduzida no sistema elétrico não ultrapasse um valor máximo $U_{C1} / \sqrt{3}$ admissível.

Note que o "fornecimento" de potência reativa é feito através do componente fundamental de corrente.

A configuração do filtro para absorver um harmônico de corrente de ordem n (I_n) é dada na figura 9.

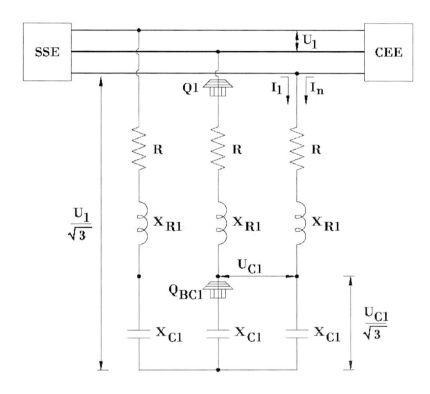

FIGURA 9 - CIRCUITO EQUIVALENTE DO FILTRO DE HARMÔNICOS

Onde na figura 9 tem-se:

- U_1: tensão fase-fase do suprimento de energia à frequência fundamental;
- U_{C1}: tensão fase-fase nos terminais do capacitor à frequência fundamental;
- $UC1 / \sqrt{3}$: tensão fase-neutro nos terminais do capacitor à frequência fundamental;
- R: resistência elétrica à frequência fundamental;
- X_{R1}: reatância indutiva do reator à frequência fundamental;
- X_{C1}: reatância capacitiva à frequência fundamental;
- I_1: corrente à frequência fundamental no filtro de harmônicos;
- I_n: harmônico de corrente a ser eliminado do sistema (absorvido pelo filtro).

Para o filtro de harmônicos cujo diagrama trifilar de impedâncias está apresentado na figura 9, a potência reativa total do banco de capacitores Q_{BC} do filtro de harmônicos é dada pela seguinte inequação:

$$Q_{BC} \geq Q_{BC1} + Q_{BCn} \tag{25}$$

Onde:

Q_{BC}: potência reativa mínima do banco de capacitores;
Q_{BC1}: potência reativa do banco de capacitores na frequência fundamental;
Q_{BCn}: potência reativa no banco de capacitores devido aos harmônicos de corrente de ordem n = 2, 3, 4,....

Logo, para definir a potência reativa do banco de capacitores do filtro de harmônicos Q_{BC} para absorver um determinado harmônico de corrente, deve-se calcular Q_{BC1} e Q_{BCn} conforme a seguir.

Observando a figura 9, verifica-se que a frequência fundamental é idêntica à figura 4 onde a potência reativa nesta frequência foi obtida de acordo com a equação (21) sendo dada por:

$$Q_{C1} = a^2 \frac{U_1^2}{X_{C1}} \tag{25.1}$$

Destaque: A equação (25.1) é obtida de forma idêntica à equação (21), onde, como já visto (equação (19)), o fator **a** que conforme mostrado na equação (19) é dado por:

$$a = \frac{n^2}{n^2 - 1}$$

A potência reativa devido aos harmônicos de corrente de ordem n que circulam pelo banco de capacitores é dada por:

$$Q_{BCn} = 3.X_{C1} . \sum_{n=2}^{\infty} \frac{I_n^2}{n} \tag{26}$$

A equação (26) considera todos os harmônicos de corrente que circulam pelo ramal do filtro de harmônicos. Para apenas um harmônico de corrente, tem-se:

$$Q_{BCn} = 3.X_{C1} . I_n^2 \tag{26.1}$$

Considerando as equações (21) e (26) pode-se escrever a equação (25) da seguinte forma:

$$Q_{BC} \geq 3.X_{C1} . I_1^2 + 3.X_{C1} . \sum_{n=2}^{\infty} \frac{I_n^2}{n}$$

Reagrupando a equação anterior, pode-se escrever:

$$Q_{BC} \geq 3.X_{C1} . \left(I_1^2 + \sum_{n=2}^{\infty} \frac{I_n^2}{n} \right) \tag{27}$$

CAPÍTULO X PROJETO BÁSICO DE FILTROS DE HARMÔNICOS INCLUINDO A CORREÇÃO DO FATOR DE POTÊNCIA · **313**

Onde:

- X_{C1}: Reatância capacitiva na frequência fundamental;
- U_1: Tensão do banco de capacitores na frequência fundamental;
- U_{BC}: Tensão mínima adotada para o banco de capacitores.

O valor de Q_{BC} considerando-se o componente fundamental e um único harmônico de corrente (I_n), utilizando-se as equações (23) e (24) é dado por:

$$Q_{BC} \geq a^2 . \frac{U_1^2}{X_{C1}} + 3.I_n^2 . \frac{X_{C1}}{n} \tag{28}$$

O valor mínimo da potência reativa do banco de capacitores (Q_{BCMIN}) ocorre quando a inequação (28) se transforma em uma igualdade, ou seja:

$$Q_{BCMIN} = a^2 . \frac{U_1^2}{X_{C1}} + 3.I_n^2 . \frac{X_{C1}}{n} \tag{28.1}$$

Isto significa que o banco de capacitores deve ser previsto para "fornecer" no mínimo a potência Q_{BCMIN} definida resultante da equação (28.1). Esta potência reativa pode ser escrita como:

$$Q_{BCMIN} = \frac{U_{BC}^2}{X_{C1}} \tag{28.2}$$

A tensão nominal do banco de capacitores (U_{BCN}) evidentemente deve ser maior que a tensão do sistema à frequência fundamental (U_1). Substituindo-se a equação (28.2) na equação (28.1), tem-se:

$$\frac{U_{BC}^2}{X_{C1}} = a^2 . \frac{U_1^2}{X_{C1}} + 3.I_n^2 . \frac{X_{C1}}{n} \tag{28.3}$$

Ou ainda:

$$U_{BC}^2 = a^2 . U_1^2 + 3.I_n^2 . \frac{X_{C1^2}}{n} \tag{28.4}$$

A tensão nominal do banco de capacitores $U_{BCN,}$ logicamente, é no mínimo, o valor de U_{BC} da equação (28.4) que, naturalmente, deve ser maior que a tensão U_1 na frequência fundamental.

$$U_{BCN}^2 = a^2 . U_1^2 + 3.I_n^2 . \frac{X_{C1^2}}{n} \tag{28.5}$$

Como já feito na equação (23), o fator de sobredimensionamento ξ é a relação entre a tensão nominal do banco de capacitores (U_{BCN}) e a tensão nominal do sistema elétrico (U_1), na frequência fundamental onde o mesmo será instalado. Logo, o valor de ξ, como já definido em (23) é dado por:

$$\xi = \frac{U_{BCN}}{U_1} \tag{28.6}$$

Levando-se o valor de ξ da equação (28.6) tem-se:

$$\xi^2 = a^2 + \frac{3.I_n^2}{U_1^2} \cdot \left(\frac{X_{C1^2}}{n} \right) \tag{28.7}$$

Escolhendo-se a tensão nominal do banco de capacitores como sendo U_{BCN}, tem-se conforme (28.6) o valor de ξ. Neste caso o valor de ξ deve, obrigatoriamente, ser maior que o fator **a,** definido na equação (22), logo resolvendo-se a equação (28.5) tem-se:

$$X_{C1} = \frac{U_1}{I_n} \cdot \sqrt{\frac{n.\left(\xi^2 - a^2 \right)}{3}} \tag{29}$$

Substituindo a equação (29) em (21), obtém-se a potência reativa mínima a frequência fundamental considerando-se a presença de um harmônico de corrente de ordem n.

$$Q_{BC1} = I_n .U_1 .a^2 \sqrt{\frac{3}{n.\left(\xi^2 - a^2 \right)}} \tag{30}$$

Substituindo a equação (29) em (26.1) obtém-se a potência reativa, apenas devido ao harmônico de ordem n a qual será dada por:

$$Q_{BC1} = I_n .U_1 .a^2 \sqrt{\frac{3}{n.\left(\xi^2 - a^2 \right)}} \tag{31}$$

Logo, a potência reativa total necessária do banco de capacitores (a frequência fundamental mais o harmônico de ordem n) será dada por:

$$Q_{BC} = Q_{BC1} + Q_{BCn} = I_n .U_1 .\xi^2 \sqrt{\frac{2}{n.\left(\xi^2 - a^2 \right)}} \tag{32}$$

A partir da equação (30), considerando $I_n = 1$ [pu] e $U_1 = 1$ [pu], pode-se levantar curvas que fornecem o valor da potência reativa do banco de capacitores para cada harmônico de corrente de ordem n, que passa através do mesmo, em função de ξ. Essas curvas estão apresentadas na figura 10 e também na tabela 1.

Dividindo a equação (32) pela (30) obtém-se:

$$\frac{Q_{BC}}{Q_{BC1}} = \left(\frac{\xi}{a} \right)^2$$

Logo:

$$Q_{BC} = \left(\frac{\xi}{a} \right)^2 .Q_{BC1} \tag{33.1}$$

CAPÍTULO X PROJETO BÁSICO DE FILTROS DE HARMÔNICOS INCLUINDO A CORREÇÃO DO FATOR DE POTÊNCIA • **315**

Ou seja, quanto maior for o ξ (tensão nominal do banco de capacitores em relação à tensão nominal da rede) para um mesmo **-a-** (vide equação (19)) tem-se um banco de capacitores de potência elevada para "fornecer" pouca potência na frequência fundamental.

7.1 - PROCEDIMENTO PARA A ESPECIFICAÇÃO

A partir do valor de Q_{BC1}, calculado na equação (30) deve-se, com base em uma lista técnica (vide TABELA 2), escolher um banco de capacitores de potência reativa Q_{BCN} sendo:

$$Q_{BCN} \geq Q$$

E

$$U_{BCN} \geq \xi . U_1$$

Para evitar uma indeterminação numérica (equações (29), (30), (31), (32) e (33), obrigatoriamente $\xi > \mathbf{a}$ e na prática está compreendido entre:

$$1,1 \leq \xi \leq 1,4$$

Uma vez definidos Q_{BCn} e U_{BCn}, pode-se determinar, de acordo com a equação (33.2) o valor de X_{BCn} conforme a seguir:

$$X_{BCN} = X_{C1} = \frac{\left(U_{BCN}\right)^2}{Q_{BCN}} \tag{33.2}$$

Neste caso, a reatância do reator deve ser dada por:

$$X_{R1} = fR . \frac{X_{CN}}{n^2} \tag{33.3}$$

Onde n é a ordem do filtro desejado e o fator fR leva em conta as influências das variações de temperatura na capacitância e a necessidade de se evitar a sintonia exata. O valor de fR deve estar compreendido entre os limites indicados a seguir:

$$1,03 \leq fR \leq 1,05 \tag{33.4}$$

Ou

$$0,95 \leq fR \leq 0,97 \tag{33.5}$$

Nunca utilize:

$$0,97 \leq fR \leq 1,03 \tag{33.6}$$

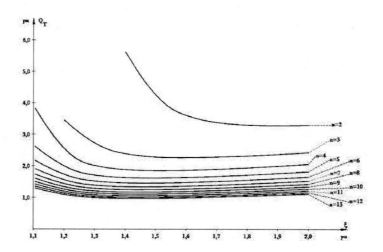

FIGURA 10 - CURVAS DA POTÊNCIA REATIVA PARA HARMÔNICO DE ORDEM n EM FUNÇÃO DE ξ

ξ	n = 2 a = 1,333	n = 3 a = 1,125	n = 4 a = 1,067	n = 5 a = 1,042	n = 6 a = 1,029	n = 7 a = 1,021
1,0	-	-	-	-	-	-
1,1	-	-	3,905	2,651	2,195	1,933
1,2	-	3,452	2,269	1,872	1,647	1,494
1,3	-	2,595	1,970	1,683	1,503	1,374
1,4	5,627	2,353	1,872	1,623	1,459	1,339
1,5	4,011	2,268	1,842	1,615	1,457	1,340
1,6	3,546	2,250	1,859	1,633	1,477	1,360
1,7	3,357	2,268	1,891	1,666	1,510	1,392
1,8	3,282	2,306	1,935	1,710	1,551	1,431
1,9	3,267	2,358	1,989	1,760	1,598	1,475
2,0	3,286	2,419	2,048	1,815	1,649	1,523

TABELA 1 - VARIAÇÃO DE Q EM FUNÇÃO DE ξ PARA CADA n

ξ	n = 8 a = 1,016	n = 9 a = 1,013	n = 10 a = 1,010	n = 11 a = 1,008	n = 12 a = 1,007	n = 13 a = 1,006
1,0	-	-	-	-	-	-
1,1	1,756	1,624	1,520	1,438	1,367	1,306
1,2	1,381	1,291	1,217	1,156	1,103	1,057
1,3	1,276	1,195	1,131	1,076	1,028	0,986
1,4	1,246	1,170	1,107	1,054	1,008	0,967
1,5	1,248	1,174	1,111	1,058	1,012	0,971
1,6	1,268	1,193	1,130	1,076	1,029	0,988
1,7	1,298	1,222	1,158	1,103	1,055	1,013
1,8	1,335	1,257	1,191	1,135	1,086	1,043
1,9	1,377	1,296	1,229	1,171	1,120	1,076
2,0	1,422	1,339	1,269	1,209	1,157	1,112

TABELA 1 - VARIAÇÃO DE Q EM FUNÇÃO DE ξ PARA CADA n (Continuação)

EXEMPLO 3:

Seja a instalação elétrica mostrada através do diagrama unifilar indicado na figura 11. Pretende-se instalar filtros para compensação do 5° e do 7° harmônicos de corrente, tomando o cuidado inicialmente, para que a introdução de potência reativa não ultrapasse as exigências do sistema. A ponte retificadora é do tipo controlada em formação de Graetz (6 pulsos) e considerar que a tensão na sua saída (U_d) é de 3 [kV] quando o ângulo de disparo for de 0° ($\alpha = 0°$). Ainda na figura 11 considerar que, em regime permanente, a corrente retificada é de $I_d = 2000$ [A] com ângulo de disparo α de 19° ($\alpha = 19°$).

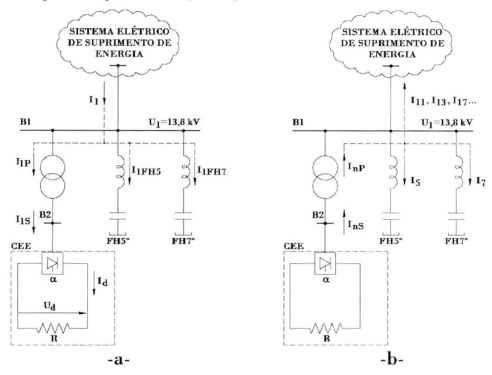

FIGURA 11 - EXEMPLO DE COMPENSAÇÃO DE HARMÔNICOS DE CORRENTE EM RETIFICADOR

a - Diagrama unifilar mostrando o fluxo de corrente na frequência fundamental;
b - Diagrama unifilar mostrando o fluxo dos harmônicos de corrente.

SOLUÇÃO:

Inicialmente, deve-se calcular os valores eficazes dos harmônicos de correntes a serem compensados. No lado secundário do transformador, desprezando-se o efeito da comutação, o harmônico de corrente (I_n) injetado no sistema elétrico para pontes conversoras em formação de Graetz é dado por:

$$I_{ns} = \frac{I_{1s}}{n} \tag{33.7}$$

318 · CAPACITORES DE POTÊNCIA E FILTROS DE HARMÔNICOS

E

$$I_1 = \frac{\sqrt{6}}{\pi}.I_d = 0,78.I_d \qquad (33.8)$$

Onde:

- I_1: valor eficaz da corrente na frequência fundamental;
- I_n: valor eficaz do harmônico de corrente de n-ésima ordem;
- I_d: valor médio da corrente de carga no lado de corrente contínua;
- n: ordem do harmônico.

Desta forma, as correntes dos harmônicos de 5ª e 7ª ordens no lado secundário (S) do transformador T resultam em:

$$I_{5S} = \frac{0,78.I_d}{5} = \frac{0,78.2000}{5} = 311,88[A]$$

$$I_{7S} = \frac{0,78.I_d}{7} = \frac{0,78.2000}{7} = 222,77[A]$$

Para o cálculo destas correntes no lado de 13,8 [kV] deve-se determinar a relação de transformação do transformador instalado entre as barras B1 e B2. Considerando a ponte de Graetz, a relação entre a tensão do lado de corrente contínua e a tensão alternada na barra B2 é dada por:

$$U_{d\alpha} = \frac{3\sqrt{2}}{\pi} \cdot U_{B2} \cdot \cos\alpha = 1,35.U_{B2} \cdot \cos\alpha \qquad (33.9)$$

Foi considerado que a tensão nos terminais da ponte retificadora (U_d), no lado DC, como mencionado no exemplo é de 3 [kV] para o ângulo de disparo $\alpha = 0°$. Portanto, com base na equação anterior (33.9), pode-se determinar a tensão no lado secundário do transformador do retificador para o ângulo de disparo de 0° ($\alpha = 0°$).

$$U_{B2} = \frac{U_d}{1,35.\cos\alpha} = \frac{3}{1,35} = 2,22[kV]$$

Logo, os valores eficazes de corrente no lado de 13,8 [kV] (primário do transformador) serão de:

$$I_5 = I_{5S} \cdot \left(\frac{2,22}{13,8}\right) = 311,88 \cdot \left(\frac{2,22}{13,8}\right) = 50,204[A]$$

$$I_7 = I_{7S} \cdot \left(\frac{2,22}{13,8}\right) = 222,77 \cdot \left(\frac{2,22}{13,8}\right) = 35,860[A]$$

Pode-se verificar que a escolha do fator ξ define o "fornecimento" de potência reativa do filtro para o sistema elétrico, uma vez que "I_n", "U_1", "n" e "a", já estão definidos. Para que este fornecimento não ultrapasse

CAPÍTULO X PROJETO BÁSICO DE FILTROS DE HARMÔNICOS INCLUINDO A CORREÇÃO DO FATOR DE POTÊNCIA • **319**

as necessidades do sistema deve-se calcular o "consumo" de potência reativa (Q_L) da carga elétrica especial (CEE), e para simplificar o problema será admitido apenas o do retificador, como carga na barra B1. Logo:

$$Q_L = \sqrt{S^2 - P^2}$$

Onde:

- S: potência aparente;
- P: potência média (ativa).

Para a ponte trifásica controlada, como é o caso da figura 11.a, pode-se escrever aproximadamente que:

$$S = \sqrt{3} \cdot I_{1S} \cdot U_{B2}$$

Substituindo os valores de I_{1S} e U_{B2}, determinados a partir das equações (33.8) e (33.9) e considerando $\alpha = 19°$, tem-se:

$$S = \frac{1}{\cos \alpha} \cdot U_{d\alpha} \cdot I_d$$

$$P_d = U_{d\alpha} \cdot I_d$$

Logo

$$S = \frac{1}{\cos \alpha} \cdot P_d$$

Desta forma:

$$Q_L = \sqrt{\left(S^2 - P_d^2\right)}$$

Para o exemplo em questão:

$$U_{d\alpha} = \frac{3\sqrt{2}}{\pi} \times 2,22 \times \cos 19 = 2,84 \left[kv \right]$$

$$P_d = 2,837.2 = 5,673 \left[MW \right]$$

$$S = \frac{1}{\cos 19} \cdot 5,673 = 6,000 \left[MVA \right]$$

$$Q_L = \sqrt{\left(6,000^2 - 5,673^2\right)} = 1,953 \left[M \, var \right]$$

Assim sendo, a somatória da potência reativa dos filtros de harmônicos de 5ª e 7ª ordens não poderá superar

320 · CAPACITORES DE POTÊNCIA E FILTROS DE HARMÔNICOS

o valor de Q_L, ou seja, 1,953 [Mvar].

Isto significa que a escolha do fator ξ, deve ser tal, que a soma das potências reativas correspondentes à frequência fundamental, "fornecidas" pelos capacitores, não ultrapasse 1,953 [Mvar].

De uma lista de dados técnicos de capacitores (por exemplo, mostrada na TABELA 2), deve-se então definir U_{BCN}, calcular ξ e verificar a potência reativa total "fornecida" pelos filtros de harmônicos.

Seja inicialmente o valor da tensão nominal de um banco de capacitores de 2,2 [kV] escolhida de uma tabela de capacitores padrão o qual resulta em:

$$U_{BCN} = \sqrt{3} \cdot 4 \cdot 2,2 = 15,24[kV]$$

Assim o fator de sobredimensionamento da tensão será segundo a equação (23) dado por:

$$\xi = \frac{U_{BCN}}{U_1} = \frac{15,24}{13,8} = 1,104$$

Através da equação (31), tem-se para o filtro de 5ª (quinta) ordem o seguinte valor para a potência reativa na frequência fundamental:

$$Q_{F1} = (5) = I_5 \cdot U_1 \cdot a^2 \cdot \sqrt{\frac{3}{n \cdot \left(\xi^2 - a^2\right)}}$$

Segundo a equação (19), o valor de **a** é dado por:

$$a = \frac{n^2}{n^2 - 1} = \frac{25}{25 - 1} = 1,024$$

Obtendo-se então:

$$Q_{F1}(5) = 50,19 \cdot 13,8 \cdot 1,042^2 \cdot \sqrt{\frac{3}{5 \cdot \left(1,104^2 - 1,042^2\right)}} = 1,793[M\,var]$$

Portanto, de acordo com a equação (32.1), vem:

$$Q(5) = \left[\frac{1,104}{1,042}\right]^2 \cdot 1,793 = 2,013[M\,var]$$

Não é necessária a verificação para o filtro de 7º harmônico, uma vez que, apenas com o filtro de 5º harmônico já possui disponível em seus terminais uma potência reativa bem próxima à consumida pelo retificador (1,953 [Mvar]). Assim, considera-se então que o banco de capacitores seja constituído por 5 unidades de 2,2 [kV] em série por ramo. Logo, a tensão entre fases nominal do banco de capacitores será dada por:

$$U_{BCN} = \sqrt{3} \cdot 5 \cdot 2,2 = 19,05[kV]$$

Desta forma, através da equação (23) tem-se:

$$\xi = \frac{U_{CN}}{U_1} = \frac{19,05}{13,80} = 1,38$$

A potência reativa do filtro de 5º harmônico disponível na frequência fundamental será:

$$Q_{F1}(5) = 50,19.13,8.1,042^2 \sqrt{\frac{3}{5.(1,38^2 - 1,042^2)}} = 642,84 \,[k\,\text{var}]$$

$$Q_{F1}(5) = \left[\frac{1,380}{1,042}\right]^2 .642,84 = 1128,96 \,[k\,\text{var}]$$

Na figura 12 é mostrado um filtro de 5º harmônico, composto de 15 unidades de 25 [kvar] por fase, sendo em grupos de 5 unidades em série, ou seja:

$Q_{BCN} = 3 \cdot 3 \cdot 5 \cdot 25 = 1125$ [kvar] com $U_{BCN} = 19,05$ [kV]

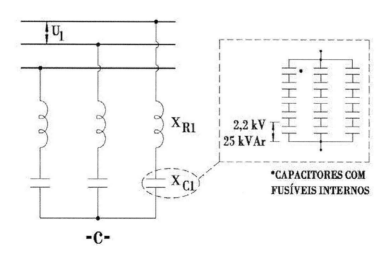

FIGURA 12 - FILTRO DE QUINTO (5º) HARMÔNICO

De acordo com a equação (22), tem-se para o filtro de quinto harmônico (n= 5) da figura 12 a seguinte reatância capacitiva na frequência fundamental:

$$X_{C1} = X_{BCN} \frac{U_{BCN}^2}{Q_{BCN}} = \frac{(19,05)^2}{1,125} = 322,67\,[\Omega]$$

E

$$X_{R1} = \frac{X_{C1}}{n^2} \cdot 1,03$$

$$n = 5$$

$$X_{R1} = 13,294[\Omega]$$

$$L = \left[X_{R1} / (2.\pi.60) \right].10^3 = 35,263[mH]$$

O valor da indutância do reator calculado anteriormente define uma frequência de sintonia que não pode ser mudada em função de variações nas capacitâncias, comprimento de cabos, etc. Recomenda-se acrescentar três taps de 2,5%, ou seja, ±3 * 2,5%.

Analogamente, para o filtro de sétimo harmônico tem-se na frequência fundamental:

$$Q_{F1}(7) = I_7 \cdot U_1 \cdot a^2 \cdot \sqrt{\frac{3}{n \cdot \left(\xi^2 - a^2 \right)}}$$

Neste caso,

$$a = \frac{n^2}{n^2 - 1} = \frac{7^2}{7^2 - 1} = 1,021$$

$$Q_{F1} = (7) = 35,85 \cdot 13,8 \cdot 1,021^2 \cdot \sqrt{\frac{3}{7 \cdot \left(1,38^2 - 1,021^2 \right)}} = 363,31[k\,var]$$

E, portanto:

$$Q(7) = \left(\frac{1,38}{1,021} \right)^2 \cdot 363,31 = 664,36[k\,var]$$

Assim, tem-se respectivamente a tensão nominal (U_{BCN}) e a potência reativa nominal (Q_{BCN}) do banco de capacitores que fará parte do filtro de harmônicos de 7ª ordem relacionadas a seguir:

$$U_{BCN} = \sqrt{3} \cdot 5 \cdot 2,2 = 19,05[kV]$$

$$Q_{BCN} = 2 \cdot 3 \cdot 5 \cdot 25 = 750[k\,var]$$

CAPÍTULO X PROJETO BÁSICO DE FILTROS DE HARMÔNICOS INCLUINDO A CORREÇÃO DO FATOR DE POTÊNCIA • **323**

Logo:

$$X_{C1} = \frac{\left(U_{BCN}\right)^2}{Q_{BCN}} = \frac{\left(19,05\right)^2}{0,750} = 484,00[\Omega]$$

Assim:

$$X_{R1} = \frac{X_{C1}}{n^2} \cdot 1,03 = 10,174[\Omega]$$

Logo:

$$L = [X_{R1} / (2.\pi.60)]. \ 10^3 = 26,987 \ [mH]$$

Analogamente ao reator do filtro de harmônicos de 5ª ordem, recomenda-se também, neste caso, acrescentar três taps de 2,5%, ou seja, ±3 * 2,5%.

A potência reativa total dos dois filtros de harmônicos (Q_{BCTF}) a 60 [Hz] na tensão de operação do sistema é dada por:

$$Q_{BCTF} = Q_{F1}(5) + Q_{F1}(7) = 1,128 + 0,664 = 1,892 \ [Mvar]$$

Logo atendeu o critério definido no Exemplo 3, ou seja, a potência reativa total dos dois filtros de harmônicos quando operando em conjunto ficou inferior à potência reativa total do sistema que foi calculada como sendo de 1,953 [Mvar].

EXERCÍCIO 3:

Especificar os detalhes técnicos do banco de capacitores e do reator e calcular o novo fator de potência do conjunto constituído pela carga e os filtros especificados. Calcule ainda a potência reativa trocada com a rede na frequência industrial.

7.2 - COMENTÁRIO EM RELAÇÃO À SOLUÇÃO ADOTADA

A configuração do filtro de harmônicos do exemplo 3 prevê a instalação de 45 unidades capacitivas de 25 [kvar] cada uma e tensão nominal de 2,2 [kV], como mostra a figura 12 para o filtro de 5º harmônico. Cada ramal do filtro foi imaginado como tendo cinco unidades em série, apenas a título de ilustração. Ao invés de se adotar 5 unidades por fase de 2,2 [kV] cada uma poderia escolher duas unidades por fase em série de 5,5 [kV] cada uma ou apenas uma unidade de 11 [kV]. Naturalmente, a escolha da tensão e da potência reativa de cada unidade passa pelo custo do banco de capacitores como um todo. O exemplo mostrado é meramente acadêmico.

324 · CAPACITORES DE POTÊNCIA E FILTROS DE HARMÔNICOS

Uma alternativa adequada, para fins práticos, neste caso, é instalar apenas um banco de capacitores constituído de uma unidade monofásica por fase, obrigatoriamente com fusíveis internos, sendo que a definição da tensão nominal do mesmo é feita com base no valor de ξ que depende de **a**, conforme mostra a tabela 1. No caso do filtro de harmônicos de 5ª ordem, o valor mínimo do ξ é de 1,1 (vide tabela 1 para n = 5), ou seja, se ξ for adotado, como anteriormente, como sendo algo da ordem de 1,104, a **tensão nominal mínima** do banco de capacitores seria dada por:

$$U_{BCN(mínimo)} = 1,104.(13,8/\sqrt{3}) = 8,79 \ [kV]$$

Todavia, na prática para o filtro de harmônicos de 5ª ordem, seguramente, a escolha da tensão nominal seria de 11 [kV] considerando capacitores monofásicos, com fusíveis internos com potência reativa de 375 [kvar]. Observar neste caso que a queima de uma unidade implica no desligamento total do filtro de harmônicos de 5ª ordem.

Analogamente para o filtro de harmônicos de 7ª ordem, a tensão nominal também seria de 11 [kV] considerando capacitores monofásicos, com fusíveis internos com potência reativa de 250 [kvar]. Observar, neste caso, que a queima de uma unidade implica no desligamento total do filtro de harmônicos de 7ª ordem.

Poderia ainda padronizar as unidades monofásicas como sendo de 125 [kvar] cada uma em 11 [kV], neste caso, o filtro de 5ª ordem teria 3 unidades por fase e o de 7ª ordem 2 unidades por fase.

A escolha da tensão nominal para o banco de capacitores com fusível interno de modo mais econômico deve ser feita com estudo de fluxo harmônico. Com base no estudo provavelmente poderia atingir a tensão nominal de cada unidade capacitiva monofásica como sendo de 8,8 ou 9,0 [kV]. Para tensão entre fase e neutro diferente de 11 [kV] deve-se recalcular a potência reativa de cada unidade capacitiva utilizando o procedimento descrito anteriormente.

8 - DISTORÇÕES DE TENSÃO PROVOCADAS PELO FILTRO DE HARMÔNICOS NA FREQUÊNCIA DE SINTONIA

Para definir a resistência máxima do reator do filtro de harmônicos deve-se observar que, quando o filtro estiver em ressonância (sintonia) na frequência que foi projetado de acordo com a figura 9, ocorre uma diferença de potencial nos terminais do filtro de harmônicos dada por:

$$U_n = I_n \cdot [(R_n + j(X_{Rn} - X_{Cn})] \tag{34.1}$$

Como na frequência de sintonia $X_{Rn} = X_{Cn}$, tem-se que a tensão, devido ao harmônico de corrente para qual o filtro é projetado, nos terminais do filtro de harmônicos é dada por:

$$U_n = I_n \cdot R_n \tag{34.2}$$

Onde:

- R_n: resistência do filtro para o harmônico de ordem n.

Esta diferença de potencial vai se sobrepor à tensão da rede, ou seja, corresponde ao harmônico de tensão na frequência de sintonia. Uma vez definido um filtro ideal, ou seja, desconsiderando-se o efeito resistivo, com base na figura 9, pode-se escrever aproximadamente que:

$$\frac{U_{C1}}{\sqrt{3}} \cong X_{C1} \cdot I_1 \tag{35}$$

Como na condição de sintonia (ressonância), tem-se:

$$\frac{U_{C1}}{n} = n \cdot X_{R1} \tag{36}$$

Ou ainda:

$$X_{C1} = n^2 \cdot X_{R1} \tag{36.1}$$

Logo, de modo bastante aproximado, pode-se escrever a seguinte equação:

$$\frac{U_1}{\sqrt{3}} \cong n^2 \cdot X_{R1} \cdot I_1 \tag{37}$$

O fator de distorção individual da tensão, conforme equação (29.a) do capítulo II, repetida aqui por conveniência, é dado por:

$$FDU_n = \frac{U_n}{U_1} \tag{38}$$

Pode-se escrever:

$$FDU_n = \frac{R_n \cdot I_n}{\left(U_1 / \sqrt{3}\right)} \tag{39}$$

O fator de distorção limite é geralmente definido para o ponto de conexão da unidade industrial com o concessionário de energia elétrica local, para cada um dos harmônicos individuais e para o total de harmônicos.

O fator de qualidade (FQ) de um filtro sintonizado na frequência de sintonia é dado pela equação (2) do capítulo VIII e repetida a seguir por conveniência:

$$FQ = \frac{X_S}{R_S}$$

Na frequência de sintonia adotada pode-se escrever:

$$f_s = n.f_1$$

E

$$R_S = R_n$$

Tem-se:

$$FQ = \frac{n \cdot X_{R1}}{R_n} = \left(\frac{X_{C1} / n}{R_n}\right)$$

Assim:

$$FDU_n = \frac{X_{C1}}{n \cdot FQ} = \frac{I_n}{\left(U_1 / \sqrt{3}\right)}$$

Ou ainda:

$$FDU_n = \frac{X_{C1} \cdot I_n}{n \cdot FQ \cdot \left(U_1 / \sqrt{3}\right)} \tag{40}$$

Todavia, com a escolha de ξ que define a tensão mínima do banco de capacitores e do harmônico de corrente a ser absorvido pelo filtro pode-se definir o valor da resistência máxima admissível pelo filtro.

Cada país tem as suas próprias normas relativas à intensidade dos harmônicos de corrente e de tensão máximas permitida em cada ponto de acesso de um consumidor com carga elétrica especial. No Brasil (em 2016), as recomendações relativas aos harmônicos buscam atender àquelas contidas nos documentos indicados em [26] e [28].

Observação: Note que, conforme mostrado no capítulo II, o fator de distorção total da tensão (FDU) é dado por:

$$FDU = \sqrt{\sum_{n=2}^{\infty} \left(FDU_n\right)^2} \tag{41}$$

Neste caso, os valores das distorções individuais de tensão (FDU_n) para cada harmônico, e a total (FDU) são definidas pelo concessionário no ponto de acoplamento com o sistema de distribuição de energia elétrica ou através de regulamentações específicas ou mesmo normas. Mesmo que o filtro de harmônicos que está sendo definido seja interno a uma determinada indústria, pode-se adotar os padrões do concessionário local ou de uma norma específica.

CAPÍTULO X PROJETO BÁSICO DE FILTROS DE HARMÔNICOS INCLUINDO A CORREÇÃO DO FATOR DE POTÊNCIA • **327**

EXEMPLO 4:

Considere o mesmo sistema mostrado no exemplo 3, onde se pretende fixar os valores de FDU_n, ou seja, pretende-se definir os valores de resistência máxima dos filtros. Atendendo à condição fornecida no item anterior, será tomado:

$$FDU_5 = 0,7\%$$

$$FDU_7 = 0,7\%$$

Com base na equação (40), para o filtro de harmônico de 5ª ordem, tem-se:

$$FQ = \frac{322,58 \cdot 50,19}{5 \cdot \left(\dfrac{0,7}{100}\right) \cdot \left(\dfrac{13800}{\sqrt{3}}\right)} = 58,06$$

e para o filtro de harmônicos de 7ª ordem, tem-se:

$$FQ = \frac{967,74 \cdot 35,85}{7 \cdot \left(\dfrac{0,7}{100}\right) \cdot \left(\dfrac{13800}{\sqrt{3}}\right)} = 88,86$$

De um modo geral, o fator de qualidade dos filtros sintonizados situa-se, conforme [1], entre:

$$30 \le FQ \le 100$$

Com base na equação (39) pode-se escrever que:

$$R_n = \frac{\left(U_1 / \sqrt{3}\right)}{I_n} \cdot FD_{un} \tag{42}$$

Logo os valores das resistências máximas para cada reator são dadas por:

$$R_5 = \frac{\left(13800 / \sqrt{3}\right)}{50,19} \cdot \frac{0,7}{100}$$

$$R_5 = 1,1112\left[\Omega\right]$$

Analogamente,

$$R_7 = \frac{\left(13800 / \sqrt{3}\right)}{35,85} \cdot \frac{0,7}{100}$$

$$R_7 = 1,5557[\Omega]$$

Note ainda que é interessante definir um fator de amortecimento do filtro dado por:

$$d = \frac{R_n}{n \cdot X_{R1}}$$

Este fator d deve ficar entre

$$0,01 \leq d \leq 0,04$$

No caso em análise, tem-se:

$$d_5 = 1,1112 / (5 \cdot 13,29) = 0,02$$

$$d_7 = 1,5557 / (7 \cdot 10,17) = 0,022$$

Naturalmente, a definição do filtro de harmônicos deve ser feita com base em um estudo de fluxo harmônico para verificar se os parâmetros que compõem o referido filtro atendem aos requisitos estabelecidos.

9 - PROCEDIMENTO PARA DETERMINAÇÃO DO FILTRO PARA ABSORÇÃO DOS HARMÔNICOS DE CORRENTE

Resumindo o exposto, para elaborar o projeto de filtros de harmônicos para absorção de correntes, ou seja, quando não existe a intenção de melhorar o fator de potência da instalação, visto que o filtro de harmônicos para evitar ressonâncias durante a implantação de bancos de capacitores para a correção do fator de potência é mais simples como visto no item 4 deste capítulo.

O projeto dos filtros para absorção dos harmônicos correntes além das condições e critérios, mostrados anteriormente neste capítulo, deve-se prever ainda as seguintes etapas:

- Levantamento de dados;
- Medição dos harmônicos;
- Análise da fatura de energia elétrica;
- Obtenção do diagrama de impedância.

CAPÍTULO X PROJETO BÁSICO DE FILTROS DE HARMÔNICOS INCLUINDO A CORREÇÃO DO FATOR DE POTÊNCIA • **329**

9.1 - ANÁLISE DA DISTORÇÃO DO SISTEMA

De posse das amplitudes dos harmônicos de corrente do sistema que foi medido (ou estimado) ou através de um programa de fluxo harmônico aplicado ao diagrama unifilar, deve-se identificar a distorção total e individual das tensões nas barras do sistema. Com isso, deve-se determinar os harmônicos de tensão que ultrapassarem os limites estabelecidos em alguma norma ou recomendação a ser seguida.

9.2 - ESCOLHA DO FILTRO DE HARMÔNICOS DE CORRENTE

De posse dos limites de distorção na barra onde se deseja instalar os filtros de harmônicos, deve-se escolher os mais adequados visando diminuir as distorções das tensões devido aos harmônicos na barra desejada.

Analisando-se as distorções individuais do sistema, o primeiro filtro de harmônicos a ser calculado deve ser o que provocou o maior fator de distorção da tensão. Deve-se proceder aos cálculos para determinação do filtro adequado, depois executar um programa de fluxo harmônico no sistema já com o filtro e novamente calcular o fator de distorção total e individual na barra do sistema, e verificar se o nível de distorção diminuiu. Com isso, volta-se a procurar o maior fator de distorção, para que se instale o segundo filtro, se necessário, e assim por diante, até que as distorções total e individual diminuam aos valores desejados.

Este procedimento pode sofrer modificações devido a existência de diversas frequências de ressonância. A inserção de um primeiro filtro (maior fator de distorção) pode levar o sistema à sobretensões devido aos outros harmônicos de corrente do sistema, ou a colocação do segundo filtro também pode provocar sobretensões, e assim por diante. Deste modo, não é obrigatório seguir a sequência de amplitude dos harmônicos de corrente que provocaram os maiores valores de distorção individual encontrados no sistema. Com isso, um mesmo sistema pode ter soluções bastante diferentes. Devido a isto, o método torna-se empírico. Se existir mais de uma solução, a escolha vai depender dos custos/benefícios produzidos por cada configuração encontrada.

9.3 - PROCEDIMENTO PARA CALCULAR FILTROS DE HARMÔNICOS DE CORRENTE

É proposta uma metodologia de sequência de cálculos para a determinação do filtro adequado a manter os harmônicos de tensão em níveis admissíveis. O procedimento é destinado tanto a filtros sintonizados como amortecidos. A seguir, apresenta-se a sequência para a determinação de um filtro.

- **Passo 1:** Executar o programa de fluxo harmônico (F.H.) no sistema para calcular os valores das distorções individual e total através das equações (29.a) a (29.d) mostradas no capítulo II. De posse deste estudo, procurar o harmônico que provoca o maior fator de distorção individual da tensão na barra onde se deseja instalar o filtro de harmônicos. Nesta etapa deve-se escolher o valor do harmônico de corrente a ser absorvido pelo filtro de harmônicos. Seja I_{ns} este valor e "ns" a ordem do harmônico.

- **Passo 2:** De posse do valor do harmônico da corrente (I_{ns}) originado pela CEE com ordem "ns" que provoca a maior distorção da tensão, calcula-se a potência reativa mínima na frequência fundamental exigida pelo banco de capacitores para o harmônico de ordem "ns", sendo que este banco de capacitores será denominado de banco de capacitores básico.

330 · CAPACITORES DE POTÊNCIA E FILTROS DE HARMÔNICOS

Calculando-se o valor de "**a**", de acordo com a equação (19) deste capítulo, estima-se um determinado ξ (normalmente acima do valor "**a**" no qual define a potência reativa na frequência fundamental do filtro de harmônicos ver equação (28.6) deste capítulo). Essa potência reativa deve ser distribuída entre os filtros que se pretende instalar. No caso de mais de um filtro, deve-se tomar o cuidado para não exceder a potência reativa que eleve o fator de potência muito acima do valor de referência no ponto de instalação (vide item 8 do capítulo II).

Encontradas a potência do banco de capacitores (Q_{BC}) e a correspondente tensão (U_{BC}) pode-se determinar o que será denominado como sendo filtro de harmônicos básico. Este filtro é, portanto, a primeira tentativa de cálculo. O valor de X_{C1} do banco de capacitores pode ser dado de acordo com a equação (33.2) apresentada, por conveniência a seguir:

$$X_{C1} = \frac{\left(U_{BC}\right)^2}{Q_{BC}}$$

Tomando como base a equação (33.3), o valor da reatância indutiva do reator deve ser obtido pela equação.

$$X_{R1} = 1,03 \cdot \frac{X_{C1}}{ns^2} \quad ou \quad X_{R1} = 0,97 \cdot \frac{X_{C1}}{ns^2}$$

Deve-se utilizar um Fator de Qualidade (FQ) para o reator de no mínimo 30 (FQ = 30).

No caso de filtro amortecido, deve-se colocar um resistor em paralelo com o reator, sendo que o valor da resistência pode ser determinado com base na figura 3.e, do capítulo VIII, utilizando-se o fator de qualidade agora definido pela equação (6) deste mesmo capítulo.

- **Passo 3:** Executar o programa de FH com a inserção do filtro básico no sistema em análise. Na execução do programa de fluxo harmônico, deve-se anotar os valores das correntes que passam pelo filtro básico. Caso seja um filtro amortecido, adotar uma resistência inicial que produza um fator de qualidade aplicável à situação.

Destaque: No caso de ser necessário especificar filtros amortecidos (normalmente a configuração utilizada é a da figura **3.e**, do capítulo VIII) o fator de qualidade é função da resistência R em paralelo com o reator do filtro. Esses filtros devem ter fatores de qualidade entre 5 a 20.

- **Passo 4:** Verificar se a potência reativa do filtro básico está adequada, ou seja, se o banco de capacitores não entrou em sobrecarga ou se a tensão especificada não foi superada. Se algum desses limites foi superado calcular o novo valor da potência reativa do banco de capacitores (Q_{BC}) através da equação (30) deste capítulo, utilizando-se os resultados do passo 3.

- **Passo 5:** Através da tensão U_{BC} (equação (44)) e Q_{BC} (equação (45)) determinar os valores U_{BCN} e Q_{BCN}. Esses valores são dependentes dos números de capacitores em série e paralelo, bem como do tipo de conexão, potência dos capacitores monofásicos, etc. Naturalmente a configuração para se chegar aos valores de U_{BCN} e Q_{BCN} devem ser através de componentes existentes no mercado para formar o banco de capacitores.

CAPÍTULO X PROJETO BÁSICO DE FILTROS DE HARMÔNICOS INCLUINDO A CORREÇÃO DO FATOR DE POTÊNCIA • **331**

- **Passo 6:** Recalcular o reator do filtro de harmônicos (com os valores U_{BCN} e Q_{BCN} obtidos anteriormente). Este filtro com a composição e componentes existentes no mercado será denominado de filtro de harmônicos nominal.

- **Passo 7:** Executar o programa FH com o filtro de harmônicos nominal incluído no sistema em análise. Na execução do programa de fluxo harmônico, deve-se anotar os valores das correntes que passam pelo filtro. Caso seja um filtro amortecido, considerar a resistência R em paralelo com o reator.

- **Passo 8:** Calcular os valores da distorção total e individual através das equações (29.a) a (29.d), mostradas no capítulo II, e verificar se o filtro reduziu o valor da distorção da tensão do harmônico para o qual foi projetado. Deve-se observar também o valor da distorção total da tensão.

a. Caso as distorções total e individual da tensão na barra ficarem inferiores aos valores desejados, o procedimento para o cálculo dos filtros está encerrado;

b. Caso o valor da distorção da tensão para o qual o filtro foi projetado não atingiu os valores desejados ou se o fator de distorção total ficou maior que o desejado deve-se retornar ao passo 5 buscando novas frequências de sintonia para o filtro em análise ou instalar outros filtros de harmônicos adicionais.

c. Caso os valores das distorções individual e total da tensão na barra em análise ficarem inferiores aos limites desejados, o filtro de harmônicos estará adequado. Caso contrário, projetar outro filtro, normalmente o que produziu no sistema o segundo maior fator de distorção individual verificado no passo 1.

Observações:

1. O diagrama de impedâncias, objeto do estudo de fluxo harmônico do sistema nesta etapa, consistirá do sistema elétrico com o(s) filtro(s) de harmônicos incluído(s);

2. Caso o sistema necessite de mais de um filtro de harmônicos, a etapa de verificação dos filtros deve ser realizada com todos os filtros incluídos no sistema em análise;

3. Caso seja necessário utilizar um filtro de harmônicos amortecido, e os valores de distorção total e individual não atingirem os limites desejados, alterar a resistência R e/ou o reator e retornar ao passo 7, devendo-se observar o limite do fator de qualidade do filtro amortecido no qual limita o valor da resistência R.

- **Passo 9:** Na etapa de verificação, o banco de capacitores deve estar dimensionado corretamente em termos de tensão e potência. Os valores da potência reativa e da tensão do banco de capacitores obtida através do programa serão denominados de Q_{TESTE} e U_{TESTE} respectivamente. O filtro de harmônicos finalmente estará aprovado, caso:

$$U_{TESTE} \leq U_{BCN}$$

e

$$Q_{TESTE} \leq Q_{BCN}$$

A verificação da tensão e da potência reativa do banco de capacitores é feita conforme as equações (44) e (45),

$$U_{BC} = U_1 \cdot a + \frac{X_{C1}}{n} \sum\nolimits_{n=2}^{\infty} I_n \tag{44}$$

Adotar $U_{BCN} \geq U_{BC}$

$$Q_{BC} = 3 \cdot X_{C1} \cdot \sum\nolimits_{n=1}^{\infty} \frac{I_n^2}{n} \tag{45}$$

Adotar $Q_{BCN} \geq Q_{BC}$

Destaques:

1. Se as inequações anteriores não forem atendidas, deve-se rever as condições adotadas para a tensão nominal e potência reativa do banco de capacitores bem como para as características do reator e a frequência de ressonância devendo-se retornar ao passo 5, se necessário.

2. Nas equações anteriores I_n corresponde aos harmônicos de correntes para cada ordem "n" que efetivamente circulam pelo filtro de harmônicos e que são obtidos através da simulação em um programa de estudo de fluxos de harmônicos ou utilizando-se os procedimentos de cálculos que foram mostrados no capítulo VIII;

3. Existem diversos casos, na prática, que um único relé e um único disjuntor fazem a proteção de dois ou mais filtros de harmônicos. Durante condições de aparecimento de harmônicos não característicos, notadamente os de quarta ordem, criam-se ressonâncias entre filtros de harmônicos de ordem ímpar levando os mesmos a serem danificados (normalmente o reator do filtro). Desta forma não se recomenda efetuar a proteção de dois ou mais filtros de harmônicos com apenas um disjuntor e um relé associado. Por vezes, deve-se até mudar a frequência de sintonia dos filtros de harmônicos passando para uma frequência inferior ao de 4ª ordem.

REFERÊNCIA BIBLIOGRÁFICA

[1] - Cogo, J. Roberto: Correção do Fator de Potência, Apostila do Curso da Qualidade da Tensão em Sistemas Elétricos, pós-graduação da EFEI, Itajubá, 1995;

[2] - Saraiva, D. B.: Materiais Elétricos, Isolantes e Dielétricos, Editora Guanabara, Rio de Janeiro, 1988, pág. 100;

[3] - Mamede Filho, J.: Manual de Equipamentos Elétricos, Editora Livros Técnicos e Científicos Ltda., Rio de Janeiro, 2005;

[4] - Associação Brasileira de Normas Técnicas (ABNT): Capacitores de Potência em Derivação para Sistemas de Tensão Nominal Acima de 1000 [V] – Especificação, NBR-5282, Junho de 1998;

[5] - International Eletrotechnical Commission (IEC): Shunt Capacitor for A.C. Power System Having a Rated Voltage Above 660 V, Part 1: General; Performance, testing and rating – Safety requirements – Guide for installation and operation, IEC-871-1, Publication 1987;

[6] - The Institute of Electrical and Electronics Engineers (IEEE): IEEE Standard for Shunt Power Capacitors, IEEE Std 18-2002 (Revision of IEEE Std 18-1992), New York 15/10/2002;

[7] - Institute of Electrical and Electronics Engineers (IEEE): IEEE Guide for Application of Shunt Power Capacitors, IEEE Std 1036-1992, New York, February, 1993;

[8] - Associação Brasileira de Normas Técnicas (ABNT): Capacitores de Potência – Especificação, NBR – 5282, Julho de 1977;

[9] - American National Standards Institute (ANSI), Institute of Electrical and Electronics Engineers (IEEE): IEEE Standard for Shunt Power Capacitors, Std 18-1980, 1980;

[10] - National Electrical Manufacturers Association (NEMA), Standard Publication: Shunt Capacitors, Pub. nr. CP 1-1973, New York, 1973;

[11] - International Eletrotechnical Commission (IEC): Shunt Power Capacitor of the Self-Healing Type for A.C. System Having a Rated Voltage up to and Including 660[V], IEC 831-1 General; Performance, testing and rating – Safety requirements – Guide for installation and operation; Publication 1988;

[12] - Asea Brown Boveri Ltda. (ABB): Capacitores de Potência em Baixa Tensão, Departamento de Sistemas de Potência, Catálogo start-BR 101, 1991;

[13] - INDUCON: Capacitores para Correção do Fator de Potência em Baixa Tensão, Catálogo BAC15-004, Outubro, 1988;

334 • CAPACITORES DE POTÊNCIA E FILTROS DE HARMÔNICOS

[14] - Indústria de Transformadores Elétricos S.A. (ITEL), Capacitores para Correção do Fator de Potência: Capacitores Impregnados com Líquido Isolante, Manual de Instruções, n° 01/CP, São Paulo;

[15] - INEPAR: Capacitores de Potência, Catálogo UN. 2.17, Agosto, 1991;

[16] - POLITEL: Manual de Instruções, N° 001/BT91, São Paulo;

[17] - WEG Acionamentos Ltda.: Correção de Fator de Potência, Catálogo 923.07/0996;

[18] - Milash, M.: Manutenção de Transformadores em Líquido Isolante, Centrais Elétricas Brasileiras S.A., Editora Edgard Blücher Ltda., São Paulo, 1984;

[19] - Cogo, J. Roberto: Debate: A Nova Legislação sobre Fator de Potência, Revista Eletricidade Moderna, n° 224 de Novembro de 1992, páginas 36 a 43;

[20] - Cogo, J. Roberto: Cargas Elétricas Especiais, Apostila (Notas de Aulas) Curso de Pós-graduação da EFEI, Itajubá, 1993 a 1998 e cursos de especialização ministrados pela GSI Engenharia e Consultoria Ltda., em 2010-2015;

[21] - The Institute of Electrical and Electronics Engineers (IEEE): IEEE Standard for Shunt Power Capacitors, IEEE Std 18-2012 (Revision of IEEE Std 18-2002), New York 15/02/2013;

[22] - Associação Brasileira de Normas Técnicas (ABNT): Guia para Instalação e Operação de Capacitores de Potência – Procedimento, NBR-5060, segunda edição, 07.12.2010, válida a partir de 07.01.2011;

[23] - Agência Nacional de Energia Elétrica (ANEEL): Resolução Normativa n° 456, de 29/11/2000 (foi revogada e substituída vide [71]);

[24] - International Electrotechnical Commission (IEC/TR): Electromagnetic compatibility (EMC) - Part 3: Limits – Section 6: Assessment of emission limits for distorting loads in MV and HV power systems - Basic EMC publication, 61000-3-6, (Technical report - Type 3. First Edition. October 1996);

[25] - The Institute of Electrical and Electronics Engineers (IEEE): Recommended Practice for Monitoring Electric Power Quality, 1159-2009, June 26, 2009;

[26] - Agência Nacional de Energia Elétrica (ANEEL): Procedimentos de Distribuição de Energia Elétrica no Sistema Elétrico Nacional - PRODIST. Módulo 8 - Qualidade da Energia Elétrica, Revisão 4, data de vigência 01/02/2012;

[27] - Operador Nacional do Sistema Elétrico (ONS): Requisitos Técnicos Mínimos para a Conexão às Instalações de Transmissão. Submódulo 3.6, Revisão 1.1, Data de Vigência 16/09/2010;

[28] - Operador Nacional do Sistema Elétrico (ONS): Gerenciamento dos Indicadores de Desempenho da Rede Básica e de Seus Componentes Submódulo 2.8 - Revisão 2.0 - Data de Vigência 11/11/11;

REFERÊNCIA BIBLIOGRÁFICA · **335**

[29] - Barbosa, M. A.: Distorções Harmônicas em Sistemas Elétricos Industriais, Escola Federal da UFMG, Dissertação de Mestrado, Belo Horizonte, 1988;

[30] - Duarte, A. L.; Lima, G. B. F.; Monteiro, M. A. G.; Bechtlufft, P. C. T.: Cenário de Conservação de Energia para Minas Gerais, VI Congresso Brasileiro de Energia (CBE), I Seminário Latino Americano de Energia, Universidade Federal do Rio de Janeiro, Clube de Engenharia, 1993, Volume II, pág. 588;

[31] - International Eletrotechnical Commission (IEC): Shunt Power Capacitor of the Self-Healing Type for A.C. System Having a Rated Voltage up to and Including 1000[V], IEC 6083-1 Part 1: General - Performance, testing and rating – Safety requirements – Guide for installation and operation; Publication 2014, edition 3.0;

[32] - The Institute of Electrical and Electronics Engineers (IEEE): Recommended Practices and Requirements for Harmonic Control in Electrical Power Systems. IEEE Std 519- 1992 (Revision of IEEE Std 519-1981), published by the Institute of Electrical and Electronics Engineers, Inc., April 12, 1993;

[33] - The Institute of Electrical and Electronics Engineers (IEEE): IEEE Recommended Practices and Requirements for Harmonic Control in Electrical Power Systems, IEEE Std-519, New York, February, 1992;

[34] - Mamede Filho, J.: Instalações Elétrica Industriais, Correção do Fator de Potência, Editora Livros Técnicos e Científicos, 8° Edição, Rio de Janeiro, 2010, pág. 164;

[35] - Cogo J. Roberto e outros: Avaliação do Desempenho dos Motores Elétricos Trifásicos, Centrais Elétricas Brasileiras S/A (Eletrobrás), PROCEL, CEMIG, Relatório Síntese, Belo Horizonte, Junho, 1990;

[36] - Garcia, Flávio R.; Naves, Alexandre C.; Paulilo, Gilson e Araújo Ricardo: Estudo do Impacto dos Interharmônicos Gerados pela Operação de Fornos a Arco em Filtros de Harmônicos: Caso Real, V SBQEE, Sergipe, Agosto de 2003;

[37] - Capelli, Alexandre: Qualidade e Eficiência para Aplicações Industriais, Editora Érica, São Paulo 2013;

[38] - Associação Brasileira de Normas Técnicas (ABNT): Capacitores de Potência - Método de Ensaio, NBR-5289, julho de 1977 (cancelada em 03/07/2006);

[39] - Arrillaga, J. and Watson N. R.: Power System Harmonics, John Wiley Sons, Ltd, Second Edition, 2003;

[40] - International Eletrotechnical Commission (IEC): Shunt Capacitor for a.c. power systems a rated voltage 1000 V - Part 1: General, IEC 60871-1, Edition 4.0, 2014-05;

[41] - Filho, J. B. S.: Bancos de Capacitores na Presença de Harmônicos, Escola Federal de Engenharia de Itajubá EFEI, Dissertação de Mestrado, Itajubá, agosto de 1995;

[42] - Secretaria Nacional de Energia; Departamento Nacional de Águas e Energia Elétrica (DNAEE): Portaria n° 1569 de 23 de Dezembro de 1993, publicada no Diário Oficial da União, Seção 1, em 24 de Dezembro de 1993;

[43] – Empresa de Pesquisa Energética: Balanço Energético Nacional 2014, ano base 2013, Relatório final, CDU 620.9:553.04(81), Copyright 2014 EPE

[44] - Cogo, J. Roberto; Sá, J. S.; Nelson, W.B. S. e Jaime, A. B.: Análise do Desempenho dos Motores Trifásicos Nacionais, revista Mundo Elétrico, Fevereiro, 1993, pág. 26;

[45] - Donald, F. M.: Application Guide for Shunt Capacitors on Industrial Distribution System at Medium Voltage Levels, IEEE, Vol. 1A-12, nº 5, September/October, 1976, pág. 444-459;

[46] - INDUCON do Brasil Capacitores S.A.: Manual INDUCON, Capacitores de Potência, 2ª Edição, Outubro, 1983;

[47] - WEG Acionamentos: Manual para Correção do Fator de Potência, Catálogo 958.05/092002;

[48] - Kimbark, E.W.: Direct Current Transmission, Vol. 1, Wiley Interscience, New York, 1971;

[49] - Lacoste, A.; Brewer, G. L.; Ekstrom, A.; Le Du, A.; Lindh, C.; Povh D. and Young, D. J.: A.C. Harmonic Filter and Reactive Compensation for HVDC, Electra 63, 1978;

[50] - The Institute of Electrical and Electronics Engineers (IEEE): IEEE Guide for Protection of Shunt Banks, IEEE Std C37.99-1990, September, 1990;

[51] - Operador Nacional do Sistema Elétrico (ONS): Instruções para Realização de Estudos e Medições Relacionados aos Novos Acessos à Rede Básica, ONS RE 2.1 045/2008, de 15 de dezembro de 2008;

[52] - AIEE Commit Report: Report of a Survey on the Connection of Shunt Capacitor Banks, AIEE Transactions, 1959, pág. 1388-1393;

[53] - Roberto, L. R.: Bancos de Capacitores para Compensação de Sistemas de Transmissão, Revista Mundo Elétrico, Fevereiro, 1978;

[54] - Mendis, S. R.; Bishop, M. T.; McCall, J. C. and Hurst, W. M.: Overcurrent Protection of Capacitors Applied on Industrial Distribution Systems, IEEE Transactions on Industry Applications, Vol. 29, May/June, 1993;

[55] - The Institute of Electrical and Electronics Engineers (IEEE): IEEE Recommended Practices for Electric Power Distribution for Industrial Plants, IEEE Std. 141-1993 (Red Book);

[56] - INEPAR: Fusíveis para Proteção de Capacitores, Catálogo IN.2.13, Janeiro, 1991;

[57] - Galvão, A. S. e Aragão, C. S. L.: Regras que Devem Ser Observadas na Especificação da Tensão Nominal de um Para-raios para Banco de Capacitores, Trabalho de Diploma, EFEI, Itajubá, junho de 1995;

[58] - Natarajan, Ramasamy: Power System Capacitors, Taylor & Francis Group, Boca Raton, 2005;

REFERÊNCIA BIBLIOGRÁFICA · **337**

[59] - WEG Acionamentos Ltda.: Contatores para Comutação de Capacitores - Correção do Fator de Potência, Jaraguá do Sul, Santa Catarina, Março de 1994;

[60] - Barbosa, M. A. e Andrade, J. C. B.: Distorções Harmônicas - Uma Visão de Consumidor Sobre os Critérios Recomendados pela Legislação Brasileira, 3º ERLAC - CIGRÉ, Foz do Iguaçu, 1989;

[61] - Cogo, J. Roberto: Definição de Filtros de Harmônicos para Correção do Fator de Potência, Revista Eletricidade Moderna, nº 255, Junho de 1995, pág. 110;

[62] - Alves, M. F.: Critérios para Especificação e Projeto de Filtros de Harmônicos, Revista Eletricidade Moderna, pág. 30, Junho de 1994;

[63] - ASEA BROWN BOVERI (ABB): Large Adjustable-Speed AC Drives, Catálogo CH-4UE 90 008E;

[64] - Oliveira N. Junior: Tecnologia de acionamentos, SIEMENS, São Paulo, Junho de 1992;

[65] - Grupo Coordenador para Operação Interligada (GCOI), Subcomitê de Estudos Elétricos (SCEL), Comissão de Estudos de Cargas Especiais (CECE), Grupo Coordenador de Planejamento dos Sistemas Elétricos (GCPS), Comitê Técnico para Estudos dos Sistemas de Transmissão (CTST), Grupo de Trabalho para Estabelecimento de Critérios de Planejamento (GTCP): Critérios e Procedimentos para o Atendimento a Consumidores com Cargas Especiais, Fevereiro de 1993;

[66] - Secretaria Nacional de Energia; Departamento Nacional de Águas e Energia Eléctrica (DNAEE): Portaria nº 85 de 25 de Março de 1992, publicada no Diário Oficial da União, Seção 1, em 26 de Março de 1992;

[67] - Edson, W. e Richard, S.: Potência Ativa e Reativa Instantâneas em Sistemas Elétricos com Fontes e Cargas Genéricas, COPPE/UFRJ, Rio de Janeiro - RJ, SBA-Controle e Automação;

[68] - Stasi, L. D.: Fornos Elétricos, Editora Hemus, São Paulo - SP, 1981;

[69] - Fernandes, Ricardo A. S.; Silva, Ivan N. da e Oleskovicz, Mário: Identificação de Cargas Lineares e Não-Lineares em Sistemas Elétricos Residenciais Usando Técnicas para Seleção de Atributos e Redes Neurais Artificiais, SBA Controle & Automação, vol. 21, nº4, Campinas, July/Aug. 2010;

[70] - Centro de Pesquisas de Energia Elétrica (CEPEL): Comportamento Harmônico e Análise Modal, Programa HarmZs, versão 2.0.1;

[71] - Agência Nacional de Energia Elétrica (ANEEL): Resolução Normativa nº 414, de 09/09/2010;

[72] - Dommel, Hermann Wilhelm: Microtran - Transients Analysis Program for Personal Computers, Microtran Power System Analysis Corporation;

[73] - Operador Nacional do Sistema Elétrico (ONS): Arquivos formato público disponibilizado em 19/04/2011 (15:56): JUL12LEV; DEZ12MED; DEZ12PES; JUL13LEV; DEZ13MED; DEZ13PES; JUL14LEV; JUL14MED; SET14PES;

338 · CAPACITORES DE POTÊNCIA E FILTROS DE HARMÔNICOS

[74] - Centrais Elétricas Brasileiras S.A. (ELETROBRÁS): International Symposium on HVDC Technology, Sharing the Brazilian Experience - Proceedings, March 20-25, 1983 - Rio de Janeiro - Brazil;

[75] - Associação Brasileira de Normas Técnicas (ABNT): Capacitores de Potência em Derivação para Sistemas de Tensão Nominal Acima de 1000 [V], NBR-5282, Maio de 1988;

[76] - Dugan, Roger C.; McGranaghan, Mark F.; Santoso, Surya; Beaty, H. Wayne: Electrical Power Systems Quality, Second Edition, McGraw-Hill, 2003.